环境安全与应急系列教材

江苏省重点应急管理学院建设项目资助
江苏大学研究生教材建设专项基金资助

环保设施安全风险管控

朱 方 主编

许 晖 韩 松 副主编

中国环境出版集团・北京

图书在版编目（CIP）数据

环保设施安全风险管控 / 朱方主编. -- 北京 : 中国环境出版集团, 2024. 7. -- (环境安全与应急系列教材). -- ISBN 978-7-5111-5922-9

Ⅰ. X505

中国国家版本馆CIP数据核字第2024WB3318号

策划编辑 葛　莉
责任编辑 范云平
封面设计 彭　杉

出版发行 中国环境出版集团
（100062　北京市东城区广渠门内大街 16 号）
网　　址：http：//www.cesp.com.cn
电子邮箱：bjgl@cesp.com.cn
联系电话：010-67112765（编辑管理部）
发行热线：010-67125803，010-67113405（传真）

印　　刷 玖龙（天津）印刷有限公司
经　　销 各地新华书店
版　　次 2024 年 7 月第 1 版
印　　次 2024 年 7 月第 1 次印刷
开　　本 787×1092　1/16
印　　张 14.5
字　　数 298 千字
定　　价 59.00 元

前　言

环保设施安全事故时有发生，安全隐患问题十分突出。为此，党中央、国务院高度重视环保设施安全工作。2020 年 12 月，国务院安全生产委员会（以下简称安委会）印发《国务院安全生产委员会成员单位安全生产工作任务分工》，首次明确由生态环境部门“指导督促地方和相关企业单位对重点环保设施和项目组织开展安全风险评估和隐患排查治理”。新修订的《中华人民共和国安全生产法》明确规定：“管行业必须管安全、管业务必须管安全、管生产经营必须管安全。”江苏省生态环境厅也多次发文，督促企业对危险废物、脱硫脱硝、挥发性有机物回收、RTO 焚烧炉、污水处理等环保设施进行专项安全隐患排查。

然而，在排查中发现，环保设施安全隐患排查缺少工作机制、工作抓手、工作内容和专项技术参考依据；同时环保设施安全标准偏少，针对性较弱，安全隐患排查技术要点分布零散，难以区分细化，这给企事业单位相关人员开展环保设施安全隐患排查工作带来了较大难度。因此，编制环保设施安全风险管控相关教材迫在眉睫，这将为全面推进环保设施安全隐患排查工作提供知识和技术支撑。

2022 年，短短两个月内，就接连发生了 3 起社会影响较大的涉环保设施安全事故（马钢炼铁总厂脱硫装置“2 · 6”较大坍塌事故、上海外高桥发电有限责任公司“2 · 15”除尘器坍塌较大事故、内蒙古包钢钢联股份有限公司脱硫脱硝项目“3 · 14”生产性火灾较大事故）。党中央、国务院对此高度重视，习近平总书记作出重要指示，要求各级政府部门落实监管责任，督促企业落实主体责任，加强环保设施的安全运行管理。

安委会办公室通报了典型事故，要求对照检查，吸取教训，举一反三，将工贸企业脱硫脱硝系统、污水处理池等环保设施的安全性能纳入执法检查范围。同时，要加大对除尘器、脱硫脱硝等环保设施的隐患排查治理力度，强化检维修作业现场和外委外包作业的安全管理。

2022 年 3 月 4 日，应急管理部召开全国安全生产执法和工贸安全监管工作视频会议，研究部署将环保设施安全列为 2022 年重点工作任务之一。会议在分析当前安全执法和工贸监管工作面临的挑战及问题时指出，当前安全生产形势依然严峻复杂，钢铁、铝加工、涉爆粉尘、环保设施等安全事故反弹趋势明显，企业落实安全生产主体责任的自觉性还不高。同时，会议在研究部署 2022 年重点工作任务时强调，要高度关注环保设施安全、工艺环节外包、检维修、技术负责人职业道德等新情况、新风险。

2022 年 12 月 23 日，国务院安委会办公室、生态环境部、应急管理部印发《关于进一步加强环保设备设施安全生产工作的通知》（安委办明电〔2022〕17 号），要求各地区从进一步落实属地责任、落实部门监管指导责任、建立健全联动机制、落实企业主体责任、发挥社会力量作用 5 个方面，加强环保设施安全生产工作，坚决防范遏制环保设施生产安全较大事故发生。通知要求各有关部门按照“管行业必须管安全、管业务必须管安全、管生产经营必须管安全”和“谁主管、谁负责”的原则，靠前一步，主动作为，将环保设施安全作为行业领域安全工作的重要内容，切实承担起安全监督管理和指导责任。要高度关注新增环保设施带来的安全问题，提出在推广环保新工艺、新技术、新产品的同时要充分考虑安全因素，及时组织相关标准化技术委员会制修订相应的标准规范。在制修订涉及环保设施工程项目、工艺设计、产品技术、控制技术和运行管理的标准规范时，要提出明确具体的安全要求，采用成熟安全可靠的工艺和技术。要紧盯具有脱硫脱硝、挥发性有机物回收、污水处理、粉尘治理、蓄热式焚烧炉 5 类重点环保设施的企业，指导督促企业按照相关法律法规和技术标准规范要求，开展环保设施安全风险辨识评估和隐患排查治理，落实安全生产各项责任措施。

因此，如何提高环保设施设计、运行、检维修阶段的安全风险辨识及管控能力成为本教材的写作初衷。

全书共八章，由江苏大学环境与安全工程学院朱方副教授、许晖教授、张波副教授、韩松博士、杜彦生博士、邓琳静博士，江苏大学环境与安全工程学院兼职教师、江苏省本科类产业教授、江苏索普（集团）有限公司环保安全部副部长王永安，苏交科集团铁道所副所长吴凤山共同编写，其中第一章、第二章由朱方编写；第三章由许晖、张波编写；第四章、第五章、第六章由许晖、韩松、杜彦生、邓琳静编写；第七章由朱方、吴凤山编写；第八章由朱方、王永安编写。本书由朱方任主编，许晖、韩松任副主编。

在本书的编写过程中，参考了许多国内外正式出版的书籍和发表的文章，以及许多的网络资料，已在本书参考文献中列出，个别的可能遗漏，在此向各位作者表示深深的谢意和歉意。

笔者衷心希望国内的同行们多提出意见和建议。

本书得到了江苏大学应急管理学院专业特色教材（项目编号：JC-12）和江苏大学 2023 年度研究生教材的立项资助。

编　者

2024 年 1 月

目　录

第一章　环保设施安全概论

环保设施是治理工业、商业、服务业在生产经营过程中所产生并对环境造成影响的物质，使其达到法定要求所需的设备和装置，以及环境监测设施。环保设施的用途和类型多种多样，不同设施的固有危险有害因素及安全要求也有所不同。本章主要介绍各类环保设施在安全方面的基本共性内容，分别从环保设施的分类、危险有害性、风险评价、风险管控等方面进行阐述。

第一节　环保设施的概念及其分类

环保设施是环境保护设施的简称，是指防治环境污染、生态破坏以及开展环境监测所需的装置、设施。环保设施在研制、生产、销售、使用和管理工作中，根据不同的分类原则，可分为不同的类型。

一、按处理处置的污染物分类

按处理处置的污染物，环保设施一般可分为废水治理设施、废气治理设施、废渣治理设施、粉尘治理设施、噪声治理设施和放射性治理设施等。

二、按设施功能分类

按功能分类，环保设施有气体吸收（回收）塔、蒸馏塔、粉尘收尘（除尘）器、废水沉淀槽、废水中和槽、过滤（压滤）器、离子交换柱、活性炭吸附柱、废渣堆放池（场）、噪声消声器、放射屏蔽装置、取样器（工具）、分析仪器等。

三、按设施性质分类

按性质，环保设施一般可分为3类：

（1）机械设施：主要用于治理污染和改善环境质量，包括废气净化设施、除尘器、水处理设施等各种机械加工设施；

（2）仪器设施：包括大气监测仪器、水质自动连续监测仪器、噪声监测仪器以及其他环境工程实验仪器等；

（3）构筑物：为治理环境而用玻璃钢、砖、混凝土、钢筋或其他材料建造的设施，如各种沉砂池、沉淀池、生物滤池、生化处理池等。

四、按设施构成分类

按构成，环保设施一般可分为3类：

（1）单体设施：如各种除尘器、厌氧生物滤塔、焚烧炉等，单体设施是环保设施的主体；

（2）成套设施：由单体设施加上风机、电机等附属设施组成的整体；

（3）生产线：由一台或多台单体设施、各种附属设施及其管线所构成的整体，如建筑垃圾制砖生产线。

五、按设施通用性分类

按通用性，环保设施可分为两类：

（1）通用设施：已定型的、可用于环境污染治理的设施，如各类水泵、风机等；

（2）专用设施：专用于去除某种污染物的设施，如吸收塔、填料塔等。

第二节　环保设施的危险有害性

识别环保设施可能存在的各种危险有害因素，并按导致事故和危害的直接原因对其进行归类，有利于在产品设计、使用和检维修阶段进行风险评价，为降低和控制风险提供依据。

一、机械危险

机械危险是指由于环保设施的构件、零部件或处理处置的固体、流体物质的机械能作用，而产生伤害的总称。这类危险主要与设施、设施零部件、工具、工件、载荷、飞溅的固体或流体物料有关。机械危险的形式主要有挤压、剪切、切割或切断、缠绕、吸入或卷入、冲击、刺伤或刺穿、摩擦或磨损、高压流体喷射等。产生机械危险的主要因素包括：

（1）形状：处于运动或静止状态的切削元件、锐边、角形部件。

（2）相对位置：设施运转时可能产生挤压、剪切、缠绕的区域的相对位置。

（3）设施的稳固性或抗翻转性能。

（4）质量和稳定性：在重力的影响下可能运动的零部件的势能。

（5）质量和速度：可控或不可控运动中零部件的动能。

（6）加速度或减速度。

（7）机械强度不够：可能产生危险的断裂或破裂。

（8）弹性元件（如弹簧）的位能或在压力或真空下的液体或气体的势能。

二、电气危险

当人体接触带电设施时，可能会产生电击等伤害。产生电气危险的主要因素包括：

（1）人体与设施正常工作状态下的导线或导电零件直接接触，或与故障状态下带电的零件接触，如绝缘失效的带电零部件。

（2）人体接近带电部件，尤其在高压范围内。

（3）设施工作环境恶劣，造成绝缘性能下降或失效，从而引发触电。

（4）静电放电或击穿。

（5）电气短路或过载时，产生熔化粒子喷射、热辐射等效应，对人造成伤害。

三、热危险

主要是指与超高温物料、火焰及热源辐射接触而造成的烧伤和烫伤。

四、高处坠落

人在设施的相对高处作业时，即在坠落高度基准面 2 m 以上（含 2 m）的高处，如果没有防护措施、防护措施无效或作业不当，有可能发生人从高处坠落的事故。

五、噪声危害

设施运行时产生的噪声可能会使劳动者出现永久性听阈迁移、神经系统衰弱、神经系统功能失调、疲劳等问题。同时，噪声还可能干扰语言交流或听觉信号的接收，进而引发安全事故。

六、振动危险

全身振动是指人体足部或臀部接触设施后，通过下肢躯干传导至全身的振动，频率在 1～20 Hz。全身振动可能引起前庭器官刺激和植物神经功能紊乱的症状，如眩晕、恶心、血压升高、心率加快、疲倦、睡眠障碍等。

局部振动又称手传振动或手臂振动，是指手部接触振动工具、机械或部件，振动通过手臂传导至全身，频率在 20～1 000 Hz。局部振动会引起以末梢循环障碍为主的病变，如职业性雷诺现象，也就是振动性白指。

七、辐射危险

当放射性污染防护设施和电磁波污染防护设施的防护失效时，辐射可能导致急性伤害或者慢性伤害。辐射伤害由各种辐射源产生，可分为非电离辐射或电离辐射。非电离辐射是指能量较低，并不能使物质原子或分子产生电离的辐射，主要包括紫外线、可见光、红外线、微波以及无线电波等。非电离辐射对人体的主要危害是热效应。

电离辐射是能引起物质电离辐射的总称，主要包括α射线、β射线、γ射线、X射线、中子射线等。电离辐射可引起放射病，可引起机体的全身性反应，被世界卫生组织国际癌症研究机构列为一类致癌物。

八、处置物质的危险

环保设施处理的对象或处置后的产物为有毒、有害、腐蚀性、致癌、致畸、致突变、刺激或过敏的液体、气体、雾气、烟雾、粉尘或悬浮物、微生物，或具有火灾爆炸危险性。

九、设计中忽视人机工程学原则产生的危险

环保设施与人的特征和能力不协调，可能对人产生生理影响，例如，由于不良操作姿势、过度或重复用力等体力消耗导致疲劳所产生的危险；由于进行操作、监视或维护设施时精神压力过大、准备不足、紧张过度等心理负担过重所导致的危险；因环境不利因素的干扰、人-机不协调导致操作者产生错觉而引起误操作所造成的危险。

十、与环保设施使用环境有关的危险

与环保设施使用环境有关的危险主要是指环保设施的平面布置存在缺陷，没有按照《工业企业总平面设计规范》《建筑设计防火规范》《石油化工企业设计防火规范》等规范进行设计，项目用地狭小，使得工艺装置平面布局受限，从而埋下事故隐患。

与环保设施使用环境有关的危险还需要考虑强对流天气、冰雹、洪水、寒潮、暴雪、雷暴等极端天气引发的设施事故。

十一、综合危险

有些单一的危险看似微不足道，但多种危险叠加后，可能会产生重大的危险；或者可能引起一系列连锁事故的危险。

第三节　环保设施的风险评价

风险评价又称安全评价，是运用安全系统工程的原理和方法，对环保设施中存在的危险有害因素进行辨识与分析，判断环保设施发生事故和职业危害的可能性及其严重程度，为制定防范措施和管理对策提供科学依据。

风险评价遵循科学性、系统性、综合性、适用性的原则，重在以系统方法对环保设施相关风险进行识别、分析和评定，以帮助环保设施的设计、使用、管理人员根据现有工艺水平和约束条件，确定最合适的安全措施，确保设施安全运行。

风险评价贯穿环保设施的全生命周期。在设施的设计阶段开展风险评价，可将评价结果直接用于设计改进，这样最为经济和有效；在设施制造、试运行阶段进行风险评价，可根据评价结果追加保护措施或设施管理要求，但这会增加成本并可能影响设施的易用性；在设施运行阶段或故障情况下开展风险评价，可将结果用于设施的改造升级。

一、风险评价流程

环保设施的风险评价包括风险识别、风险分析、风险评定和风险控制 4 个步骤。

风险识别是收集环保设施各方面的信息，将其和现行的法律法规标准进行比较，对潜在的风险进行辨识、描述、预判，确定影响因素、影响范围、风险源、潜在后果等，形成风险识别清单的过程。风险分析是对辨识出的风险及其特征进行定性或定量描述，分析风险发生的可能性和严重程度，为风险评定提供所需信息。风险评定是将风险分析结果与预定的风险准则进行比较，确定风险等级、应对优先次序以及风险关键控制点等，为风险控制决策提供依据的过程。风险控制是依据风险评定的结果，综合分析存在的问题、薄弱环节和资源能力，确定风险应对策略，并提出针对性措施的过程。

二、风险评价信息及其来源

环保设施风险评价所需的信息主要包括下列内容：

（1）设施的相关信息，如设施说明书、设施设计图样、设施使用条件等；

（2）相关法规、标准和其他使用文件，如相关处置技术规范、安全数据表等；

（3）环保设施处理处置的污染物信息，主要为废水、废气、粉尘、固体废物等的理化性质；

（4）相关事故案例，如实际或类似设施的事故、事件或故障案例，以及设施使用中产生的有害因素（噪声、振动、粉尘、烟雾等）所引起的损害健康的案例；

（5）相关人机工程学原则。

对于定量评价，可以使用数据库、手册、实验室、制造商技术说明书中的数据，但需要确保这些数据的适用性。同时，有关这些数据的不确定性应在文件中指明。

三、设施使用条件及其确定

风险评价首先要明确环保设施的使用条件，也就是清晰地描述设施的功能、使用时间、使用环境等限制信息。环保设施的使用条件不同，存在的危险有害因素也会不同，其风险大小也会有差异。确定环保设施的使用条件，可提高风险评价的准确性。

（1）使用的限制：包括设施的预定使用和可预见的误用。预定使用指环保设施的设计目的、工作原理、使用方法、操作人员、作业程序，以及处置对象的理化性质等。可预见的误用主要指超出设施功能、错误使用设施。

（2）空间的限制：指设施的平面布置、占用空间、整机或部件的运动范围，以及人机交互的空间要求和方式。

（3）时间的限制：主要是设施或零部件的“极限寿命”，以及维修保养的时间间隔。

（4）其他限制：设施正常运行还需要考虑一些限制条件，如运行环境的要求，包括最低和最高工作温度，有无耐腐蚀的要求等。

以处置功能薄膜行业废气的 RTO 蓄热式焚烧炉为例，其设施的使用条件包括：

（1）使用的限制：该废气处置装置预定用于对薄膜涂布中产生的废气进行处置；属工业专用；需要专业操作人员；可能暴露于危险区的其他人员是临近设施的非操作人员；可预见的误用是进入该处置装置的废气浓度超过设定值等。

（2）空间的限制：该设施的尺寸根据处置废气的浓度、风量，以及现场条件综合设计，其安装使用的空间应为无柱子等障碍物的平坦场地，不得布置在有爆炸或火灾危险的场所，与企业内部厂房、仓库的距离符合标准规范的要求。

（3）时间的限制：RTO 蓄热式焚烧系统工作时应保持连续，不能突然断气、断电，为防止突发状况，RTO 系统应配备 UPS 备用电源和压缩空气储气罐。

（4）其他限制：应对处置废气的成分进行分析，RTO 设施材质的选型应结合企业废气性质来考虑。

四、危险源识别

危险源识别即采用系统安全的方法，找出环保设施中可能造成人员死亡、受伤、患职业病、财产损失、环境破坏或其他损失的源头或部位。危险源由潜在危险性、存在条件和触发因素 3 个要素构成。危险源识别在风险评价中至关重要。只有识别出的危险源，才能采取管控措施将风险降低到可接受的水平。

进行危险源识别时，需要参考与具体危险或具体设施类型有关的标准，了解环保设施处置工艺、处置污染物的理化性质、设施不同零部件的功能，以及设施使用环境、工作人员的工作方式等因素。同时，要考虑设施正常运转、异常状态以及故障状态 3 种不同的运行情况。还要考虑在设施安装、调试、试运行、使用、检维修、拆除等全生命周期过程中，人与设施的相互作用，以及操作者对设施失去控制时的操作行为、设施发生故障等情况下的操作行为、精神不集中等误操作行为、未按操作规程操作导致的差错等。此外，还要识别设施使用环境导致的危险状态和危险事件，如雷暴、地震等极端天气导致设施失效等。

危险源识别完成后，可将危险、危险状态和危险事件列成表格，以表格的形式描述危险状态可能在何时以何种方式导致伤害的事故场景。

危险源识别需要采用一定的方法。最有效的危险识别方法或工具，是能够全面检查设施全生命周期中各个阶段与设施有关的所有操作模式、所有功能和所有任务的方法或工具。

根据方法识别过程是从危险事件开始追溯还是从危险本身开始追溯，可分为顺向法和逆向法。顺向法以检查所有的危险为起点，考虑在确定的危险状态下所有可能出错的途径，如组件失效、人为差错、设施故障等，最终确定可能导致的危险事件。逆向法以潜在后果，如以火灾、爆炸、中毒等为起点，逐项核查设施使用的每个阶段、每个零部件，最终确定造成伤害的危险。顺向法比逆向法更全面彻底，但可能需要更多的分析时间；而逆向法的有效实施更依赖评估人员的经验。

五、风险评估

识别出设施产生的各种危险后，下一步是以特定方式表运事故伤害发生的概率和严重程度，通常以等级、指数或分数表示被评估风险的大小，并最终依据一定的判断标准来表征风险评估的结果，决定是否需要采取风险管控措施，将风险降低到可接受的水平。

根据风险评价结果的量化程度，风险评估有多种方法可供选择。

（一）发生概率

产生伤害的概率取决于危险事件发生的概率和人员在危险中的暴露概率。

在评估危险事件的发生概率时，主要考虑设施的可靠性统计数据、类似事故的历史数据以及造成健康伤害的历史数据。

在评估人员暴露概率时，主要考虑人员进入危险区的频次、作业性质、暴露时间以及需要进入危险区的人数等。

工作中的伤害事故不仅包括人身伤亡事故，还包括因接触职业病危害因素而引起的疾病。职业病发生的概率取决于工作人员身体因素、职业病危害因素的性质以及接触机会、方式、时间、强度等。

（二）严重程度

事故的严重程度可以通过人员伤亡以及设施、物资等财产损失予以评估。人员伤亡分为人员死亡数、重伤数、轻伤数。财产损失则用财产损失区来描述，假定财产损失区内的财产全部破坏，在损失区外则全部受损。

每个危险事件可能造成几种不同严重程度的伤害，一般可按最大危险原则或概率求和原则来评估事故后果的严重程度。最大危险原则是指，当一种危险物具有多种事故形态且事故后果相差较大时，只考虑后果最严重的事故形态。概率求和原则是指，当一种危险物具有多种事故形态且事故后果相差不大时，按事故发生的概率来估计事故后果。

（三）风险评估工具

风险评估工具，无论是定性的还是定量的，都是用一定的参数来表示伤害的严重程度和发生概率，然后用算术、表格、曲线、图表将所选的等级综合起来评估风险。有些工具或方法将这两个要素进一步分解为暴露、危险事件的发生概率、个体规避、限制伤害的可能性等参数。

常用的风险评估工具有风险矩阵法、风险图法、数值评分法、定量风险评估法或几种风险评估方法的综合。这些风险评估工具各有其优、缺点，安全管理人员需要根据收集到的环保设施相关信息，选择合适的风险评估工具。

1. 风险矩阵法

风险矩阵是一个多维度的表格，对设施某个已被识别的危险状态，在表格中为伤害严重程度和伤害发生概率选择一个等级，对应每个选择等级的矩阵行和列的交叉单元的内容，给出了所识别危险状态的风险水平。评估结果可以用“高风险、中风险、低风险”等定性术语表示，也可以用一个具体的数值表示。矩阵单元的数量需要控制在一个合适范围，如果矩阵单元太少，就难以区分不同等级的风险；如果矩阵单元太多，则难以使用。

2. 风险图法

风险图是在决策树的基础上发展而来的。在风险图上，每个节点代表一个风险参数，节点的每条分支代表风险的一个等级。风险图法的最终结果是一个定性表示的风险水平或风险值，例如，“低”“中”“高”或 1～6，或 A～D。风险图能够有效说明保护措施及其影响参数所提供的风险减小量。但如果图中有 2 个或 2 个以上的风险参数，有 3 个或 3 个以上的分支，风险图就会变得非常杂乱。

3. 数值评分法

数值评分法有 2～4 个参数，这些参数以与风险矩阵和风险图几乎相同的方式被分解成几个等级。然而，代替定性术语的是与等级对应的不同数值，其范围可以是 1～20。对每个参数选择一个等级，然后将与这些等级对应的数值计算成一个对被评估风险的数值评分。在某些情况下，这些指定数值列于表格中，因此数值评分法的使用与矩阵的使用非常相似。数值评分系统可以方便、明确地对各参数进行加权。采用数字能够在风险水平方面获得客观性，尽管对每个风险要素的打分是主观的。然而，这种打分主观性的不足可以通过将评分合并成定性的风险等级来抵消。

上述 3 种方法在本质上都是定性的。由于没有共同的参考数据，因此，用一种工具评估的数字化风险水平不能与另一种工具的评估结果进行比较。

4. 定量风险评估法

定量风险评估需要一系列详细反映因果关系的事件链模型，以及基本“因”或“果”的数值数据，如设备的故障率、零件的故障率、人的失误概率。定量风险评估结果的可信度取决于用于基础事件发生概率的数据质量。

5. 混合型方法

混合型方法由上述方法中的两种复合而成。通常，这些工具在风险图中使用矩阵或评分系统用于一个风险要素。也可以将一定数量的定量数据集成到任何一种定性方法中，给出概率或暴露度的频率范围，例如，“很可能发生”的某件事可以表示为一年一次，而“高”暴露度则可以被规定为每小时一次。

六、风险评定

风险评估后，要进行风险评定，以确定是否存在某种危险状态需要进一步降低其风险。如果需要降低风险，则应选择适当的安全措施，并重复风险评估程序。为了保证所要求的风险降低时，不会引起附加危险或增加其他风险，应核查在应用新的安全措施时，是否引入了附加危险或增加了其他风险。如果附加危险的确出现了，则应将这些危险列入已识别的危险清单中，并对其提出适当的安全措施。有些危险状态由于风险极低（轻微），可记录为“不作进一步考虑”。

当满足下列条件时，可认为实现了降低风险的目的：

（1）已考虑了所有的运行状况和干预程序；

（2）危险已消除或风险已被降低到个人和社会可接受的水平；

（3）针对保护装置引入的任何新危险采取了恰当的措施；

（4）对遗留风险已给予了充分告知和警告；

（5）所采取的安全措施相互协调；

（6）所采取的安全措施对操作者的工作条件或设施的可用性没有产生不利影响。

七、风险管控

安全风险是危险源导致事故发生的可能性与其后果严重性的组合。环保设施经过评价可确定风险的大小，对于超出可接受水平的风险，将采取风险管控措施，单独或同时降低事故发生的概率与后果严重性，达到消除危险或降低风险的目标。具体措施主要来自风险评价中提出的建议对策。在风险降低过程中，需要决定“做什么、谁来做、何时做、怎么做、花多少费用做”。

虽然单元的固有危险性取决于物质的危险性和工艺的危险性，但是工艺、设施、结构上的各种防范和减轻事故后果的设施，以及危险岗位操作人员的良好素质和严格的安全管理制度等，都能够大大抵消单元内的现实危险性。

第四节　环保设施的风险控制原则和要求

一、设施风险控制基本原则

完成环保设施风险评价后，对不可接受的风险需要采取管控措施，使其降低到可接受水平。风险管控措施包括设计阶段的措施和使用阶段的措施。设计阶段的措施主要指在设施设计时采取的直接安全措施、间接安全措施和提示性安全措施。使用阶段的措施主要指劳动者操作设施时的安全措施，主要包括编制安全操作规程、维护保养制度等；增加额外的安全防护装置；选配合适的个人防护用品；进行安全培训等。

设施风险控制应遵循以下基本原则：

（1）设计阶段的措施优于使用阶段的措施，且通常比补充措施更有效。

（2）当安全措施与经济效益发生矛盾时，应优先考虑安全要求，并按下列等级顺序选择安全措施：

①直接安全措施——环保设施本身应具有本质安全性能，即保证设施即使在异常情况下也不会出现危险或产生有害作用；

②间接安全措施——若直接安全措施不能实现或不能完全实现，则必须在设施设计阶段配置附属物件或设施，保障人员、生产过程和设施的安全。

③提示性安全措施——若直接和间接安全措施不能实现或不能完全实现，则应在设施上设置安全警示标识，并在设施附带的说明书或其他材料上告知安全使用设施的条件。

（3）风险管控措施要达到预期的降低风险的效果，需要掌握与设施相关的法规标准要求、设施使用知识、同类设施已发生的事故和健康危害情况以及有效降低风险的技术。

（4）为确保设施的连续安全运行，所采取的安全措施必须易于使用，且不妨碍设施的操作。否则，可能会出现为了追求设施的最高工效而放弃使用安全措施的情况。

（5）在设施设计阶段，应考虑安全人机工程学原则，最大限度地减少设施对劳动者造成的体力、脑力消耗以及心理紧张状况。

二、设施设计应满足的安全基本要求

（一）适应性

在规定的使用期限内，环保设施应满足使用环境的要求，特别是满足防腐蚀、耐磨损、抗疲劳、抗老化和抗失效的要求。

（二）材料

制造环保设施的材料，在规定使用期限内必须能够承受可能出现的各种物理、化学和生物作用。禁止使用会与处置的污染物发生反应而造成危害的材料。当处置的污染物具有燃烧爆炸危险性时，基础和本体应使用非燃烧材料制造。同时，应明确检查和更换周期。

（三）机械特性

设施及其零部件必须具备足够的强度、刚度、稳定性和可靠性。在按规定条件制造、运输、贮存、安装和使用设施时，不得对人员构成危险。

（四）稳定性

设施不应在振动、风载或其他可预见的外载荷作用下发生倾覆或产生超出允许范围的运动。如果设施的形体设计和自身质量分布不能满足或不能完全满足稳定性要求，则必须采取某种安全技术措施来保证其具有可靠的稳定性。如果所要求的稳定性必须在安装或使用地点采取特别措施或确定的使用方法才能实现，则应在生产设施上标明，并在使用说明书中详细说明。

（五）表面、角和棱

应避免设施在人员可能接触的部位出现锐边、尖角和凸出部分，以防止对工作人员造成伤害。

（六）操纵器和显示器

设计和选用操纵器应满足安全人机工程学的要求，与人体操作部位的特性以及控制任务相匹配。对可能被误操作的操纵器，应采取必要的保护措施。

设计和选用显示器，应满足以下要求：

（1）显示器应在安全、清晰、迅速的原则下，根据工艺流程、重要程度和使用频繁程度，配置在人员易于观察到的范围内。

（2）显示器的性能、形式和数量应与信息特性相适应。

（3）当显示器数量较多时，应根据其功能和显示的种类进行分区排列，分区之间要有明显的界限；显示器之间、显示器与背景之间的颜色、亮度和对比度应适宜。

（4）显示器应清晰可辨、准确无误，且应消除眩光和频闪效应，与操作者的距离和角度应适宜。

（5）在设施上易发生故障或危险性较大的区域，应配置声、光或声、光组合的报警装置；报警信号应具有足够强度，并与其他信号有明显区别，最好能显示出故障的位置和种类。

（七）控制系统

1. 控制和调节装置

控制装置应保证当动力源发生异常时，不会造成危险。必要时，控制装置应能自动切换到备用动力源和备用设施系统。自动或半自动控制系统应设有必要的保护装置，防止控制指令紊乱。此外，每台设施还应辅以能单独操纵的手动控制装置。对复杂的设施和重要的安全系统，应配置自动监控装置。控制系统应保证即使系统发生故障或损坏时，也不会造成危害。控制装置和作为安全技术措施的制动装置和联锁装置，应具有良好的可靠性，并符合其产品标准规定的可靠性指标要求。

调节装置应采用自动联锁装置，以避免误操作和自动调节、自动操纵线路等的误通断。

2. 紧急开关

紧急开关必须有足够的数量，保证在所有控制点和给料点都能迅速、安全地触及。其形状应区别于一般开关，颜色应为红色或有鲜明的红色标记。

3. 意外启动的预防

当生产设施因意外启动可能危及人身安全时，必须配置起强制作用的安全防护装置。必要时，应配置两种或两种以上互为联锁的安全装置，以防止意外启动。当动力源因故偶然切断后又自动接通时，控制装置应能避免生产设施出现危险运转。

（八）工作空间

设施上的工作空间应安全可靠，能保证员工在正常作业时有充分的活动余地，同时危险作业点应留有足够的退避空间。

1. 操作姿势

操作位置宜能保证操作者交替采用坐姿和立姿，通常优先设计坐姿。

2．座位

设施上的座位应适合人体需要和功能的发挥，结构和尺寸应符合安全人机工程学原则。

3．防滑防坠

操作位置须充分考虑人员站立安全。如果操作人员经常变换工作位置，应配置宽度不小于 500 mm 的安全走板。当工作位置在坠落基准面 2 m 以上时，应配置供站立的平台和防坠落的护栏、护板或安全圈等。

4．操纵室

操纵室必须保证人员操作安全、方便和舒适，保证操作者有良好的视野，宜在座位上完成全部操作。操纵室应采用防火材料制造，并具有防御外界有害作用（如噪声、振动、粉尘、毒物、热辐射和落物等）的良好性能。当工作环境温度低于–5℃或高于 35℃时，应配置空调装置。还应保证操作人员在事故状态下能安全撤出。

（九）电气安全防护

电气设施是设施的重要组成部分，其常见的事故危害及起因包括：电气设施故障引发的电击或电火花；控制电路故障导致设施误动作；电源干扰或故障，以及动力电路失灵引起的设施误动作等。

（十）防渗漏措施

环保设施应具有良好的防渗漏性能。对可能产生渗漏的生产设施，应配备合适的收集装置或设施。

（十一）照明要求

设施必须保证操作点和操作区域有足够的照度，同时要避免各种频闪效应和眩光现象。

（十二）吊装和搬运设计

环保设施较重或尺寸较大需要吊装时，应设计起吊部位或部件，如起吊孔、起吊环等。吊装位置设计须保证吊装平稳，避免倾斜或塑性变形。

对于需要搬运的小型环保设施，应设计安全搬运的部位或部件，如把手等。

（十三）检查和维修设计

在设计设施时，须考虑检维修的安全性和可达性。对于需要定期更换的部件，须保证其装配和拆卸过程安全无风险。需进入内部检维修的设施，应设置明显的警示标识。

三、设施设计应满足的安全特殊要求

（一）防火防爆

对于处置易燃易爆污染物的环保设施，应根据处置物料的闪点、燃点、自燃点、爆炸极限等特性，采取相应的预防措施。常用措施包括：密闭处理；杜绝跑、冒、滴、漏；配置监测报警、防爆泄压装置及消防设施；避免摩擦撞击；消除接近燃点、闪点的高温因素；消除电火花和静电积聚；设置惰性气体（如氮气、二氧化碳、水蒸气等）置换及保护系统；在输送可燃气体管道和放空管道上安装水封、阻火器等安全装置；进行抗震设计等。

（二）可动零部件

容易被人触及的可动零部件，应尽量封闭或隔离。对操作人员在设施运行时可能触及的可动零部件，必须配置必要的安全防护装置。对运行中可能超过极限位置的生产设施或零部件，应配置可靠的限位装置。如果可动零部件所具有的动能或势能可能引起危险，则必须配置限速、防坠落或防逆转装置。

设计安全防护装置时，应满足下列要求：确保操作者触及不到运转中的可动零部件；在操作者接近可动零部件并有可能发生危险的紧急情况下，设施应无法启动或能立即自动停机、制动；避免安全防护装置和可动零部件之间产生接触危险；安全防护装置应便于调节、检查和维修，并不得成为新的危险源。

（三）高速旋转与易飞出物

高速旋转零部件必须配置具有足够强度、刚度，形状、尺寸合适的防护罩。若生产设施运行中突然中断动力源时，运动部位的紧固连接件或被加工物料等有可能松脱或甩出去，则应设计防松脱措施，配置防护罩或防护网等安全防护装置。

（四）过冷过热

若处置污染物的过程中，设施产生较低或过高的温度，应设置防接触屏蔽。

（五）液压和气压

使用压力介质的设施，必须保证充装、应用、回收、清除过程的安全。应能避免带压液体或气体排出的危险；隔离能源装置必须可靠；高压管道的固定须可靠，应能承受预定的内外载荷。

（六）噪声和振动

产生噪声和振动的设施，其噪声、振动应符合有关标准规定的限值要求，并在设计时采取有效的防治措施。

（七）粉尘和毒物

处置污染物或工艺过程中产生粉尘、有害气体和其他毒物的设施，应尽量采用自动加料、自动卸料和密闭装置，以保证工作场所和排放的有害物浓度符合国家标准，生产场所要配置监测、报警装置，以及事故应急处理装置、设施。

（八）辐射

辐射污染防护设施，必须采取有效的屏蔽措施，并应尽量采用远距离操作或自动化作业，同时，应设有监测、报警和联锁装置。

（九）雷击

环保设施可能遭受雷击，必须采取适当的防护措施，使雷击时产生的电荷被安全、迅速地导入大地。

（十）其他要求

环保设施易发生危险的部位必须有安全标志，标志图形、符号、文字、颜色等均应符合相关标准规定。

设施使用说明书要包含必要的技术内容及搬运、安装、调试、操作、维修、保养设施的专项安全卫生要求。

第五节　环保设施的风险控制措施

一、环保设施风险控制的直接安全措施

直接安全措施，也就是本质安全设计措施，是通过改变设施设计或设施工作特性，来消除或降低风险的安全措施。本质安全设计措施是风险减小流程的第一步，也是最重要的步骤。

通过设计消除危险是减小风险最有效的方法，因为它可以直接去除危险源。例如，采用浮动顶盖技术减少废水处置装置的污水池工业有机废气及恶臭排放，消除了污水池上方

因加盖而形成的有限空间，实现了本质安全化。

如果无法通过设计消除危险，那么可减小决定风险的因素，即危险事件的发生概率和伤害严重程度，以达到减小风险的目的。例如，处置爆炸性粉尘的干式除尘系统，应采用泄爆、隔爆、抑爆、惰化中的一种或多种控爆方式，降低爆炸发生的严重程度。

二、环保设施风险控制的间接安全措施

如果设计措施不能消除危险或充分减小风险，则应采用能够限制暴露于危险、减小危险事件发生概率或提高消除或限制伤害可能性的安全装置。

有些安全装置对暴露有显著影响，但对伤害的严重程度几乎没有影响，如防止进入危险区的固定防护挡板、护栏或外壳，以及防止进入危险区的联锁装置。

还有些安全装置对暴露和伤害的严重程度几乎没有影响，但对危险事件的发生有显著影响，如限制压力或温度的装置、超速开关、过载和力矩限制装置、监控排放物的装置等。

当设计措施和安全装置不能实现风险减小目标时，可采用补充性保护措施进一步减小风险，如在工业有机废气处置装置的管道上安装防火阀。

三、环保设施风险控制的提示性安全措施

环保设施风险控制的提示性安全措施是指由文字、符号、标记、信号等信息载体构成的保护措施，用于对采取直接、间接安全措施降低风险后的遗留风险作出警告。提示性安全措施主要包括设施上提供的信息以及随设施提供的文件。

设施上提供的信息包括：安全警告标志；安全使用的标签和标识，如最大工作负荷、最大转速等；听觉或视觉信号，如蜂鸣器、报警铃、闪光灯等；其他警告装置，如触觉反馈信号等。

随设施提供的文件包括使用说明书、技术数据表等。

四、环保设施使用中的风险控制措施

（一）使用说明书

供应商应在使用说明书中提供环保设施安全操作方法和程序的相关资料，并对设施使用中的注意事项、核心零部件的保养更换周期等重要信息加以说明。

（二）个体防护用品

供应商应在使用说明书中列出用户操作设施时必须配置的个人防护用品。

常用的个体防护用品包括头部防护用品、呼吸防护用品、眼面部防护用品、听力防护

用品、手部防护用品、足部防护用品、躯干防护用品等。用户应制定制度，加强个人防护用品的管理，确保其在有效期内，并保证工作人员正确使用。

（三）培训

供应商应准备必要的培训资料，以保证相关人员都了解如何正确使用设施以及应急处置措施。培训的内容包括但不限于：设施的工作原理、操作程序、日常保养注意事项、应急处置程序。

企业在日常管理中还需定期检查培训内容的针对性和有效性。培训主要影响个人规避伤害的能力，同时还可减少人员在危险中的暴露程度，降低危险事件发生的概率。

思考题

1．简述可以从哪些方面识别环保设施的危险有害因素？
2．简述环保设施风险评价的步骤。
3．简述进行环保设施风险评价需要准备的信息。
4．简述环保设施风险控制的原则。
5．简述环保设施风险控制的措施。

第二章　工业有机废气治理设施的风险辨识与安全管控

工业有机废气是指工业生产过程中排放的含有挥发性有机物（volatile organic compounds，VOCs）的气态污染物，主要包括各种烃类、醇类、醛类、酸类、酮类和胺类等。工业有机废气是大气中细颗粒物（$PM_{2.5}$）和臭氧（O_3）形成的关键前体物，对大气环境和人体健康具有潜在危害。工业有机废气主要源自石油炼制与石油化工、煤炭加工与转化等使用VOCs原料的生产行业，以及油类（燃油、溶剂等）储存、运输和销售过程，还有涂料、油墨、胶黏剂、农药等以VOCs为原料的生产行业，以及涂装、印刷、黏合、工业清洗等使用VOCs产品的过程。

治理工业有机废气可以从生产源头替代、过程控制、末端治理等多个环节入手，其中，建设废气治理设施是末端治理环节的主要手段。然而，由于工业有机废气成分复杂，通常为多种易燃易爆混合有机气体，如果废气治理设施的技术路线选择不当、工艺设计存在缺陷、运行过程中风险管控措施不到位，往往会带来新的安全隐患，引起火灾、爆炸等事故，造成人员伤亡和财产损失，例如，低温等离子装置电晕的放电着火问题、RTO装置爆炸问题、活性炭装置自燃以及危险废物处理问题。

在企业日常管理中，需针对工业有机废气治理设施，从管道系统、治理设施本体、电气仪表、防雷防静电等方面开展风险辨识，加强风险管控措施，避免治理设施发生安全事故。

第一节　主要工业有机废气治理技术

工业有机废气种类繁多、组分复杂且波动性大，因此治理技术也多种多样。根据其末端治理技术的作用原理，可分为回收技术和销毁技术两类。

回收技术是采用物理方法将工业有机废气回收的非破坏性方法，主要有冷凝技术、吸附技术、吸收技术、膜分离技术等。这些技术方法不仅能有效控制有机废气的排放，而且回收利用能够节约资源、带来经济效益，越来越受到企业的重视。销毁技术是通过化学或生物反应，将工业有机废气氧化分解为无毒或低毒物质的破坏性方法，主要有燃烧技术、光氧催化技术、低温等离子体技术、生物降解技术等。

选择工业有机废气末端治理技术时，需要综合考虑排放废气的浓度、组分、风量、温度、湿度、压力、颗粒物（含尘量）、生产工况、费用（设施费、运行费）等因素，从技术可行性和经济性等多方面进行考量。在实际应用中，常常会采用多种技术的组合工艺，以提高工业有机废气的治理效率。本章将重点介绍目前常用的工业有机废气治理技术。

一、冷凝技术

冷凝技术的回收原理比较简单（图 2-1），将废气冷却至其温度低于有机物的露点温度，使有机物冷凝成液滴，从废气中分离出来并直接回收。该方法主要适用于高沸点和高浓度的有机废气回收。

然而，对低沸点含量较高的工业有机废气，其净化能力较差，处理后的排放气体中仍含有相当高浓度的废气，不能达到环境排放标准。同时，由于大部分工业有机废气属于易燃易爆气体，受到爆炸极限的限制，需净化的有机废气浓度不能过高。因此，要达到较高的回收率，需采用很低温度的冷凝介质或高压措施，这将会增加设施投资和处理成本。所以，冷凝技术通常作为一种前处理技术并与其他净化技术结合使用。

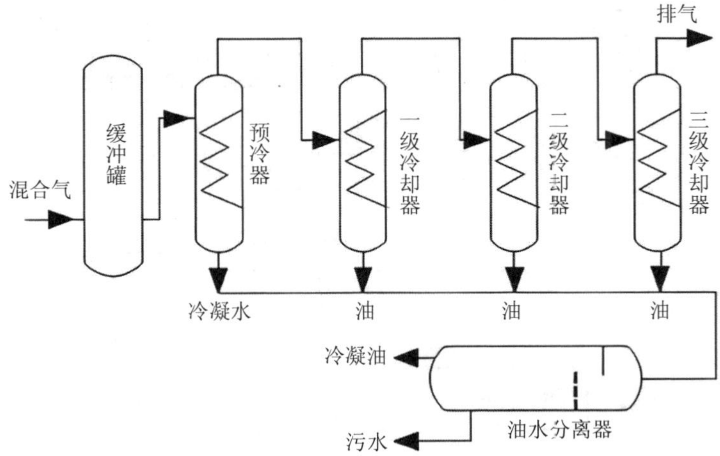

图 2-1　冷凝法处理工业有机废气的工艺流程

二、吸附技术

吸附法去除有机废气的原理是利用高表面积多孔吸附材料，截留有机废气分子，使其被吸附在多孔材料表面，从而使污染物与空气相分离，达到净化的目的。这种方法一般为物理吸附。当吸附剂达到饱和后，需要进行解吸处理，以回收有机物并实现吸附剂的再生，使其能够循环使用。在工程中，可用加热、减压等方式实现饱和吸附剂的解吸，常用方法有高温蒸汽和热氮气脱附。

吸附净化的效果主要取决于吸附剂的性质、有机废气的成分、浓度和吸附系统的工作温度、湿度、压力等因素。其中，吸附剂的性质是决定净化效果的关键因素。常用的吸附剂有活性炭、活性炭纤维、沸石、分子筛、多孔黏土矿石、活性氧化铝、硅胶、高聚物吸附树脂等。

吸附法具有适用范围广、工艺简单、去除率高等优点，但也存在吸附剂用量大、再生困难、占地面积大等缺点。因此，吸附技术常常作为一种后处理措施与其他净化技术结合使用。

图 2-2 为活性炭吸附系统的工艺流程。废气收集后，经过预处理进入吸附器，有机废气被高性能活性炭吸附，有机物被吸附于其微孔结构中，经两级活性炭吸附，废气经过吸附材料净化后排放至大气中。吸附有机废气的活性炭通过高温水蒸气或热氮气解吸再生，解吸出来的高浓度混合气进入换热器换热后，再冷凝回收得到混合溶液，氮气则在脱附周期内循环重复利用。

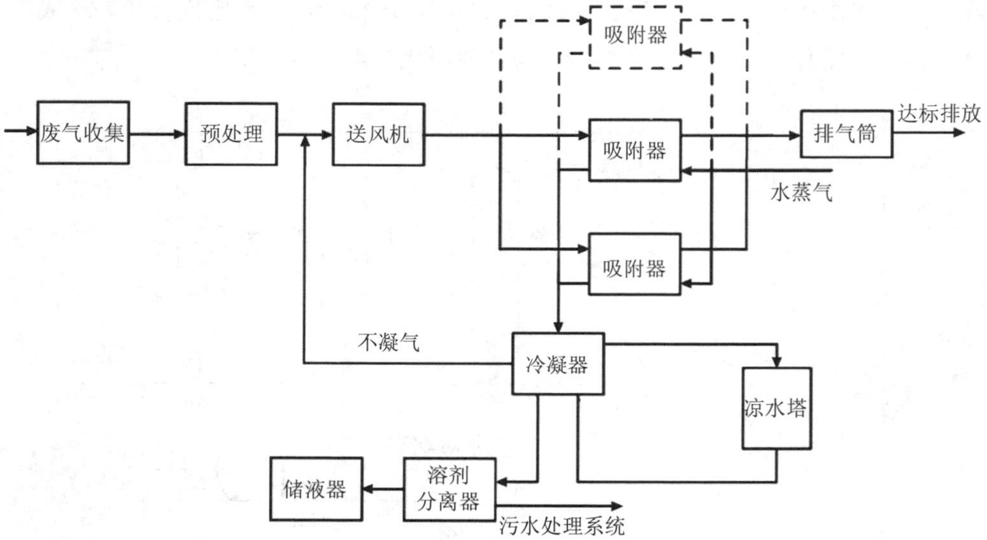

图 2-2 活性炭吸附系统的工艺流程

工业上使用的活性炭吸附装置主要由预处理、吸附、吸附剂再生、解吸气体后处理等单元组成。废气经收集后被输送至废气处置装置，首先经预处理系统去除其中的水汽、腐蚀性物质和颗粒物，防止末端设施被腐蚀和吸附剂堵塞，同时降低末端负荷；然后，废气流经吸附床，污染物会被吸附剂吸附，净化后的废气达标后高空排放。

为提高活性炭吸附装置的工作效率，通常会配置多个吸附器交替使用。当一个吸附床中的吸附剂饱和后，通过阀门切换至另一个吸附床。饱和后的吸附剂采用低压水蒸气高温解吸再生，污染物会汽化并脱离吸附剂，随水蒸气进入冷凝系统，并在贮槽中分层为水相和油相。其中，水相送至污水处理设施进行进一步处理后排放；油相即有机溶剂，精制后可回收再利用。再生后的吸附剂会残留一些水分，这会影响吸附效率，因此，需要通过空气干燥。干燥后的吸附床待另一个吸附床饱和后切换使用。

三、吸收技术

吸收法去除有机废气的原理是利用工业有机废气的物理化学性质，选择合适的吸收液与废气直接接触，将有机废气转移到吸收液中，再经解吸，将有机废气去除或回收利用，同时实现吸收液的再生和重复使用。

吸收效果主要取决于吸收液的性能和吸收设施的结构特征。选取吸收液的原则是对需要净化的废气组分有较高的溶解度、选择性强、低挥发性或不挥发、低毒或无毒以及化学性质稳定等。工业上常用的吸收液包括有机溶剂、表面活性剂、微乳液、离子液体等。吸收设施有喷淋塔、筛板塔、填料塔等。在工程设计中，根据吸收效率、设备本身阻力和操作难易程度来选择生物滤池种类，通常选用多级联合吸收。

吸收法工艺简单、适应性强、占地面积小，适用于处理大流量（3 000～150 000 m^3/h）、中等浓度（500～5 000 mg/m^3）的有机废气。该方法的不足之处在于吸收剂后处理投资较大，易出现二次污染。

图 2-3 为液体吸收法处理工业有机废气的工艺流程。

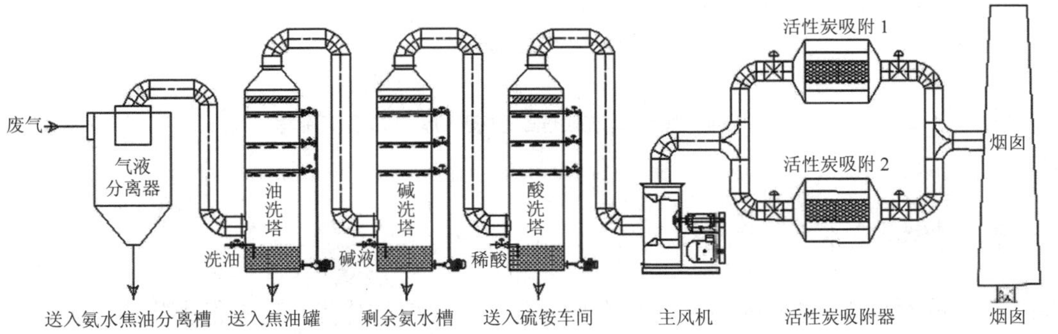

图 2-3　液体吸收法处理工业有机废气的工艺流程

四、膜分离技术

膜分离技术是通过溶解-扩散原理实现分离净化的。有机气体分子与膜接触后，会在膜的表面溶解，进而在膜的两侧形成一个浓度梯度。由于不同气体分子通过膜的溶解扩散速度不同，气体分子会从膜的一侧向另一侧扩散，并在膜的另一侧表面解吸，最终达到分离的目的，实现有机物的回收或去除。

在实际工程应用中，待净化的有机废气通过风机被送至具有选择性的膜组件，废气中的有机物通过膜而被富集。富集后的有机气体经过回收系统可重复使用；脱除了有机组分的废气则可达标排放，从而实现净化的目的。

膜分离技术的核心在于制备对有机物具有选择渗透性的聚合物膜。该技术具有安全、高效、能耗低、无二次污染、设备流程简单、可连续操作等优点，适用于高浓度、小流量、高价值的有机物回收（图 2-4）。

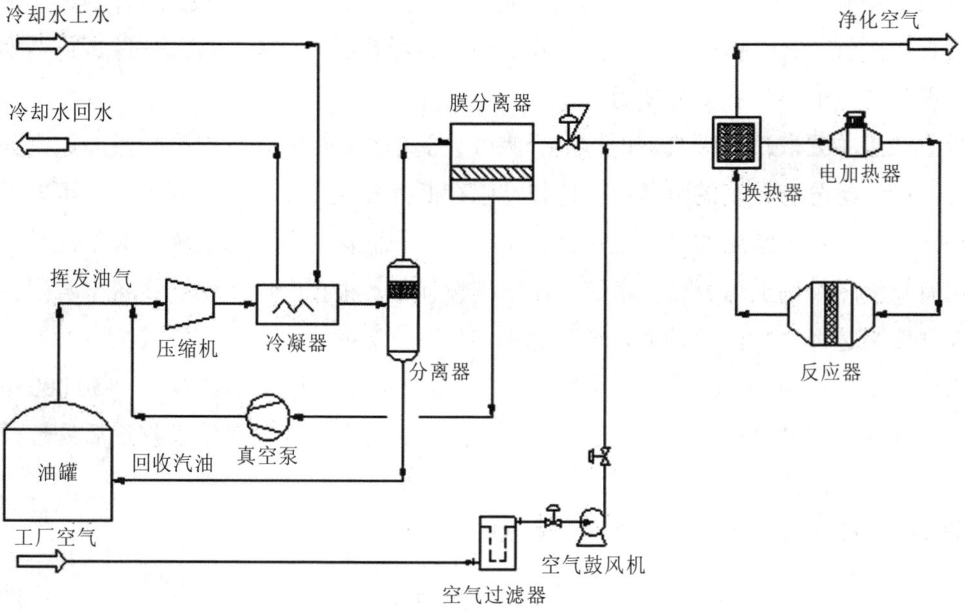

图 2-4 膜分离法处理工业有机废气的工艺流程

五、燃烧技术

燃烧技术是通过燃烧氧化或高温分解，将有机废气转化为无害或低害物质，从而实现废气净化，这属于一种热破坏法。由燃烧法的净化原理可知，该方法适用于净化可燃或在高温条件下可分解的有机废气。

根据燃烧设备和使用材料的不同，燃烧法可分为直接燃烧法、热力燃烧法、催化燃烧法、蓄热燃烧法等。

直接燃烧法主要用于处理高浓度的可燃有机废气，将其在空气中直接燃烧，使有害废气在高温作用下分解为 CO_2、H_2O 等无害物质。该方法工艺简单、投资小、易于操作和维护，废气净化效率高，受有机废气风量和浓度变化影响小，无须定期更换易耗品。但该方法运行成本较高，且换热设备庞大，易生成 NO_x 等大气污染物，应用范围受到限制（图 2-5）。

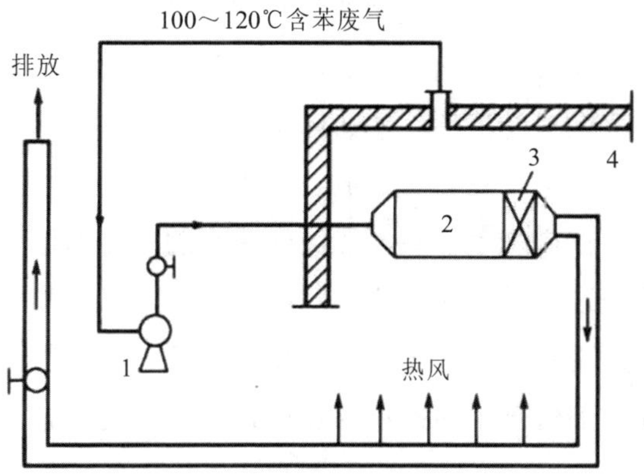

1-风机；2-燃烧炉；3-瓷环；4-烘箱壁

图 2-5　直接燃烧法处理工业有机废气的工艺流程

热力燃烧法适用于处理低浓度的可燃有机废气。通过燃烧辅助燃料提供的热量，弥补低浓度废气燃烧能量的不足，从而使废气达到反应温度并完全燃烧。热力燃烧法的反应温度通常在 500～900℃，低于直接燃烧法的温度。该方法操作简单、易于维护，可高效处理绝大多数有机气体。

催化燃烧法的净化原理是在催化剂作用下，有机废气在较低的起燃温度进行无焰燃烧，氧化分解为 CO_2、H_2O 等无害物质。催化燃烧装置通常由催化反应室、热交换室和加热室构成。催化燃烧技术的核心是催化剂的研发，其性能决定了废气的净化效率。该方法净化效率高，无二次污染；对有机物浓度和组分处理范围宽；反应温度通常在 320～480℃，净化设备的投资和运行费用相对较低；能耗低，还能回收部分热能。但当有机废气浓度过低时，需要大量补充外加的热量才能维持催化反应的进行。催化燃烧技术作为一种低温燃烧废气治理工艺，适用于中低浓度废气的处理，被广泛应用于石油化工、油漆、电镀、印刷、涂料、轮胎制造等工业废气的治理。该技术可处理的有机物质种类包括苯类、酮类、酯类、酚类、醛类、醇类、醚类和烃类等，见图 2-6。

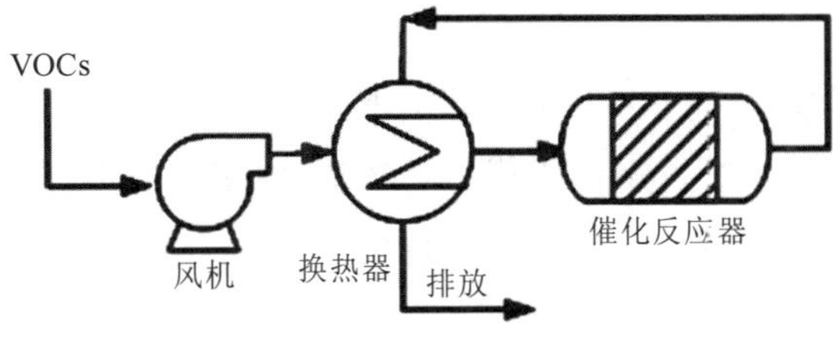

图 2-6　催化燃烧法处理工业有机废气的工艺流程

蓄热燃烧法净化有机废气的原理是将废气加热到 780℃以上，使其中的有机组分氧化分解为 CO_2、H_2O 等无害物质。氧化产生的热量经蓄热体回收，用来预热后续进入的有机废气，从而节省废气升温燃料的消耗。蓄热体是整个净化装置的核心部件，当冷的废气通过热的蓄热体时，蓄热体将储存的热量释放，将废气加热到所需的预热温度，同时蓄热体本身被冷却；预热后的气体进入燃烧室，经反应后热的净化气通过冷的蓄热体时，蓄热体吸收净化气体的热量，使净化后的排气冷却，而蓄热体本身被加热，这样可以有效减少废气处理设备的额外加热。蓄热燃烧装置通常由换向设备、蓄热室、燃烧室和控制系统等组成。蓄热燃烧技术不使用催化剂，因此不存在催化剂中毒的问题，相较于催化燃烧法，后期成本稍低，见图 2-7。

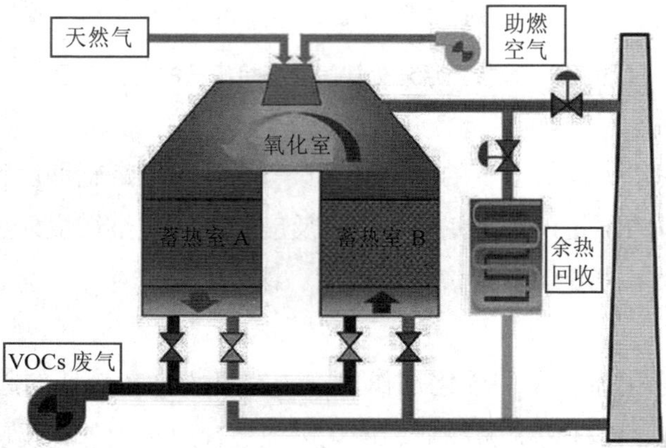

图 2-7　蓄热燃烧法处理工业有机废气的工艺流程

六、光氧催化技术

光氧催化技术主要利用光敏催化剂在一定量的光照射下激发产生的电子-空穴对，与吸附在催化剂表面的溶解氧和水分子等发生作用，进而产生·OH 与·O^{2-}等强氧化性自由基，这些自由基再通过与污染物的羟基加和、取代、电子转移等方式发生矿化反应，最终将有机废气降解为无毒或低毒的小分子化合物（图 2-8）。该技术主要包括 UV 光解技术、UV 光氧技术等。UV 光解技术利用高能紫外线的能量进行光化学反应，通过光解来处理污染物；UV 光氧技术除了紫外线光解污染物，还运用光催化反应来处理污染物。光氧催化技术可处理氨、三甲胺、硫化氢、甲硫氢、甲硫醇、甲硫醚、乙酸丁酯、乙酸乙酯、二甲二硫、二硫化碳、苯乙烯等工业有机废气。

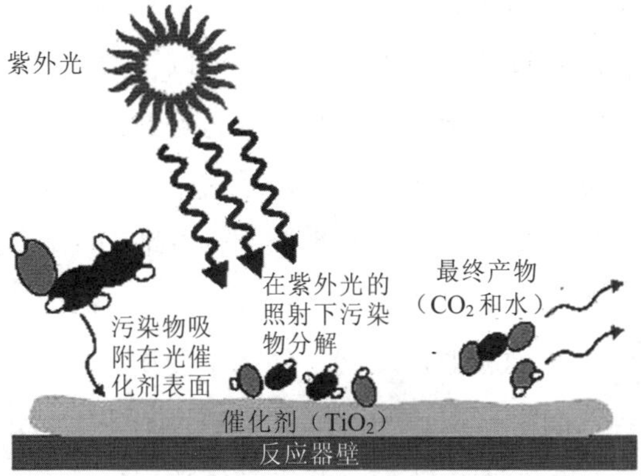

图 2-8　光氧催化技术处理有机废气的原理

七、低温等离子体技术

低温等离子体技术净化有机废气的原理是由外加电场产生的高能电子撞击背景气体中的 O_2、N_2、H_2O，生成由正离子、负离子、电子、自由基、活性基团等组成的集合体，这些强氧化性的高活性粒子与污染物基团或分子发生氧化、降解反应，从而将有毒有害的废气转化为 CO_2、H_2O 等无毒无害物质。

由于不同化合物被解离和氧化所需要的能量不同，低温等离子体技术对不同种类有机废气的净化效果存在差异。在具体工艺设计中，应根据各种工况下废气的成分和浓度，确定低温等离子体净化技术的适用性。

工程实践表明，低温等离子体技术对低于 300 mg/m^3 的含工业有机废气和恶臭异味气体具有较好的净化效果。当有机废气浓度较高时，低温等离子体一般不宜作为独立的处理单元使用，而需与其他处理单元联合使用，通常作为二级净化单元才能取得较好的处理效果。

低温等离子体技术原理简单，设计、安装门槛较低，相较于活性炭吸附工艺，产废量小，广泛应用于多种行业的废气治理。但是，该技术基于高压放电原理，处置过程中可能产生点火源，在石化和化工等防爆等级要求较高的行业使用时存在一定风险，需要全面进行安全风险评估。

八、生物降解技术

生物降解技术是一项新兴的工业有机废气净化技术。工业有机废气生物净化过程的实质是，在适宜的环境条件下，附着在载体介质中的微生物利用废气中的有机污染物作为能源或碳源，在生物酶的作用下将有机物分解成 CO_2、H_2O、中性盐等无害物质。常见的生物降解工艺包括生物过滤法、生物滴滤法、生物洗涤法等。

生物过滤法是将微生物附着生长于固体填料上，有机废气缓慢通过填料层，被附着其上的微生物吸附、吸收后，降解转化为无害物质，并以扩散气流的形式离开。填料多选用具有吸附性和生物活性的物质，如土壤、堆肥、木屑等。该工艺适用于亲水性和易降解的物质，不适合处理较高浓度的废气和产酸废气，通常用于去除臭气。其优点是设备少、操作简单、运行费用低等；缺点是反应条件较难控制、占地面积较大、处理效率不够持续稳定、载体使用周期短等。

生物滴滤法原理与生物过滤相似，不同之处在于使用的填料多为竹炭、塑料、陶粒等惰性材料，微生物在填料表面附着生长并形成生物膜（图 2-9）。生物膜中的微生物将有机废气分解、代谢后转化为小分子无机物质，并为微生物提供能源或碳源，其他必需的营养物质需额外补充。与生物过滤法相比，生物滴滤法的反应条件更易控制、微生物活性更易保持，缺点是填料比表面积较小、运行成本较高，不适合处理水溶性差的化合物。同时，需经常添加营养物质，操作较复杂，添加过量还可能会导致菌体繁殖、床层堵塞等问题。

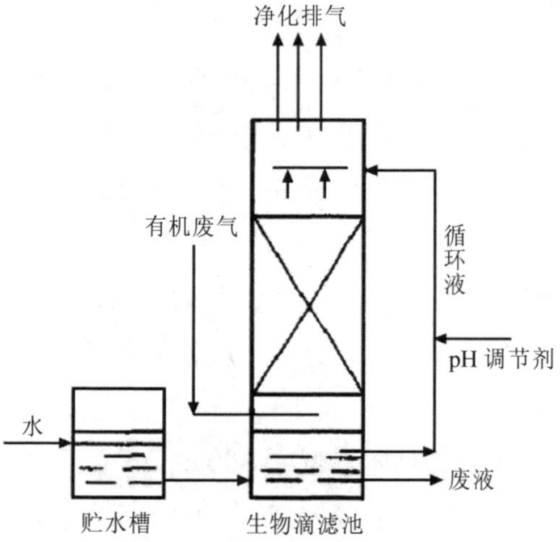

图 2-9　生物滴滤法处理有机废气的工艺流程

生物洗涤法的工作原理是，将微生物及其必需的营养元素置于液体中，气态有机污染物通过与悬浮液接触后转移到液体中，被微生物降解转化为无害物质。悬浮泥浆通常采用活性污泥，效率取决于生物悬浮液的活性强度和再生能力。处理设施通常由装有惰性填料的传质洗涤器和生物降解反应器组成。废气首先进入洗涤器，与来自生化反应器的泥水混合物进行传质吸附和吸收，部分易降解的污染物在此被微生物降解；大部分污染物进入生化反应器，被活性污泥的代谢作用降解。生化反应器的出水进入沉淀池进行泥水分离，上清液排出，污泥回流。该工艺可处理多种气体，操作条件易于控制；缺点是设备成本高、操作复杂、活性污泥再生时间较长等。

与常规处理法相比，生物降解法适合处理低浓度、生物降解性好的气态污染物，具有设施简单、运行费用低、较少形成二次污染等优点，但存在抗冲击负荷能力差、微生物对生长环境要求高、对温度和湿度变化敏感、体积大等缺点。

九、组合治理技术

实际工业生产中，企业排放的废气组分复杂，有时单一的末端治理技术并不能很好地处理并使之达标排放，因此，在环保工程中，常将几种处理技术组合使用，如循环脱附分流回收吸附治理技术、吸附-脱附-燃烧治理技术、冷凝与变压吸附联用治理技术、沸石转轮与蓄热燃烧治理技术等。

第二节　工业有机废气治理设施通用安全管控措施

近年来，工业有机废气治理工程安全生产事故呈逐年上升的态势，而且由于有机废气通常为易燃易爆气体，因此引发的事故多为后果较严重的火灾爆炸类事故。对于该类工程，可从废气组分的理化性质、治理技术选择不当、工艺设计有缺陷、人为管理操作失误等方面辨识风险，并采取相应的安全管控措施。

一、工业有机废气组分的理化性质

环保设施治理的对象是工业有机废气，其成分复杂且易燃易爆。进行废气治理设施的安全管控，首先需要收集工业有机废气的理化性质，了解待处理废气的组分、爆炸极限、闪点、燃点等信息，以及废气各组分间是否可能发生化学反应。必要时可进行实验检测，掌握废气的危险特性，从而避免生产事故的发生。

1. 废气的组分特点

不同行业、企业和生产工艺所产生的有机废气成分不同，组分特性各异。当废气中以易自聚物质为主时，会发生自聚现象。例如，苯乙烯含量较高的废气易产生高沸点交联物质；废气中含有较大分子量的 VOCs 物质时，会出现裂解产物的沉积，从而引起治理设备内部堵塞、结垢，使局部过热、管道压降上升，影响设备安全运行，埋下事故隐患。

在《危险化学品企业安全风险隐患排查治理导则（2019 年）》中，对于现场工艺安全部分，援引了《国家安全监管总局关于进一步加强化学品罐区安全管理的通知》（安监总管三〔2014〕68 号）、《石油化工企业设计防火标准（2018 年版）》（GB 50160—2008）第 5.5.14 条等标准规范，要求不同的工艺尾气排入同一尾气处理系统时应进行安全风险分析；使用多个化学品储罐尾气连通回收系统的，需经安全论证合格后方可投用。严禁将混合后可能发生化学反应并形成爆炸性混合气体的几种气体混合排放。

在有些工况下，企业产生的废气会含有一些有机酸类、氯化氢、硫化氢等腐蚀性非常强的气体。当废气中含有腐蚀性气体时，治理设施的所有组件，如管道、阀门、集气罩等，均应采用耐腐蚀材料制造。可参照《工业设备及管道防腐蚀工程技术标准》(GB/T 50726—2023)、《化工设备、管道防腐蚀工程施工及验收规范》（HG/T 20229—2017）的相关要求，进行防腐处理和验收。

易反应、易聚合的有机物和自身具有爆炸性物质、含卤素的废气不宜采用 RTO 炉处理。具有粘连性、积聚自燃性、高沸点以及与碳发生化学反应的有机废气，不宜采用活性炭吸附、光催化氧化、低温等离子体技术等治理设施。非水溶性的有机物浓度较高的有机废气，禁止采用水或水溶液喷淋吸收处理。低温等离子体技术、光催化技术、光氧化技术主要适用于恶臭异味的治理；生物法主要适用于低浓度工业有机废气和恶臭异味的治理。

2．废气的爆炸极限

可燃气体与空气的混合物在一定浓度范围内遇到点火源会发生爆炸，这个浓度范围称为爆炸极限。爆炸极限分为爆炸下限和爆炸上限，以可燃性物质在混合物中所占体积的百分比（%）来表示。

爆炸下限（lower explosion limited，LEL）是指可燃性混合物能够发生爆炸的最低浓度。当可燃气体浓度低于爆炸下限时，混合气中的可燃气含量较低，过量空气的冷却作用阻止了火焰的蔓延，因此在低于爆炸下限时，不能引起燃烧或爆炸。爆炸上限（upper explosion limited，UEL）是指可燃性混合物能够发生爆炸的最高浓度。当可燃气体浓度高于爆炸上限时，混合气中氧气含量不足，只能发生燃烧，不能引起爆炸。

不同可燃气体的爆炸极限不同，例如，氢气的爆炸极限为 4.0%～75.6%，意味着如果氢气在空气中的体积浓度在 4.0%～75.6%时，遇到点火源就会爆炸；而当氢气浓度小于 4.0%或大于 75.6%时，即使遇到火源也不会爆炸。甲烷的爆炸极限为 5.0%～15%，即甲烷在空气中的体积浓度在 5.0%～15%时，遇到点火源会爆炸，不在爆炸极限范围内则不会爆炸。

爆炸极限在防火防爆工作中具有重要的现实意义。当生产场所中可燃气体浓度在爆炸下限至爆炸上限之间时，就存在发生爆炸事故的危险。为确保工业有机废气处理设施的安全运行，在《环境保护产品技术要求 工业有机废气催化净化装置》(HJ/T 389—2007)、《吸附法工业有机废气治理工程技术规范》(HJ 2026—2013)、《催化燃烧法工业有机废气治理工程技术规范》(HJ 2027—2013)、《蓄热燃烧法工业有机废气治理工程技术规范》（HJ 1093—2020）等技术规范中，都提出应控制进入治理设施的有机废气浓度，一般要求废气中有机物的浓度应低于其爆炸下限的 25%。表 2-1 列出了常见工业有机废气在标准状态下的爆炸下限值。

表 2-1　常见工业有机废气的 LEL 值和 25%LEL 值　　单位：mg/m^3

工业有机废气	LEL	25%LEL
苯	38 930	9 730
甲苯	42 170	10 540
乙酸乙酯	77 000	19 250
丙酮	60 500	15 130
正丁醇	43 237	10 810
苯乙烯	47 735	11 930
正己烷	43 090	10 770
乙酸	100 083	25 020
丁酮	51 078	12 770
乙醇	63 346	15 840

将有机废气的进口浓度控制在其爆炸下限的 25%以下，主要有两点原因。首先，可燃气体的爆炸下限与可燃气体的温度有关，随着可燃气体温度的升高，相应的爆炸下限也随之下降。以正己烷为例，当气体温度升高到 327℃时，爆炸下限降低为室温时的 75%。其次，在实际生产中，大多数工业有机废气并非纯净物，而是成分复杂的混合物，其爆炸下限具有不确定性。在工程中一般采用 Le Chatelier 公式估算混合气体的爆炸下限，再将其浓度控制在 25%LEL 以下，以留出安全裕度。

对于多组分有机废气，其控制浓度 P 应低于最易爆炸组分或混合气体爆炸下限值的 25%，即 $P < \min(LEL_e, LEL_m) \times 25\%$，$LEL_e$ 为最易爆炸组分爆炸下限值（%），LEL_m 为混合气体爆炸下限值（%）。多组分有机废气的爆炸下限 LEL_m 可按照下式进行估算：

$$LEL_m = (V_1+V_2+\cdots+V_n) / (V_1/LEL_1+V_2/LEL_2+\cdots+V_n/LEL_n) \quad (2\text{-}1)$$

式中，LEL_m—— 混合气体爆炸下限值，%；

LEL_1，LEL_2，…，LEL_n ——混合气体中各组分的爆炸下限值，%；

V_1，V_2，…，V_n ——混合气体中各组分所占的体积百分数，%；

n ——混合有机废气中所含有机化合物的种数。

假设有一种工业有机废气中含有甲烷、己烷、乙烯，它们各自的体积百分比和爆炸下限值分别为甲烷 2.0%（$LEL_1 = 5.0\%$）、己烷 0.8%（$LEL_2 = 1.1\%$）、乙烯 0.5%（$LEL_3 = 2.7\%$），其余为空气，可知该混合废气的爆炸下限为

$$LEL_m = (2.0 + 0.8 + 0.5) / (2.0/5.0 + 0.8/1.1 + 0.5/2.7) = 2.5\%$$

从计算结果可以看出，修正后的多组分可燃废气爆炸下限为 2.5%，进入治理设施的浓度控制在 0.625%，低于所有可燃气体组分的爆炸下限，有效控制了爆炸风险。

3. 废气燃烧过程中的绝热温升

对处置废气的热稳定性开展风险评估，为控制废气治理设施运行温度提供参考，避免生产事故的发生。

有机废气在燃烧过程放热，使得废气温度升高。如采用催化燃烧技术处理有机废气，在设备正常运行条件下，有机废气被完全转化时，催化反应前后气体温度的变化可反映出有机废气浓度的变化。例如，1 000 mg/m^3 的甲苯完全燃烧时，绝热温升为 31.95℃，实际处置中，如果温升达到 320℃，则说明甲苯浓度约为 10 000 mg/m^3，与甲苯的 25%LEL 值（10 540 mg/m^3）非常接近，存在较大反应失控风险，必须立即降低甲苯浓度。

4. 其他工况参数

此外，企业生产装置和设施运行过程也会影响排放废气的理化参数，如废气的风量（正常值、最大值、最小值）、温度（正常值、最大值、最小值）、压力、湿度、含氧量、挥发性有机物组分及浓度（正常值、最大值、最小值）、无机气体的组分及浓度（正常值、最大值、最小值）、颗粒物浓度、废气排放方式（连续、间歇、波动周期）等。这些工况参数也对废气治理设施的安全运行有重要影响。

二、选择工业有机废气治理技术方案

企业在新建废气治理设施时，应根据废气的产生类型、来源、产生量、组成与变化规律、治理需求等因素，对各种治理技术的适用范围，优、缺点进行评估，进而选择最适合的技术。表 2-2 列出了几种常用工业有机废气末端治理技术。

表 2-2 常用工业有机废气末端治理技术比较

主要技术	原理	适用范围	优点	缺点
冷凝法	根据物质在不同温度下具有不同饱和蒸汽压的原理，通过降温或升压使废气中的有机组分冷凝成液体而从气相中分离	高浓度废气，特别是含有单一有害组分且回收价值高的工业有机废气，以及含有大量水蒸气的高温废气	工艺简单，易操作，运行成本低，可回收有价值的工业有机废气	对低沸点气体效果不佳，能耗高，运行费用高，处理成本较高
吸附法	利用吸附剂与工业有机废气污染物的物理结合或化学反应去除工业有机废气中的污染物成分	中低浓度的工业有机废气	设施简单，技术成熟，易于自动化控制，投资较小，能耗低，去除效率高	不适用高浓度、高温有机废气，一般处理设施庞大，吸附剂容量受限，其再生、运行成本高
吸收法	废气和吸收液接触，通过化学药剂中和、氧化或其他化学反应破坏工业有机废气	处理高水溶性工业有机废气	占地空间小，可去除气态和颗粒物工业有机废气，投资成本低，传质效率高，对酸性气体去除效率高	去除效率不高，吸收液的净化效率下降较快，有后续废水处理问题，颗粒物浓度高会导致吸收剂堵塞，维护费用高

主要技术	原理	适用范围	优点	缺点
膜分离法	用人工合成的膜分离工业有机废气物质	高浓度工业有机废气	技术流程简单，分离效果好，能耗低	受膜材料限制（膜污染、膜的稳定性、通量等），运行成本较高
直接燃烧	利用燃料对混合气体进行加热，在高温下氧化分解废气中的污染物	高浓度工业有机废气	工艺简单，设施投资少	技术使用范围小，能耗大，运行成本较高，工艺安全难以控制，可能产生二次污染
催化燃烧	利用催化剂降低气体的活化能，使反应分子大量聚集在表面，降低气体燃点，让气体低温燃烧	处理的工业有机废气浓度范围广，尤其适合处理低浓度工业有机废气	燃烧温度低，无明火，能耗低，净化率高，无二次污染	操作条件严格，催化剂中毒会使效率降低，催化剂更换成本较高
蓄热式热力燃烧（RTO）	采用先进的热交换设计和新型陶瓷蓄热材料，保证燃烧热量的有效回收和连续进出气，从而保证净化效果和减低运行成本	低浓度工业有机废气	系统弹性化，操作风量上下限范围大，热回收率高，固定结构式蓄热陶块，分解温度低，去除效率高	投资成本高，装置体积大、重量大
蓄热式催化燃烧（RCO）	在蓄热式热力燃烧基础上，将催化剂置于蓄热材料顶部，使工业有机废气净化达到最优	中高浓度工业有机废气	能同时净化多种有机废气，流程简单，安全性高，运行成本低，热回收效率和处理效率高	催化剂堵塞会使催化活性下降，降低处理效率，催化剂更换成本较高
光催化降解法	光催化剂纳米粒子受激发产生活性极强的自由基，这些物质具有很强的氧化作用，从而使废气中一些难以反应的物质在温和的条件下进行反应，达到净化有机废气的目的	高浓度工业有机废气	条件温和，常温常压，设施简单，维护方便	需要紫外光源，对催化剂要求较高，处理效率低，使用寿命短
等离子体技术	利用等离子体场富集的大量活性物质，如离子、电子、激发态的原子、分子及自由基等，将污染物分子离解为小分子物质	低浓度工业有机废气	装置简单，维护方便，无须预热，开启方便，能耗低	技术不成熟，处理量小，对电源要求高，会产生有害副产物
生物降解法	利用微生物对废气中的污染物进行消化代谢，将其转化为无害的 H_2O、CO_2 及其他无机盐类	低浓度、微生物可分解的工业有机废气	设施简单，运行成本低，对臭味气体处理效果明显	投资高，降解速度慢，效率偏低，占地面积大，生物菌培养条件严格，不易控制

每种技术都有其适用范围和优、缺点，在工程中选择废气处置技术时，需要综合考虑多项因素，如废气的浓度、组分、风量、温度、湿度、压力、含尘量、生产工况以及回收成本等实际情况。

从有机废气回收价值的角度来看，如果废气中含有价值较高的有机物且回收成本在可接受范围内，多采用非破坏性的回收技术，如冷凝、吸附等方法进行再利用。对于并无回收价值或回收成本过高的有机废气，则主要采用销毁技术将废气氧化分解为无毒或低毒物质，达标排放。不同浓度和有无回收价值的工业有机废气治理技术适用范围如图 2-9 所示。

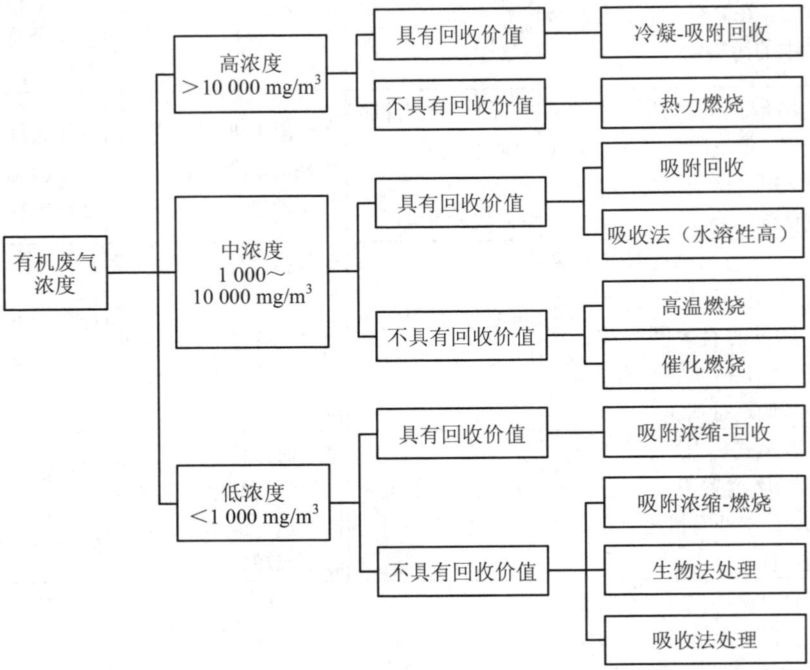

图 2-9 不同浓度和有无回收价值的工业有机废气治理技术适用范围

大多数行业的工业点源产生的工业有机废气浓度在 10^2～10^4 mg/m³。浓度较高的行业（如石油加工、化工医药制造等）产生的废气浓度大多高于 10^3 mg/m³；浓度较低的行业如皮革、毛皮、羽绒制品等，其废气浓度一般低于 500 mg/m³。不同浓度的工业有机废气处理技术有较大差异。

对于浓度超过 10 000 mg/m³ 的工业有机废气，一般需要进行有机物回收。通常首先采用冷凝技术将废气中大部分的有机物进行回收，然后再采用其他技术处理降低浓度后的有机物。例如，在油气回收过程中，从油气收集系统收集的油气，经油气凝液罐排除冷凝液后，进入油气回收装置，经冷凝回收的油气进入回收油气收集储罐，尾气通过活性炭吸附后达标排放，活性炭吸附饱和后的脱附油气经真空泵抽吸送至冷凝器入口进行循环冷凝。在有些情况下，尽管废气中有机气体的浓度很高，但并无回收价值，此时直接燃烧法会更加适用，如炼油厂尾气的处理等。

对于浓度在 1 000～10 000 mg/m³ 的工业有机废气，当其中的有机物具有回收价值时，通常使用吸附回收技术来回收，如活性炭/活性炭纤维吸附+水蒸气/高温氮气再生+冷凝工艺。对于水溶性较高的工业有机废气，如醇类化合物，也可采用吸收法回收其中的溶剂。当工业有机废气无回收价值时，一般采用催化燃烧或高温燃烧技术进行治理。蓄热式催化燃烧或蓄热式高温燃烧技术利用蓄热体对待处理废气进行换热升温，对净化后的排气进行换热降温，强化了加热炉内的气体循环，回收了大部分热量，提高了能源利用率，可治理相对低浓度的废气，是一种低碳环保的技术。

对于浓度小于 1 000 mg/m^3 且有回收价值的工业有机废气，可先使用沸石转轮或固定床等方法，将大风量、中低浓度的有机废气吸附浓缩，得到小风量、高浓度的有机废气，然后再进行回收利用。对于不具有回收价值的低浓度有机废气，可选用吸附浓缩与燃烧组合处理技术、吸收技术、生物技术等治理技术。在吸收技术中，多使用水作为吸收剂，主要用于废气的前处理，如去除漆雾和大分子高沸点的有机物、去除酸碱气体等。而使用有机溶剂为吸收剂的治理工艺，由于存在安全性差和吸收液处理困难等问题，已经较少使用。对于水溶性高的工业有机废气，可采用生物滴滤法和生物洗涤法，水溶性稍低的可采用生物滤床。

综合考虑工业有机废气的浓度、风量，可选择的废气治理技术如图 2-10 所示。图中给出的是单套处理设施的最大处理能力和比较经济的流量范围。当废气流量较大时，可以采用多套设施分开进行处理。由图 2-10 可知，吸附浓缩+脱附排气高温焚烧/催化燃烧组合技术适用于大风量、低浓度的工业有机废气的治理；生物法适用于中等风量、较低浓度的工业有机废气的治理；活性炭直接吸附法适用于小风量、低浓度的工业有机废气的治理；活性炭/活性炭纤维吸附溶剂回收适用于中大风量、中低浓度的工业有机废气的治理；催化燃烧法、高温燃烧治理技术适用于中小风量、中高浓度的工业有机废气的治理；冷凝回收法适用于中低风量、高浓度的工业有机废气的治理。

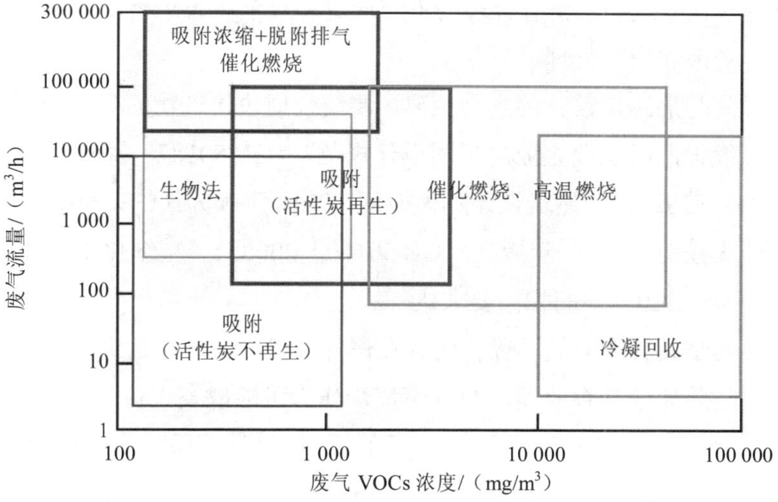

图 2-10 不同浓度和风量的工业有机废气治理技术的适用范围

高浓度的有机废气通常不能仅依靠单一的技术进行治理，往往需要采用组合技术进行有效处理，如冷凝回收+活性炭纤维吸附回收技术等。

不同的废气处理技术对废气的温度有一定要求。例如，吸附法要求气体温度一般低于40℃，因为高温会显著降低吸附效率。如果高温废气需要用吸附技术处理，首先应对废气进行降温处理。燃烧法适用于温度较高的废气的处理，当废气温度接近或达到催化剂的起燃温度时，可以采用直接催化燃烧技术进行处理，如漆包线生产尾气的处理等。

废气的含水量对某些治理技术的效率影响非常大，如吸附回收技术，当湿度高于70%时，活性炭、沸石、活性炭纤维对有机物的吸附效果会显著降低。如果高湿废气需用吸附技术处理，首先应对废气进行除湿处理。

废气中的含尘量也会影响环保设施的治理效率，对于含尘量较高的废气，需要先进行过滤处理，然后再进行后续治理。

实际工业企业排放的废气各有特点，有时采用单一末端治理技术往往达不到预期的处理效果，在环保工程中，常将几种处理技术组合使用，进行深度净化。例如，对于低浓度、大风量废气，宜采用沸石转轮吸附、活性炭吸附、减风增浓等浓缩技术，提高工业有机废气的浓度后再进行净化处理；对于高浓度废气，应优先进行溶剂回收，难以回收的，宜采用高温焚烧、催化燃烧等技术；油气回收宜采用冷凝和吸附、吸附和吸收、膜分离和吸附等组合技术。

三、废气治理设施的选址与总图布置

有机废气治理设施的选址应遵循降低环境影响、方便施工及运行维护等原则。考虑到有机废气易燃、易爆的特点，选址时不应占用建筑防火间距、消防车道、消防车登高操作场地，与周边建（构）筑物间留有合理的消防通道和安全保护距离，以便在紧急情况下有足够的空间进行疏散和应急处理。

废气治理设施与周边建筑物的安全距离，要结合周边建筑物的类型和用途来确定。在项目设计中，一般按照《工业企业总平面设计规范》（GB 50187—2012）、《建筑防火通用规范》（GB 55037—2022）、《建筑设计防火规范（2018 年版）》（GB 50016—2014）、《石油化工企业设计防火规范（2018 年版）》（GB 50160—2008）、《精细化工企业工程设计防火标准》（GB 51283—2020）中的相关要求执行。

例如，蓄热燃烧装置在高温下操作时存在爆炸危险，选址应远离油库、储油槽、溶剂存放地以及其他危险化学品存放地。RTO 焚烧炉作为可能散发火花的装置，根据《建筑防火通用规范》（GB 55037—2022）中 3.2.1 条的规定，其与甲类厂房的防火间距不应小于30 m。《建筑设计防火规范（2018 年版）》（GB 50016—2014）3.4 条、3.5 条，提出了 RTO焚烧炉与甲、乙类厂房、仓库、储罐、可燃材料堆场间的最小防火间距要求：与甲、乙类厂房的防火间距不宜小于 30 m，与甲、乙、丙类液体储罐的防火间距至少为 25 m，与湿式可燃气体储罐的防火间距至少为 20 m，与湿式氧气储罐的防火间距至少为 25 m，与可燃材料堆场的防火间距至少为 12.5 m。

有机废气治理设施的选址，除了考虑安全距离和安全疏散通道或空间，还需要考虑以下几个方面：

（1）废气输送线路：选址时要考虑废气输送的便利程度，以便于废气的收集治理。

（2）地形和气象条件：选址时要考虑地势高低、风向、风速等因素，确定废气扩散的方向和范围，预防废气的扩散影响周边的居民和环境，同时，宜将治理设施设置在通风良好的场所。

（3）人员密度：选址时要考虑周边人员的密度，宜布置在人员密集场所的全年最小频率风向的上风侧。如果下风向无人员密集场所，也可布置在主导风向的下风向。

（4）项目建设成本：要因地制宜地利用厂区空间，降低治理成本。废气处理装置及配套设施宜靠近废气排放源布置。当多个排放源产生的废气需要集中处理时，应兼顾辅助工程和配套工程。

四、规范净化装备设计

工业有机废气治理设施的工艺设计主要包括气体收集系统、预处理系统、主体设备和辅助系统、控制系统等方面。工业有机废气净化装置的设计和制造，应由具备专业设计和制造资质的单位进行，并提供完整的技术文件和图纸。采用对应处理工艺时，应按相关技术规范要求做好安全设计。如采用吸附处理工艺，应满足《吸附法工业有机废气治理工程技术规范》（HJ 2026—2013）的要求；采用催化燃烧工艺，应满足《催化燃烧法工业有机废气治理工程技术规范》（HJ 2027—2013）的要求；采用蓄热燃烧工艺，应满足《蓄热燃烧法工业有机废气治理工程技术规范》（HJ 1093—2020）的要求。

对于化工工艺的有机废气处理装置，在设计时还应注意以下内容：

（1）废气处理装置及配套设施的电气设备和仪表的防爆等级应不低于现场防爆区域划分的要求。

（2）废气处理装置及配套设备的防爆泄压设计应满足《石油化工企业设计防火规范（2018 年版）》（GB 50160—2008）、《爆炸危险场所防爆安全导则》（GB/T 29304—2012）的要求。

（3）废气处理装置应具备短路保护和接地保护功能，且应满足《低压配电设计规范》（GB 50054—2011）的要求。

（4）室外废气处理装置及配套设施的防雷、防静电措施应满足《石油化工装置防雷设计规范（2022 年版）》（GB 50650—2011）、《石油化工企业设计防火规范（2018 年版）》

（GB 50160—2008）、《精细化工企业工程设计防火标准》（GB 51283—2020）的要求。

（5）当废气有达到爆炸下限的可能时，处理装置及配套单元与主体生产装置之间应安装阻火器，阻火器性能应满足《石油气体管道阻火器》（GB/T 13347—2010）的要求。

（6）对于可能出现超温的情况，应设置超温报警，并设置能自动启动的降温措施。

（7）对于首次工业化应用的废气处理装置，在装置设计阶段宜进行危险与可操作性分析（HAZOP），以消除设计缺陷，提高装置的本质安全水平。

五、废气收集

废气收集系统主要包括风机、风管、风阀、集气罩等，但不包括末端治理设施。在生产过程中排放的有机废气，应通过废气收集系统尽可能地回收至治理设施，以减少挥发物局部积聚现象，降低安全风险。工业有机废气收集系统应根据气体性质、流量等因素综合设计，形成支管→主管→处理装置→总排口的废气收集处理系统，确保废气应收尽收、分质收集。在保证集气和排风效果的前提下，集气罩的配置应与生产工艺相协调，尽量不影响工艺操作。同时，尽量减少排风量，以减轻处置装置的负担。当废气产生点多或废气输送管道较长时，在满足设计规范和风压平衡的基础上，可考虑多套收集或增加中继风机，以保证收集到的废气绝大部分送至净化处理系统。废气收集和输送管道应密闭无破损，且具有防静电接地措施。

对于易燃易爆的有机废气，在设计收集系统时，不追求过高的强度反而更有利于系统安全。在保证有效使用的情况下，收集系统可选用低强度材质制作，以便爆炸发生时及时泄压，减少爆炸损失。

（一）风机

常用的工业风机主要有离心式、轴流式两种类型。离心风机的进、出风气流方向呈 90°夹角，如图 2-11 所示；在工业有机废气治理设施中，离心风机更为常用。轴流风机的进、出风气流方向相同，如图 2-12 所示；轴流式风机通常用在流量要求较高而压力要求较低的场合。

图 2-11　离心风机

图 2-12　轴流风机

风机的主要参数有风量（m^3/h）、风压（Pa）、转速（rpm）、功率（kW）、噪声［dB（A）］等。选择风机时，其风量取值应为系统设计风量的 1.1～1.2 倍，末端治理设施或系统漏风率大时，取上限值；反之，取下限值。风机全压取值为系统设计阻力的 1.2 倍，系统阻力按照系统最不利点计算。

风机选型时，应结合工业有机废气处理系统输送介质的特点。常用的特殊类型风机有防爆风机、防腐风机、耐高温风机等，分别适用于输送有爆炸危险、有腐蚀性或潮湿气体以及高温的工业有机废气。安装时，应注意风机的皮带传动部分不能放置在收集废气的管道内部，以防皮带与有机废气直接接触，避免在高速传动过程中摩擦生热诱发火灾、爆炸事故。若风机安装在废气治理设施之前，应选用防爆型风机。

由于企业生产过程通常是间歇式的，废气排放量会有较大波动。如果生产车间的输送风机采用定频控制，车间支管内的压力会随废气排放量的变化而变化，可能导致支管内废气压力不稳定甚至泄漏。因此，可在车间输送风机的前端增加压力检测点，并根据实际情况设置压力参数，通过与车间输送风机联锁进行变频控制，以维持车间支管内的压力稳定。

（二）风管

根据《大气污染治理工程技术导则》，废气输送管道整体宜保持微负压状态，这样可有效避免各管道内废气泄漏和相互串气的风险。因此，需要对废气输送管道进行风压平衡计算，以确保管道处于微负压状态。此外，宜在废气输送管道与车间各支管节点位置设置压力检测点，并将信号远传至操作界面，实时监控，确保废气输送管道与车间支管节点位置保持负压，避免各节点位置泄漏和串气。

根据材质的不同，常用的风管主要有金属风管、玻璃钢风管、塑料风管等。工业有机废气收集系统主要使用金属风管。当废气中含有腐蚀性物质时，所有管道应采用耐腐蚀材料制造或按照相关标准进行防腐处理，如玻璃钢风管、塑料风管。如果废气输送管道使用的材质为易产生静电的塑料，应做好防静电措施，可参考《工业金属管道工程施工规范》（GB 50235—2010）、《石油化工静电接地设计规范》（SH/T 3097—2017）等标准规范要求，做好管道法兰跨接、静电接地、系统接地等措施，防止废气输送过程中因摩擦起静电无法导出而引发事故。

对于不含粉尘的工业有机废气，收集主风管的断面风速可取 8～12 m/s，支管风速取 5～6 m/s。如果工业有机废气中含有粉尘，管道的气流应有足够的流速防止积尘，一般风管的断面风速可取 14～23 m/s。对于易产生积尘的管道，应设置清灰孔或采取清灰措施。如果收集系统涉及有特殊要求的粉尘，则应参照相关行业及安全标准执行。

在设计安装废气输送管道时，需考虑有一定的坡度，并在管道拐角和低点设置排凝点，以方便积液排出。有条件的应定期清理管道。特别是在精细化工行业，废气成分复杂且波动性大，车间预净化通常会设置冷凝和喷淋系统，经过冷凝和喷淋后的废气含有大量饱和水蒸气，如果设计不合理，废气输送管道的拐点和低点会有积液凝聚。在夏季，积液的挥发可能导致工业有机废气浓度超过爆炸下限；在冬季，积液冻结可能造成管道损坏，引发废气泄漏。废气输送管道的坡度和排凝点设置要求可参考《石油化工金属管道布置设计规范》（SH 3012—2011）。

（三）风阀

工业有机废气收集系统中常用的风阀有蝶阀、插板阀、多叶阀、防火阀等，如图 2-13～图 2-16 所示。通常，在输送有机废气的管道上会采用蝶阀；对于有机废气中含有粉尘的情况，则采用插板阀；长边或直径大于 630 mm 的大截面风管一般采用多叶阀。在车间之间、区域之间、穿越防火分区、管道与废气治理设备连接处等区域部位，应按照行业规范的要求或根据安全风险评估的结果，设置防止回火的单向止回阀、防火阀等。

图 2-13 蝶阀

图 2-14 插板阀

图 2-15 多叶阀

图 2-16 防火阀

对于应急排口，阀门的泄漏率不应大于 0.5%，且应保持常闭状态，要定期检查以确保风阀开关动作的有效性。阀门宜采用电动或气动，并具有信号输入功能，可由远端控制中心输出电信号使阀门产生动作。同时，阀门还应具有信号输出功能，将阀门状态信号反馈到控制中心，阀门关闭到位才可输出阀门关闭的电信号。

（四）集气罩

集气罩是设置在有害物源处，捕集和控制有害物的通风部件。工业上常用的废气治理设施的收集罩主要有密闭罩、外部罩、接受罩等。收集罩的设置原则是既要满足正常生产时的废气收集需求，又不能妨碍生产过程中的加料、出料、维修等操作。

废气收集的关键在于确定控制点和控制风速（图 2-17、图 2-18）。控制点是指有害物放散直至耗尽最初能量，放散速度降至与环境中无规则气流速度相当时的位置。控制风速是将控制点处的有害物质吸入罩内所需的最小风速。

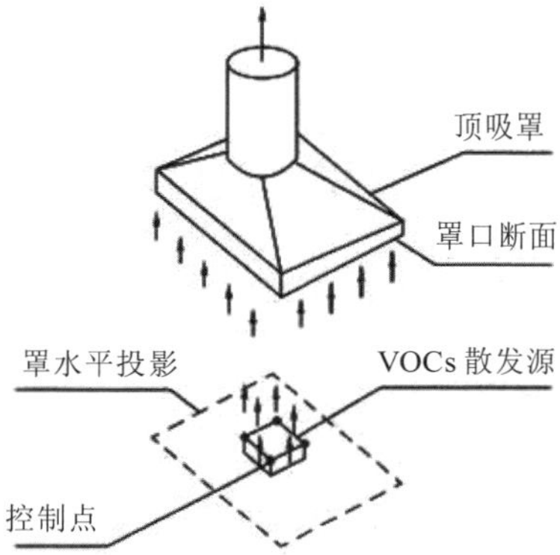

图 2-17　顶吸罩及其控制点

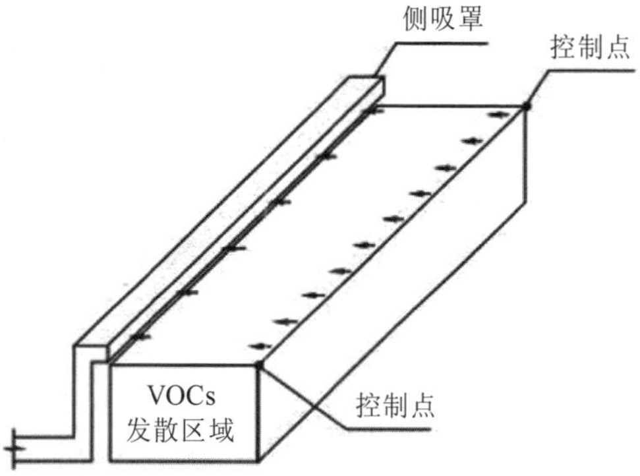

图 2-18　侧吸罩及其控制点

1. 密闭罩

在各类收集集气罩中，很少有完全密闭的，或多或少都会有开孔或缝隙。密闭罩开口、缝隙的断面控制风速取 0.4～0.6 m/s。图 2-19 展示了一个典型的散发工业有机废气的废水收集池。废水收集池的顶部加盖，整体形成了一个密闭罩。盖板的缝隙、人孔的孔口缝隙为该密闭罩的开口断面。

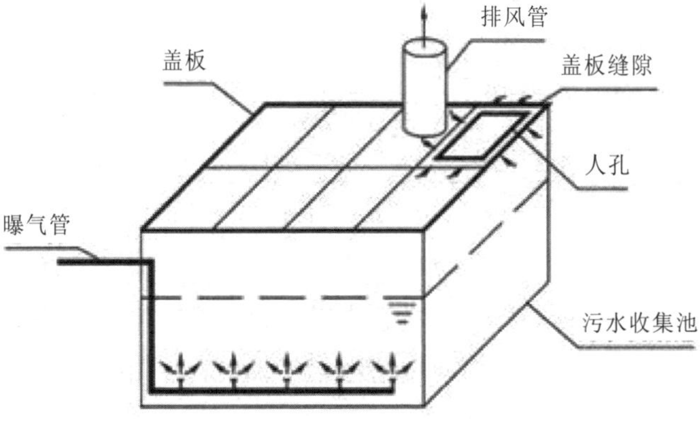

图 2-19　废水收集池密闭罩示意图

2. 半密闭罩

半密闭罩是密闭罩的一种特殊形式，具有可操作的开口面（图 2-20）。对于操作口的平均风速，当开口处没有外部气流干扰时，取 0.4～0.6 m/s；当放在室外或有干扰气流时，取 1.2 m/s。

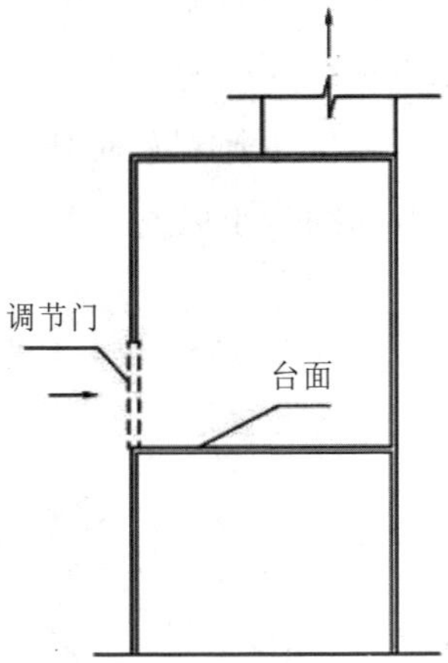

图 2-20 半密闭罩

3. 外部集气罩

用于工业有机废气收集的外部集气罩通常可分为顶吸罩和侧吸罩。外部集气罩的设置应尽量靠近工业有机废气的散发源。外部集气罩的控制点是距离集气罩开口面最远的工业有机废气无组织排放位置，控制风速取 0.3～0.5 m/s。当室内空气流动小或有利于捕集时，控制风速取下限；当室内有扰动气流或连续生产产量较高时，控制风速取上限。

顶吸罩宜与工业有机废气散发源形状相似，并完全覆盖散发源。顶吸罩应设置裙边，当边长较长时，可分段设置。罩口平均风速的取值见表 3-2。

表 2-3 罩口平均风速取值

收集罩敞开情况	一边敞开	两边敞开	三边敞开	四边敞开
罩口平均风速/（m/s）	0.5～0.7	0.75～0.90	0.90～1.05	1.05～1.25

侧吸罩的形状应适应工业有机废气的收集，其罩口长度不应小于工业有机废气扩散区的长度（图 2-21）。当扩散区较宽时，侧吸罩应分成两个或多个设置。集气罩应尽量靠近工业有机废气散发点，侧吸罩与工业有机废气散发源的距离不宜大于 800 mm。集气罩的设置应避免横向气流干扰。

对于外部集气罩，可通过安装软帘、软罩、挡板等方法来延长集气罩，使其更接近工业有机废气散发源，从而提高废气收集效果，软帘如图 2-22 所示。使用塑料材质的软帘、软罩应选择阻燃防静电型。

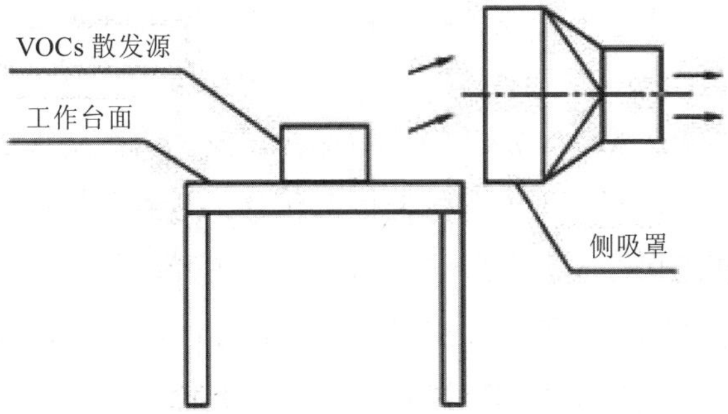

图 2-21　侧吸罩工作示意图

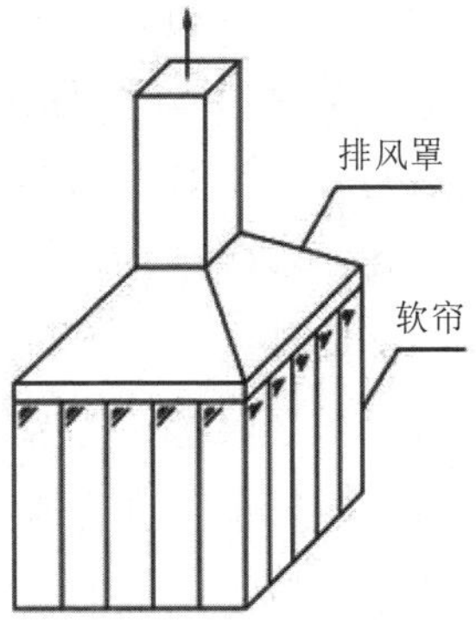

图 2-22　软帘工作示意图

4. 接受罩

接受罩是外部集气罩的一种特殊形式，被动地接收生产过程中产生的有害气流，适用于收集具有固定流向的废气，如图 2-23 所示。在设置接受罩时，罩口应迎着工业有机废气的来流方向，使气流直接进入罩内。接受罩的罩口风速应大于 0.5 m/s，并大于工业有机废气的散逸速度。

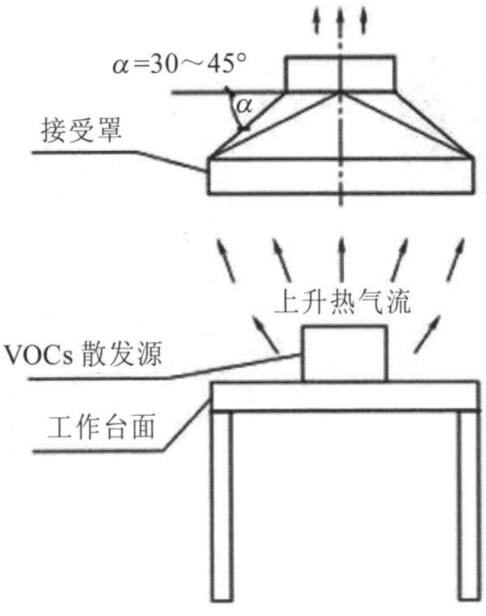

图 2-23　接受罩工作示意图

5. 整体通风

当工业有机废气的产生源分散或不固定而无法采用局部排风，或者设置了局部排风仍难以有效收集工业有机废气时，就需要设置整体通风。整体通风的控制点为门、窗、外墙百叶、进出口、补风口等常用开口，房间的对外开口处应保持负压。

六、阻火器

为防止工业有机废气发生燃烧爆炸，阻止火焰向有易燃易爆气体的治理装置内部或沿管道传播、蔓延，减少或消除事故影响范围，可在废气收集管道、各车间废气支管、风机及治理装置之间加装阻火器。

阻火器在 VOCs 治理领域，特别是罐区 VOCs 治理中使用非常广泛。它由阻火芯、阻火器外壳及附件构成，允许气体通过，同时阻止外部火焰向内部传播，达到防爆的目的。

阻火器按照性能可分为阻爆燃型和阻爆轰型。阻爆燃型用于阻止亚音速传播的火焰蔓延；阻爆轰型用于阻止音速和超音速传播的火焰蔓延。按照使用场合的不同阻火器可分为放空阻火器和管道阻火器。放空阻火器安装在储罐的放空管道上，用于阻止外部火焰传入储罐内；管道阻火器安装在密闭管路系统中，用于防止管路系统一端的火焰蔓延到另一端。按照阻火结构，阻火器可分为填充型、板型、金属丝网型、液封型和波纹型 5 种。

阻火器按照最大试验安全间隙（MESG）测试气体爆炸组级别分为 7 级，分别为 IIA1、IIA、IIB1、IIB2、IIB3、IIB、IIC 组别，每个组别又都存在爆燃、稳定爆轰和非稳定爆轰。爆炸性气体、蒸汽混合物的爆炸级别和相对应的 MESG 可以通过查阅对应表格获得，如适用于 IIA1 级气体的阻火器，所选的阻火器元件必须小于 1.14 mm。

其他阻火器见图 2-24。

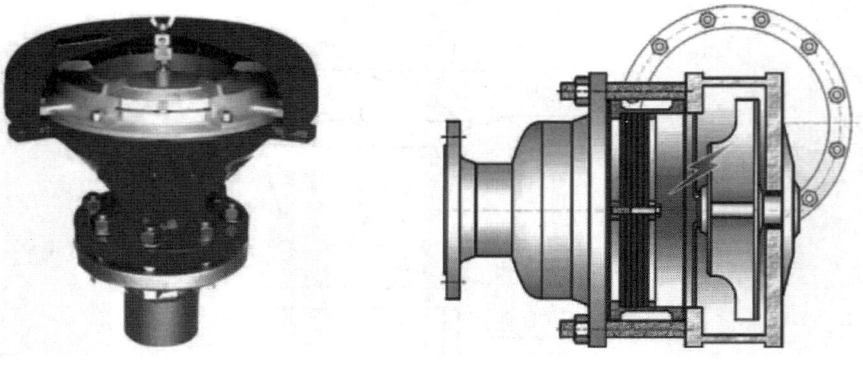

管端耐烧型阻火器　　　安装在风机进出口的阻火器

图 2-24　阻火器

七、加强治理设施运维管理

废气治理设施在运维管理方面的安全隐患可以从项目安全“三同时”和日常维护两个方面进行排查。

企业涉及新建、改建、扩建时，需要对废气治理设施进行安全“三同时”工作，自行或委托第三方安全机构对相关设备进行专项安全评估，确保在项目建设过程中考虑安全问题并落实安全防控措施。废气治理设施建成后，应先进行试生产，调试完善后组织治理设施验收，验收合格后才能正式投入生产使用。

治理设施的生产管理、作业人员以及电气和设备专职维护人员，应进行专项安全培训，合格后方可上岗作业。

为确保治理设施的安全使用，还需要完善设施的日常维护管理。根据治理设施的技术资料编制操作规程；定期聘请有资质的公司对设施的处置结果、防雷装置等进行检测、校验并出具报告；做好治理设施的运行、巡检、维修、保养的台账记录等。

对于废气治理设施的动火作业，要做到“四隔离、一置换、四检测、五检查”。“四隔离”是指与所在储罐或设备连通管线用盲板隔离；与其他储罐或设备或装置的连通管线用盲板隔离；与尾气处置装置的管线用盲板隔离；以及与动火点周边可能存在可燃液体、可能散发可燃气体的设备设施进行有效隔离。“一置换”是指对动火点所在管线、设备设施内的可燃气体进行充分有效的置换。“四检测”是指在动火作业前 30 min 内做好可燃气体检测，检测动火点周围环境、动火点设备内、与动火点连通的其他设备设施内以及作业时的可燃气体检测。“五检查”是指作业前对相关安全措施的落实情况进行检查，检查各项隔离措施是否已经落实；检查有关地点的可燃气体检测结果是否符合动火要求；检查有关可燃液体储罐的氮封系统是否处于正常运行状态；检查尾气连通管道是否设置了阻火器；检查动火作业工器具是否完好、监护人是否在岗在位。

第三节　常用工业有机废气处置装置的风险辨识与安全管控

对工业有机废气治理工程安全生产事故的统计分析表明，在众多废气治理技术中，采用活性炭吸附、蓄热燃烧、等离子体技术的治理工程较多，发生事故的频率也相对较高。

一、活性炭吸附装置的风险辨识及安全管控

活性炭吸附技术广泛应用于涂装、包装印刷、石油化工、化学品制造、医药化工、异味治理等领域，适合处理含有烷烃、酯类、醇类、酮类等中低浓度的有机废气。从处理工艺的角度，可将活性炭吸附装置处置有机废气的过程分解为吸附、解吸、干燥、待机 4 个过程，然后再逐一辨识每个处理工艺中的风险因素。

1．吸附过程

工业有机废气在活性炭吸附过程中会释放热量（当有机废气分子被吸附到活性炭表面时，分子的自由能降低，释放出吸附热），同时活性炭表面具有催化活性，会与有机废气中的某些成分发生氧化、水解等催化反应，反应放热，增加了活性炭的热积聚风险。例如，

乙酸乙酯、乙酸丙酯等易发生水解反应形成有机酸；甲乙酮、甲基异丁基酮易被氧化形成有机酸和丁二酮。

此外，预处理后的废气进入吸附罐后，废气中的有机物附着在活性炭上，随着吸附时间的延长，罐内的有机物越积越多。再加上吸附罐体积有限，废气中又混合了空气或氧气，罐内的混合气体往往处于可燃物的爆炸极限范围内，且吸附罐内的活性炭和有机物均为可燃物，一旦遇到静电、火花、高温等点火源，就能引发火灾甚至爆炸事故。

总之，吸附过程是有机废气积聚、浓度升高的过程，装置空间狭小，有机废气易燃，再加上活性炭自身的可燃性等因素，使得吸附过程成为事故最多发的环节。

2. 解吸过程

当炭床吸附达到饱和时，需要采用高温蒸汽或热氮气进行脱附，将活性炭中吸附的有机成分蒸出，使炭床恢复吸附性能。在通入蒸汽之前，往往会通入氮气来置换炭床内的空气。即便不通入氮气或不采用热氮脱附，解吸时罐体内充满大量水蒸气，几乎没有氧气，炭床不具备燃烧和爆炸的条件，因此解吸过程中发生安全事故的可能性较低。

3. 干燥过程

解吸后的炭床含有大量水汽，这会严重影响系统的吸附效率，因此需要通入干燥空气对炭床进行干燥。为缩短干燥时间，往往使用加热的干燥气。然而，如果换热器设置不合理，导致空气温度过高，可能会引发炭床起火事故。此外，若解吸不彻底，或者炭床坍塌形成局部死角等情况，造成炭床内残留大量有机物，也会引发活性炭吸附装置发生燃烧、爆炸事故。

4. 待机过程

经干燥冷却后的活性炭床，在另一个炭床吸附饱和之前，一直处于待机状态。在这个过程中，罐体阀门关闭，炭床内没有有机物，不具备燃烧和爆炸的条件。因此，待机过程中发生安全事故的可能性也较低。

5. 安全管控措施

根据以上分析，最有可能引发安全事故的是高温因素。吸附属于放热过程，而活性炭本身导热性能差，加之吸附罐多有保温材料，虽然产生的吸附热大部分会被流经炭床的净化气体带走，但炭床温度仍会随着吸附时间的增加而升高。同时，其他因素也会释放热量，如炭床堆积不均匀影响散热；煤基活性炭中的金属杂质在炭的活化过程中可能形成微量炭基金属氧化物，与废气中的某些成分发生化学反应，释放大量热量；有机废气中的丙酮、环己烷、四氢呋喃、甲缩醛等物质易在空气中形成过氧化物，这些过氧化物在室温下即可自燃或氧化，并释放大量化学热。一旦热量未能及时导出，炭床温度达到燃点，便有可能引发火灾事故。

活性炭吸附装置运维时，可从事故预防、控制事故和减少事故 3 个方面采取安全管控措施。从预防事故角度可采取以下措施：

（1）遵循相关规范要求。吸附装置的设计和仪表选型应遵守《环境保护产品技术要求 工业废气吸附净化装置》（HJ/T 386—2007）、《吸附法工业有机废气治理工程技术规范》（HJ 2026—2013）等规范的要求。

（2）控制进入吸附装置的废气中有机物的浓度。吸附法主要适用于低浓度气态污染物的吸附分离与净化，除溶剂和油气储运销装置的有机废气吸附回收外，进入吸附装置的废气中有机物的浓度应低于其爆炸极限下限的 25%。当废气中有机物的浓度高于其爆炸极限下限的 25%时，应使其降至 25%后再进行吸附净化。

（3）控制废气成分。防止复杂工况下的废气有机物在处置过程中，因吸附和氧化而释放出大量热量，造成活性炭着火。此外，部分有机物如甲醛、苯乙烯等易在活性炭表面发生聚合反应，不仅会使活性炭中毒，导致吸附性能急剧下降，还会影响后续活性炭再生工艺。

（4）控制废气的颗粒物含量。对于颗粒物或油烟浓度较高的废气，应在净化装置前设置过滤装置，将进入吸附装置的颗粒物含量控制在 1 mg/m^3 以下，以防止颗粒物形成气溶胶，影响吸附净化效率和装置内部散热。例如，处理喷漆废气时，宜在吸附装置前安装干式漆雾捕集过滤系统。

（5）设计温度监控系统。多断面、多点位设置温度指示和超温声光报警装置，用于监测活性炭层的温度。当出现进入吸附装置的废气温度高于 40℃、活性炭吸附装置主体的表面温度高于 60℃、吸附有机气体后吸附床内的温度高于 83℃、采用热空气吹扫方式进行吸附剂再生时活性炭和活性炭纤维吸附剂的温度高于 120℃等工况时，治理系统应能自动报警，并立即启动降温措施。

（6）吸附剂的选用、更换及改性。选用品质合格的活性炭，一般要求活性炭吸附能力强，碘值不低于 800 mg/g；点火温度高、纯度高、灰分低，以防止因杂质过多造成催化自燃。在活性炭箱前过滤器安装差压计，当阻力低于初始值或达到初阻值的 1.5～2 倍时，应及时检查、更换。在一些防爆要求较高的现场，可使用改性处理后自燃点提高的活性炭，或者采用沸石转轮等无机难燃的吸附材料，提供装置的本质安全性。

（7）控制吸附时间。使用颗粒活性炭时，炭层表观流速宜控制在 0.4～0.6 m/s，炭层单层厚度宜控制在 400～450 mm，废气在炭层中的停留时间一般不低于 0.75 s。同时，由于吸附过程是装置内有机废气积聚、浓度升高的过程，所以应严格控制吸附工序时间。即便活性炭床未穿透，达到一定时间后也要强制进入脱附工序，以防止可燃废气在装置内局部空间达到爆炸极限。

（8）氮气保护。将氮气阀门与解吸工序及温度监控联锁，进入解吸工序后，先开启氮气系统对穿透炭床进行置换，再开启蒸汽阀进行解吸，以防止炭床内饱和的有机废气与高温蒸汽接触发生燃爆；当炭床温度高于设定值时，氮气阀会自动开启以抑制燃烧；或者使用热氮作为加热解吸的脱附剂。

（9）电气防爆。处置装置中选用的风机、电机、置于现场的电气仪表等应不低于生产现场的防爆等级。如果吸附剂采用降压解吸方式再生，且解吸后的高浓度有机气体采用液体吸收工艺回收，那么风机、真空解吸泵和电气系统均应采用符合 GB/T 3836.4 要求的本质安全型防爆器件。

（10）防雷、防静电。治理设备应具备短路保护和接地保护，接地电阻应小于 4Ω。室外治理设备应安装避雷装置。由于废气在管道、炭床内流通摩擦时易形成静电，因此在处置装置设计时须考虑静电导出。

从控制事故角度可采取以下措施：

（1）安装阻火器。在吸附处理装置与生产装置之间的管道系统上安装阻火器，将治理系统和生产装置隔开，防止治理系统内的火焰沿管道蔓延，避免引起生产装置发生火灾和爆炸，防止事故扩大。

（2）紧急降温设施。系统应设置由降温水管路、水喷淋系统和自动阀门组成的紧急降温装置。当炭床温度高于设定值时，在开启氮气保护的同时，启动紧急降温系统进行降温或灭火，防止炭床自燃。

（3）泄压设施。在吸附单元设置压力指示和泄压装置，同时在废气管路上安装泄爆片，在废气缓冲罐上安装泄爆板。当装置内部的压力积聚到一定程度时，这些泄压装置会主动动作，将事故控制在一定范围内。

从减小事故角度可采取的安全管控措施有：

（1）灭火设施。在废气治理装置安装区域按规定设置消防设施，如水喷淋、惰性气体、蒸气、泡沫释放等灭火设施，消火栓、高压水枪（炮）、消防水管网等，及时扑灭初期火灾，具体要求可参照《建筑灭火器配置设计规范》（GB 50140—2005）。

（2）配备应急救援装备。根据处置设施的风险分析结果，配置应对火灾、爆炸事故的个人防护用品，以及现场受伤人员医疗抢救装备。

（3）应急反应与人员培训。培训人员发生火灾时的应急处置能力，要能及时扑灭吸附处理装置的火灾，防止火灾蔓延。

除此之外，工业有机废气治理过程产生的废活性炭，对照《国家危险废物名录》属于危险废物，类别为 HW49。企业应按照《中华人民共和国固体废物污染环境防治法》的要求进行处置，产生的废活性炭要放置在符合环保要求的危废暂存间，并及时交给具备危险废物处置资质的企业进行回收处理。

二、蓄热燃烧装置的风险辨识与安全管控

蓄热燃烧装置（regenerative thermal oxidizer，RTO）是一种将工业有机废气进行燃烧净化处理的装置，它通过蓄热体吸收和释放燃烧热量，对待处理的废气进行换热升温、对净化后气体进行换热降温。RTO 由 RTO 炉体、燃烧器、风机、换向阀、吹扫阀、新风阀、旁通切断阀、应急排放设施、热旁通阀、烟囱、管道、电气系统、自控系统、检测仪表等部件组成。RTO 技术具有净化效率高、热回收效率高、运行稳定等优点，适用于处理汽车制造、化工、工业涂装、制药等行业中组分复杂、浓度较高的工业有机废气，是目前国内外工业有机废气治理的主要技术之一。

通过对近年来 RTO 设备爆炸的事故案例的分析，其风险主要源自以下几个方面：第一，企业的 RTO 废气净化装置未与生产装置同步设计、建设，在设计上存在安全措施不到位、自动化程度不足等问题，如未设置仪表报警、安全联锁，未严格控制 RTO 进口废气浓度，未设置备用电源等；第二，企业在选择使用设备设施时，未充分考虑自身实际情况，导致生产后实际工况与 RTO 设备的设计负荷相差较大，如进气浓度和进气量超出设计上限，导致燃烧室温度短时内急剧上升而引起爆炸；第三，企业产生的有机废气本身具有可燃性，且成分复杂多变，在有些工况条件下浓度波动大，加之使用的燃料（天然气或者柴油）在氧化过程中会释放热量，因此 RTO 系统存在着火燃烧和爆炸的安全风险；第四，技术及运维人员未经有效培训，日常操作和设备维护不当，以及对设备异常状况的应急处置不当。

因此，在设计、使用 RTO 设施时，应参照《大气污染治理工程技术导则》（HJ 2000—2010）、《蓄热燃烧法工业有机废气治理工程技术规范》（HJ 1093—2020）、《蓄热式焚烧炉（RTO 炉）系统安全技术要求（试行）》（苏应急〔2021〕46 号）、《蓄热燃烧装置安全风险评估指南》（T/EERT 026—2022）等相关标准规范中有关安全的要求，从废气的收集输送、处置设施的平面布置、设备设计、安装维护等环节入手，辨识安全风险并提出安全管控措施。

1. 有机废气的输送

蓄热燃烧装置要求处理的废气浓度、流量、温度不出现大的波动，因为当废气的浓度、流量、温度出现波动时，容易造成燃烧“熄火”，从而影响净化效率；温度过高或浓度过高还可能引起燃烧室过热，产生安全隐患。此外，废气中粉尘含量对处理效果有影响，当粉尘含量超过 10 mg/m^3 时，会对蓄热体造成明显影响。因此，可在 RTO 处置装置前设置缓冲罐、风量调整装置、过滤器等设施，以控制进入装置的有机废气浓度、流速、含尘量，避免可燃物积聚，保证系统的稳定、安全运行。

对 RTO 系统安全事故的调查分析显示，RTO 系统回火引发的废气输送管道起火或爆炸是主要的事故原因。因此，废气输送管道与 RTO 系统主体的对接位置应设置阻火器或防火阀，以防止并阻断 RTO 系统回火，避免爆炸事故扩散到各生产车间。阻火器应符合

《石油气体管道阻火器》（GB/T 13347—2010）的相关规定，防火阀应符合《建筑通风和排烟系统用防火阀门》（GB 15930—2007）的相关规定。同时，风管应每隔一定间距设置泄爆阀，泄爆阀压力应低于风管承受应力。设计风量应按照最大废气排放量的 105%以上进行设计。

2. RTO 系统主体

为确保 RTO 系统安全稳定运行，可从事故预防、控制事故、减少与消除事故三方面采取安全管控措施。

从事故预防角度可采取以下措施：

（1）处置设施的材质。一些企业生产过程中产生的废气含有卤代烃、无机氯离子、硫等元素，燃烧时会产生氯化物、硫化物等腐蚀性较强的物质，长期运行可能导致 RTO 设施结构件腐蚀损坏，引发设施变形、废气泄漏、坍塌等安全事故。因此，在选择制作 RTO 处置设施的材质时，需要考虑待处置有机废气的性质，选择耐腐蚀材质，避免设施结构因腐蚀而损坏。

（2）将 RTO 运行状态纳入生产管理系统监控，并设置安全联锁。采取 PLC 或 DCS 控制系统，对 RTO 处置装置的运行参数与生产装置运行、废气输送等参数进行实时监测和联锁控制，避免生产与环保脱节。如遇异常工况，提前发出预警并采取必要措施。

（3）RTO 装置的现场电气仪表设备应严格按照防爆等级设计，在危险爆炸区域选择防爆电气，以预防电气火花引起的火灾。管道或炉膛内应设置泄爆片；RTO 炉应设置短路保护和接地保护功能，废气输送管线、燃料供给管道的选材要注意防静电。

（4）RTO 系统在启动时或废气中可燃物浓度较低时，需要使用油或天然气作燃料来维持燃烧室所需的反应温度。燃烧器点火操作应符合《工业燃油燃气燃烧器通用技术条件》（GB/T 19839—2005）的相关规定。燃料供给系统应配备高低压保护和泄漏报警装置，且设置燃料泄漏报警和紧急切断装置。RTO 炉应具有点火失败和熄火自动保护功能，对点火装置、收集风机、混合气体排空装置进行联锁保护，一旦出现点火故障，而混合气体燃烧浓度不足的情况，则应切断风机、止回阀门，同时排空系统内部的爆炸性混合气体。

（5）RTO 装置的气体进出口、蓄热室、燃烧室、换热器内部应装设具有自动报警功能的多点温度、压力检测装置。每台燃烧器宜配置不低于 2 支火焰检测器。蓄热体上下层应分别设置温度、压差检测装置。燃烧室应设置燃烧温度和极限温度检测报警装置，温度检测报警可设置三级温度报警点。当炉内温度超过一级报警点设定值时，高温旁通阀打开，排放多余热量；超过二级报警点设定值时，新风阀打开；超过三级报警点设定值时，关闭 RTO 炉系统进口废气阀，全开紧急排放阀和新风阀，使 RTO 设备紧急降温。

（6）实时在线检测待净化废气浓度。在 RTO 炉系统进口管道上设置废气爆炸下限在线监测装置，并与 RTO 装置进气阀、新风阀、紧急排放阀联锁，确保进入 RTO 炉的废气浓度低于其爆炸下限的 25%。为确保 RTO 系统能够及时、有效地做出应对措施，在线检测仪距 RTO 炉的管道等效长度（L）应综合考虑检测器响应时间（t_1）、切换阀门动作时间（t_2）和废气的流速（v）的关系，满足 $L>v\times(t_1+t_2)$。为满足在线浓度监测的准确性要求，检测仪表应冗余设置。

（7）设置冷旁通和热旁通措施。在冷旁通中，浓度检测仪、废气导入阀、应急排空阀相互联锁，当废气浓度超过其爆炸下限的 25%时，废气导入阀关闭，阻止废气进入 RTO 系统；同时，应急排空阀开启，废气经过冷旁通处理后达标排放。在热旁通中，新风阀、温度检测仪、压力检测仪相互联锁，当 RTO 炉内温度或压力异常时，新风阀开启，稀释浓度并降低温度和压力，热旁通阀开启，将部分高温废气直接从氧化室排出，经混合器降温冷却后排至烟囱，确保 RTO 系统安全连续运行。换向阀宜选用提升阀、旋转阀、蝶阀等类型，其材质应具有耐磨、耐高温、耐腐蚀等性能，适应频繁切换。

（8）RTO 炉体的内部清洗。由于处置的工业有机废气成分复杂，一些企业 RTO 炉在运行一段时间后，蓄热床层底部会有大量二次污染物积聚、黏附，易造成蓄热床层底部堵塞，引发火灾等安全事故。因此，RTO 蓄热床层底部宜设置清洗装置，定期清洗底部蓄热陶瓷体，避免有机物黏附现象的产生。

（9）防止下室体中冷凝和沉积产生。RTO 炉应采取有效措施，防止管道及 RTO 炉下室体中的冷凝和沉积产生。RTO 装置应有防止极端天气导致事故的安全设施。夏季可能因高温导致工业有机废气浓度超过爆炸下限，冬季可能因积液冻结导致管道损坏引发气体泄漏。

（10）在易发生坠落危险的操作岗位设置安全防护。设计用于操作、巡检和维修作业的扶梯、平台和围栏，具体要求可参照《固定式钢梯及平台安全要求 第 1 部分：钢直梯》（GB 4053.1—2009）、《固定式钢梯及平台安全要求 第 2 部分：钢斜梯》（GB 4053.2—2009）、《固定式钢梯及平台安全要求 第 3 部分：工业防护栏杆及钢平台》（GB 4053.3—2009）的相关规定。

（11）当管道气体温度超过 60℃或蓄热燃烧装置表面可接触部位的温度高于 60℃时，应进行隔热保护或设置相关警示标识。保温设计应符合《风管及部件保温施工工艺标准》（SGBZ—0805）的相关规定。安全色及安全标志参照《安全色》（GB 2893—2008）、《安全标志及其使用导则》（GB 2894—2008）的相关要求，管道刷色和符号参照《工业管道的基本识别色、识别符号和安全标识》（GB 7231—2003）的相关要求。

（12）在 RTO 炉设计时，应对废气进行气流场和热流场模拟。其中，气流场模拟应确保 RTO 炉内无死角，废气能够均匀流畅地通过，避免局部湍流或浓度过高；热流场模拟应确定陶瓷装填量，选择适宜的热回收效率，避免 RTO 炉蓄热室冷端温度过高。

从控制事故角度可采取以下措施：

（1）在 RTO 装置前端和废气收集端设置阻火器或防火阀，以防止 RTO 炉或风管爆炸回火至前端或车间。废气管道需每隔一定距离设置爆破片，爆破片压力应低于废气管道承受的压力，以便在爆炸发生后及时泄压，减少事故损失。爆破片的设置可参考《爆破片安全装置 第1部分：基本要求》（GB/T 567.1—2012）的相关规定。泄爆面应朝向安全地带，事故应急排放管口不得朝向邻近设施或有人通过的地方，且应高出8 m范围内的平台或建筑物顶3 m以上。

（2）在RTO系统进气管道的各危险点，如支管接入总管处，可设置压力检测设施、止回装置、紧急切断阀等，以减少管内气体回冲，防止产生连锁反应。

（3）ROT炉体应设置压力泄放装置。当RTO炉蓄热床层堵塞或某一时间段废气浓度骤升时，RTO燃烧室存在超压的风险，因此，应在RTO燃烧室上设置泄压阀，并在RTO进出口管路设置压差检测装置。根据现场实际情况设置压差参数，与RTO控制程序联锁，当进出口管路的压力差值大于设定值时，及时打开泄压阀泄压。

（4）燃烧室作为RTO系统中一个始终存在高温和稳定火源的区域，当工业有机废气浓度超过爆炸下限时，会引起与废气流动方向相反的回火，并通过管道向其他区域传播。因此，在RTO设计时，需要采取空气稀释法、配置阻火器、水封罐等防止回火的安全措施。

（5）对于紧急排空管道，特别是浓度较高且含低燃点物质的管道，不应与高温排空管道共用烟囱排放，以避免安全风险。

（6）RTO系统突然断气、断电的情况下，若RTO控制程序完全失电失气，RTO控制界面各关键节点参数无法实时反馈，阀门切换不到位，从而存在废气燃烧、爆炸等安全隐患。因此，RTO系统应设置UPS备用电源和压缩空气储气罐。

（7）RTO装置应配备故障自动报警和自我保护装置。RTO装置应设置联锁措施，断电、断气后进气阀、排气阀可紧急关闭，防止烟囱效应引起蓄热层下部温度上升。此外，RTO装置应具备短路保护、漏电保护、接地和过热保护等功能。

从减少事故角度可采取的安全管控措施有：

（1）RTO炉系统的消防设计应纳入工厂的消防系统总体设计。在选址时，应远离油库、储油槽、溶剂存放地以及其他危险化学品存放地。消防通道、防火间距、安全疏散的设计和消防栓的布置应符合《工业企业总平面设计规范》《建筑防火通用规范》等相关规范的规定。

（2）由于蓄热燃烧装置在高温下操作，存在爆炸危险，因此有机废气治理设施周边应配置消防箱，内置消防水带、消防水枪、灭火器，并定期检查消防水压，以确保消防设施有效。建议配备感烟探测器、自动灭火器等自动报警和灭火装置。

（3）配备应急救援装备。根据处置设施的风险分析结果，配置应对火灾、爆炸事故的个人防护用品，以及现场受伤人员的医疗抢救装备。应急物资的配备可纳入全厂综合考虑，具体配备要求可参照《危险化学品单位应急救援物资配备要求》（GB 30077—2013）。

此外，还可以从产生 VOCs 的源头削减方面采取措施来管控风险。主要有以下三个方面：

首先，根据企业生产工艺产生的有机废气的排放特点及可能存在的突发因素，去除不宜进入 RTO 的有机废气组分，如采用冷凝方式回收部分高浓度有机废气组分；设置水喷淋装置吸收洗涤酸、碱类气体，确保进入 RTO 的有机废气达到进气指标要求。

其次，强化车间预处理，如将常温循环水改为冷冻盐水，提高冷凝效率；增加吸收类循环液的更换频次，并设置自动加药和排污控制，提高吸收效率等，以减少进入 RTO 系统中的 VOCs 的总量，从而降低废气爆炸的风险。

最后，在废气入口及必要的废气支路入口处安装浓度监测仪。在储罐呼吸气、冷凝器不凝气等浓度较高时，于 RTO 入口加稀释风阀，通过计算一定温度时某成分在饱和蒸气压下的浓度，将其稀释至爆炸下限的 25%。

3. RTO 系统的运维管理

RTO 系统在运维管理方面的安全隐患可从项目安全“三同时”和日常维护两个方面进行排查。

对于涉及使用 RTO 工艺的有机废气治理设施的新建、改建、扩建、拆除项目，企业需将有机废气治理设施纳入企业全厂的安全风险辨识或安全设施“三同时”工作，委托第三方安全机构对相关设备进行专项安全评估，并出具相关评估报告，以确保在施工过程落实防控措施。RTO 设施的设计单位应具备相应行业专业甲级设计资质或环境工程（大气污染防治工程）专项乙级以上设计资质。安装单位应具备相关行业工程施工总承包资质或环保工程专业承包资质。对于废气处理量（标态）大于 3 万 m^3/h 的 RTO 炉系统的安装，安装单位应具备行业工程施工总承包乙级以上资质或环保工程专业承包二级以上资质。

RTO 炉试生产时应进行渐进化科学调试。首先进行空载调试，待空载调试稳定后，再逐步接入低浓度有机废气，如企业污水池加盖收集后的废气、车间换风废气等，最后再逐步接入高浓度废气，并对拟接入高浓度废气的排放流量和排放浓度进行检测。

在 RTO 设施投入正常使用后，如果未保存设施的使用说明书、图纸等技术资料，未编制操作规程，未定期进行设施的防雷检测，未做好设施的检维修记录，将会造成无法准确进行处置设施的风险评估，为设施的稳定运行留下安全隐患。因此，企业应加强设施的日常维护工作，完善设施档案资料的管理，建立维护保养工作台账。

RTO 设施的档案资料包括装置自身的技术资料、检测资料、运行维护资料。其中，装置的技术资料包括设施基本信息、运行原理、设施参数、适用范围、使用说明书、操作规程、总平面布置图、设施图纸、安装验收资料等；检测资料包括 RTO 装置安全设施、防雷装置、防静电接地装置的检测、校验报告；运行维护资料包括 RTO 装置及附属设施的运行、巡检、维修、保养台账记录，以及涉及该装置的动火作业、有限空间作业、临时用电作业、高处作业等特殊作业台账资料等。

在 RTO 装置投入生产使用时，还应做好专项应急预案。企业应根据《生产经营单位生产安全事故应急预案编制导则》（GB/T 29639—2020）编制生产安全事故现场处置方案，并纳入企业综合预案管理。开展 RTO 设备使用和应急处置专项安全培训，提升培训人员在发现装置异常时的应急处置能力，确保能够及时扑灭处理装置的火灾，防止火势蔓延。制订专项的演练计划并定期开展演练，对应急演练情况进行评估，进而修订应急预案。

【蓄热式焚烧炉设备设施事故案例】

案例一：2019 年 6 月 15 日 17 时，安徽某制药厂临时停产，RTO 系统按规程停机。次日 8 时投料复产，RTO 系统同时开机并升温，此时旁通阀开启、废气导入阀关闭，废气经 RTO 系统旁路净化系统处理达标后高空排放；RTO 炉经吹扫并加热至 800℃后，旁通阀关闭，废气导入阀开启，废气进入 RTO 炉，系统压力、温度等一切正常。然而，废气导入 2h 后（11 时），RTO 系统发生爆炸，爆炸声两次，间隔时间较短，爆炸点一处位于 RTO 炉及相邻风机，另一处位于系统前端废气收集管道。事故导致 RTO 炉右侧蓄热室钢结构、保温棉、蓄热陶瓷和 RTO 炉近端的引风机、风管严重损坏，较远端风管脱落，并引燃周边干燥物。所幸无人员伤亡。

事故原因分析：停产时，一名工人疏忽，忘记关闭生产车间甲醇蒸馏釜蒸汽阀，且放料不彻底；复产时，另一名工人未对岗位装置进行全面检查。在厂区蒸汽总阀开启后，残存釜内的甲醇升温沸腾，大量甲醇蒸汽进入风管形成预混气；RTO 系统未安装实时废气浓度检测仪，废气导入阀无法联锁关闭，预混气进入 RTO 炉内，在流经 RTO 炉右侧蓄热室时升温至起燃点，引发爆炸，致使右侧蓄热室钢结构、蓄热陶瓷和保温棉严重损坏；由于 RTO 系统未安装阻火器，爆燃的废气回火至前端风机和风管，引发二次爆炸、风管脱落；脱落的风管内仍存在燃烧的废气，进而引燃周边干燥物。

VOCs 作为可燃物，能够与氧气在一定的浓度范围（爆炸浓度的上、下限之间和爆炸上限以上）形成预混气，遇到点火源（明火、电火花、静电火花、高热物等）会发生爆炸或燃烧。

该制药厂的废气主要来源于生产车间、罐区、污水站、固废仓库、原料仓库以及风管（积液长期未排，积液挥发）等，主要成分为甲醇、乙醇和甲苯等可燃性气体。

事故排查发现，某蒸馏釜有残存甲醇，该釜蒸汽阀未完全关闭，使该釜一直处于被加热状态，成为达到爆炸极限的可燃物主要来源。

RTO 系统运行时，助燃风机会向氧化室鼓入大量空气（氧气），但氧化室未爆炸，说明助燃物非来自助燃风机；各生产车间、罐区等的废气中混有大量的空气（氧气），为事故提供了助燃物。

当进入 RTO 炉内的废气氧化放热不足时，燃烧器会自动补入天然气并点火升温。事故后炉体检查发现，RTO炉氧化室完好无损，并未发生爆炸，可排除明火为该起事故的点火源。

高热物的温度高于可爆成分起燃点时可引起爆炸，RTO炉高热物主要为氧化室内表面和蓄热陶瓷。氧化室未爆炸，可排除氧化室高温表面为本次事故的点火源；RTO炉右侧蓄热室钢结构坍塌、蓄热陶瓷破碎、保温棉脱落，而另外两个蓄热室完好，说明右侧蓄热室为起爆点，其高温蓄热陶瓷为事故点火源。

案例二：2019年5月29日16时23分33秒，南昌市某特钢公司炼铁厂二号高炉在处理异常炉况时，炉内压力瞬间陡升，造成煤气上升管波纹补偿器爆裂，大量高温焦炭喷出，掉落在出铁场平台，造成6死4伤。

该特钢公司是一家钢铁联合企业，二号高炉由中冶南方工程技术有限公司设计建设，炉容1 050 m^3，2011年年底建成投产，于2018年12月中修，2019年1月恢复生产。

5月29日15时16分，二号高炉南出铁场出铁时，作业人员发现渣铁边出边结，导致铁口堵不上，于是进行减风处理。16时整，白班值班工长沈某与中班值班工长叶某交接班后，沈某进入炉前勘察情况，叶某于16时20分开始对二号高炉实施减风操作。16时23分33秒，炉顶压力瞬间陡升，随后两根炉顶煤气上升管底部波纹补偿器爆裂，上升管移位、形变，从波纹补偿器处断开，上升管旁的平台护栏受上升管撞击后落下，击穿南侧出铁场屋面彩钢瓦。波纹补偿器爆裂的瞬间，大量高温焦炭喷出、掉落，最远飞出距离约300 m，10人被灼烫。

事故的直接原因：5月28日中班和29日白班，高炉4个上升管处炉顶温度异常，两个班次通过炉顶打水装置长时间连续打水降温，打入的液态水未经雾化，部分落在炉料上，在炉内减风操作时引发崩料。含水炉料落入炉体下部高温区，其中的水分迅速汽化，体积急剧膨胀（1 200～1 500倍），导致炉内压力陡升。同时，因炉顶放散阀处于“手动”操作模式，未与炉顶压力联锁，不能自动开启泄放炉内压力，最终导致上升管波纹补偿器爆裂。

事故的间接原因有：

（1）高炉长期违规超压运行，企业未意识到风险。二号高炉工作日志操作显示，炉顶工作压力长期在234 kPa左右，超出200 kPa的设计工作压力。

（2）炼铁厂对炉况未作出正确研判。二号高炉从计划检修后恢复生产开始，持续出现炉凉、悬料等炉况异常状况，该特钢炼铁厂在处理炉况异常的过程中，未能组织有关技术和管理力量深入研讨和充分论证，统一意见，形成安全、科学、合理的处置措施，且对炉况异常可能引发安全风险未予重视并作出误判，未及时疏散高炉周边作业人员，导致事故伤亡人数增加。

（3）企业主体责任未落实，安全意识淡薄。该特钢炼铁厂未识别转化安全法规、标准规范相关内容，未明确各岗位人员的责任内容和范围，高炉值班工长、炉长、炼铁厂生产、技术、设备管理相关管理人员，对高炉炼铁安全标准、高炉炉顶放散阀使用功能、自动操作模式、联锁压力设定值等核心事项不甚了解。

（4）相关职能部门履职不到位。当地相关行业管理、安全监管部门对辖区内重点企业风险管控不到位，对企业安全生产责任制不健全、安全教育培训不到位、制度规程不完善等问题失察。

三、等离子体装置的风险辨识与安全管控

低温等离子废气处理设备通过电晕放电、介质阻挡放电等方式产生高化学活性的粒子，与有机废气分子发生氧化、降解反应，将有毒有害的废气转化为二氧化碳和水等无毒无害物质。但由于其高压放电的工作原理，在处理易燃易爆的挥发性有机物气体时，存在引燃待处理的有机废气的风险。

《挥发性有机物（VOCs）污染防治技术政策》（环境保护部公告　2013 年第 31 号）第 27 条明确指出，当采用等离子体方法进行末端治理时，要注意爆炸、火灾等安全因素。2017 年，天津市安全生产委员会办公室在《关于吸取事故教训开展环保治理设施专项安全检查的通知》中要求，对采用低温等离子等可能产生点火能的工艺或设备设施处理易燃易爆挥发性有机物的，要全面进行安全风险评估。

低温等离子体净化设施在设计、安装、使用中存在以下安全风险：①处理工艺设计不合理，如设备前端未设计过滤、除湿防潮处理，未配套过滤棉、除水汽等预处理环节，直接与水喷淋塔相连等；②安全设施专项设计缺失或不完善，如缺少电气接地、防雷、防爆泄爆口、阻火器；③设备安装不规范，存在设备未可靠接地等隐患；④废气的预处理不到位，废气中某些组分，如油雾或漆雾等颗粒物进入低温等离子体净化设施，会沉积在电极或器壁上，积累到一定程度后可能引起设施着火；⑤待净化有机废气浓度达到爆炸下限值，电极放电时造成设施爆炸；⑥企业维护保养不善，未制定安全操作规程、无维护保养计划、无专项应急预案。

针对以上风险，可从低温等离子体净化设备的产品设计、制造和运行维护等环节采取监测、预警、应急处置等安全措施：

（1）根据有机废气的成分和浓度设计合适的处置工艺。低温等离子体技术对于低浓度的含 VOCs 废气（一般宜低于 300 mg/m^3）和恶臭异味气体具有较好的净化效果。当待处理有机废气浓度较高时，低温等离子体设施需与其他处理单元联合使用，通常可作为二级净化单元。

（2）合理布置装置。低温等离子体技术的净化过程需要高压放电，因此，设备周边不能存在产生阵发性有机废气的设备或设施。

（3）严格安装，安全设施按设计施工并验收。

（4）加强废气预处理。对于含油雾或漆雾等颗粒物的废气，配置高效过滤等预处理工艺，确保低温等离子体处理设备的安全性。

（5）控制废气浓度。对装置入口废气浓度进行在线监测，当进入净化装置的气体浓度达到或超过爆炸下限的25%时进行配风稀释。

（6）设置安全联锁，如入口总烃浓度高低报警和高高联锁等。

（7）规范操作。编制净化设施安全操作规程，明确设施启停程序和应急处置程序。启动低温等离子体单元之前，需先启动风机吹扫处理系统，以防止放电火花引燃积聚的高浓度有机物。

（8）编制净化设施维护保养计划，定期更换过耗材，及时清理电极和器壁上的沉积物，如每个月将等离子设施第一级电极组件抽出来全面清洗一次；每3个月至半年将等离子设施所有电极抽出全面清洗一次。

四、光氧催化装置的风险辨识与安全管控

光氧催化治理设施的净化原理是运用紫外灯产生的一定波长的光，使空气中的分子变成游离氧，游离氧再与氧分子结合生成具有强氧化能力的臭氧，破坏废气污染物的分子链；或与光敏催化剂产生羟基自由基等，从而降解净化有机废气，使之成为CO_2、H_2O等物质。光催化氧化技术适用于低浓度、大风量、稳定性强的工业有机废气，同时具有较好的除臭功能。

因运行时无须添加任何物质参与反应、无须人工值守、设备占地面积小等优点，光氧催化治理设施广泛应用于工贸企业的VOCs治理项目。光氧催化治理设施主要由UV光氧催化发生器、壳体、控制系统等组成，其中，UV光氧催化发生器包括紫外灯管和光触媒，壳体包括净化室、分室隔板、检修门等，控制系统包括独立电源、电控系统等。

但在实际工程应用中，许多光氧催化治理设施并没有在UV紫外灯配置、设施结构上进行科学设计，仅安装紫外灯和TiO_2光触媒网，不能有效治理工业有机废气，且电气元件质量不可靠，易引发火灾、爆炸事故。因此，江苏省、山西省、天津市等多个省市出台的关于工业有机废气治理、技术引导文件中，明确提出不建议、不鼓励或淘汰单一光氧催化治理设施。

下面分析光氧催化治理设施的主要部件——紫外灯、镇流器、光触媒网的安全风险。

1. 紫外灯

工业有机废气易燃易爆，设计时，应将UV紫外灯管能产生电火花的部分与待处理废气隔离。UV紫外灯管和灯座的连接处，若材质为普通塑料，长时间接触易氧化，导致接触不良、打火烧糊，存在引发电气火灾的风险。

若紫外灯管和灯头先连接固定，再用硅胶密封，由于光解设施的工作原理，处置设备内部产生大量臭氧，在臭氧长时间作用下，硅胶极易老化，最终会导致灯管灯头松动，进而引发灯管破损，造成其他风险。

2．镇流器

第一，镇流器选型时要注意实际功率与额定标称功率之间的差距不应超过10%，以免功率不匹配导致镇流器过热引燃废气。第二，镇流器应具空载、过载、短路保护功能，在灯管损坏或因设备散热不佳时停止供电，防止出现电气火花进而引发火灾。第三，安装镇流器的电柜箱内要注意通风散热，不可放置废纸、棉纱手套等可燃物。

3．光触媒网

光氧催化治理设施的光敏催化剂多选用蜂窝铝基的TiO_2光触媒网，但是铝基光触媒网易腐蚀，若待处置废气中含有碱性水雾，腐蚀会加剧，导致设施内部风量改变，一旦风速提高后可能使灯管破损，堵塞通风通道，引发事故。

从以上分析可知，光氧催化治理设施的常见安全隐患主要为电气安全隐患。在日常使用中应注意以下安全事项：

（1）关注设备的工作环境，保证电气绝缘。治理设备不可安装在有易燃易爆气体的室内；安装在室外时，应有防雨和遮阳的设施；一般工作温度应小于40℃，环境湿度小于95%。

（2）灯管、镇流器、光触媒网等设施元器件选型时，要考虑室外运行时高温、潮湿等环境因素对安全性能的影响。紫外灯管应采用耐高温特殊材质结晶管套，接头应选用耐高温抗氧化的陶瓷灯头，灯管电极和连接线处灌胶密封。所有灯管均采用具备过压、过流、空载、短路、超温等保护功能的独立专用电源模块供电，若某一灯管发生异常，电源模块会停止该灯管的运行并发出警示。

（3）若待处理废气中水汽较多，应在治理设施前设置去除水汽的预处理装置，避免含有大量水汽的废气直接与紫外灯管接触，引发电气安全事故。

（4）严格分离治理设备处理室与电源控制系统及电源连接部分，所有连接处用抗高温、防腐蚀电线和橡胶垫密封处理，不容许任何带电部分与待处理废气接触。电路设置多重过压、过流、短路保护，保证即使发生瞬间漏电短路也不会引燃引爆光解室内易爆气体。

（5）建立治理设施运维管理制度，包括启停时间、引风系统密闭情况、设备状态、风机运转情况、催化剂更换及添加情况、滤料更换情况等。操作设备时，先启动光氧设备，运行稳定后再启动风机；系统停机时，先停止光氧设备，再停风机，待设备降温至常温，排空残余气体。设备运行过程中，严禁人员眼睛或皮肤暴露在UV光线下。根据工作负荷，定期清洁管壁，去除油烟、粉尘，定时更换UV灯管、光触媒板或添加催化剂，及时更换损坏部件。

【其他有机废气治理设施事故案例】

案例一： 2017 年 12 月 19 日 9 时 14 分许，山东某化学股份有限公司干燥一车间低温等离子环保除味设备发生一起火灾事故，造成 7 人死亡、4 人受伤，直接经济损失约 1 479 万元。

该企业成立于 2003 年，是塑料助剂行业上市公司，现有职工约 500 人，所有产品均不属于危险化学品，使用的原料属于危险化学品。

潍坊某能源有限公司向其供应用作燃料用途的液化天然气。青岛某环保科技有限公司负责该企业干燥一车间、干燥二车间五套直燃式天然气热风炉（以下简称燃气热风炉）的供应及安装。该化学股份有限公司生产系统基本情况如下：AMB 生产装置分为反应一车间和干燥一车间，按照原设计使用煤作为加热原料。生产设备主要有干燥塔和燃气热风炉等。车间内装有两套燃气炉，未通过验收。低温等离子环保除味设备是环保配套；承担废气净化任务。该设备于 2011 年从上海某环保科技有限公司购入，干燥一车间环保设施有验收监测报告书。

2017 年 12 月 19 日 7 时 30 分许，公司安环部部长黄某接到区环保办公室电话通知，省秋冬季大气污染督查组即将来昌乐县现场督查。黄某立即告知生产部部长张某。张某随即安排干燥一、二、三车间停用燃煤热风炉，改用燃气热风炉，8 时至 8 时 30 分许，干燥三、二车间相继点炉成功开启燃气热风炉。

按照原定计划，环保督查组在干燥二车间锅炉房南侧停车，干燥一车间人员停用燃煤热风炉后，班长毛某安排人员打扫卫生迎接检查。8 时 20 分许，黄某通知张某环保督查路线改在干燥一车间等离子塔南侧，需要干燥一车间开启一套燃气热风炉。张某在确认环保督查组到达时间后，安排毛某 10 时左右开启未通过验收的干燥一车间 2#燃气热风炉。

接到通知后，毛某安排人员开启 2#燃气热风炉，因前期 2#燃气热风炉在调试过程中多次出现点火不成功及熄火现象，操作人员为节省点炉时间，绕过自动联锁对燃气热风炉进行手动点火，未成功，导致天然气串入干燥系统，天然气与空气的混合气体顺气流经过旋风除尘和布袋除尘器到达低温等离子环保除味设备。9 时 14 分许，混合气体遇到等离子设备电火源爆燃，引发火灾事故。现场 6 名人员撤离不及当场遇难，5 名人员受伤，其中 1 名人员抢救无效死亡。

事故发生后，对生产装置采取了紧急停车措施，切断物料管道，并进行泄压降温，以保护生产设备。

经调查，判断事故的直接原因是：干燥一车间在由燃煤热风炉紧急停车切换燃气热风炉，违章操作，绕过自动联锁，对未通过验收的燃气热风炉进行手动点火，导致天然气串入干燥系统内，与系统内空气形成爆炸性混合气体，遇电火花爆燃，并引燃可燃物料和粉尘，引发火灾。

间接原因包括:

（1）燃气热风炉工艺未经安全可靠性论证，未经正规设计，未经验收，违规投入使用。热风工艺无正规技术来源，对天然气泄漏风险认识不足。整体设备和工艺管道未经专业设计，仅试运转未验收，不具备启用条件。

（2）联锁报警系统的设计、安装和维护达不到标准规范要求。废气处理装置无实时监测和联锁。等离子处理器与声光报警未联锁，设备长期带病运转。

（3）从业人员法制观念淡薄，违章指挥、违章作业。在“煤改气”过程中使用燃煤热风炉，为规避环保检查，严重违反工艺规程，冒险开启未经调试验收的燃气热风炉。

（4）工艺设备变更管理缺失，风险得不到有效控制。操作人员在准备投用燃气热风炉前，没有对投用条件进行安全确认，未检查系统管道、阀门、安全设施、电气仪表系统是否处于安全备用状态，变更后的工艺设备安全操作规程不完善，变更风险失控。

（5）从业人员素质低，安全教育培训流于形式。事故车间共有 34 名操作工，70%为初中或小学文化水平，缺乏化工安全生产基本常识，对岗位风险不掌握。

（6）安全生产责任未落实。企业安全管理工作薄弱，未按要求开展隐患排查；设备维护差，操作记录混乱；“煤改气”后未制定切换方案和操作要求。

案例二：2018 年 11 月 16 日 18 时许，东莞市虎门镇的东莞市某家居有限公司发生火灾。事故造成 1 人死亡，直接经济损失 140 万元。

涉事单位东莞市某家居有限公司，成立于 2016 年，主要从事家具、电器、灯饰、建筑材料和日用品的生产与销售。事故厂房为钢筋混凝土结构的工业厂房，共 4 层，占地面积 1 800 m^2，建筑面积约 72 000 m^2。事故发生在三楼喷漆车间、四楼车间及顶楼环保设备（挥发性有机物废气处理系统）和木制品堆放处。现场通风管道、环保设备、泡沫彩钢板隔墙及车间窗户玻璃有明显炸裂变形，木制品、喷漆件及周边电气线路被烧毁，电箱、喷漆输送轨道、喷漆柜及风管被烧黑碳化。

11 月 16 日 15 时，该公司三楼喷漆车间北面墙第八根柱子西侧的第一条通风管道切割作业引发油漆和木粉燃烧，在 2 号环保设备风机的作用下，火焰从三楼喷漆车间的第一条通风管道传播至顶楼 2 号环保设备，导致爆炸。

2 号环保设备爆炸后，内部的油漆、木粉和活性炭颗粒燃烧，火势蔓延至楼顶其他环保设备，引发二次爆炸，二次爆炸的冲击波和火焰顺着通风管道传播至三楼喷漆车间，冲破喷漆车间的风柜通风管道、泡沫彩钢板和玻璃，正在喷漆作业的田某烧伤，经抢救无效死亡。

经调查，该事故的直接原因是焊工邹某在切割通风管道时产生明火，引燃积存的油漆及木制品打磨粉尘，引发环保设备爆炸和燃烧，导致喷漆作业人员田某受伤。

间接原因包括:

（1）邹某作业前未进行危险分析，未按动火作业标准检查场地是否存放有易燃易爆品等。

（2）公司未发现邹某开学焊工证已过期多年，安全培训不到位。

（3）公司安全生产管理制度不健全，无环保设备的定期检查维修制度，无维护检查记录。

（4）公司未督促从业人员严格执行安全规章制度和操作规程，隐患排查治理不到位，未如实记录并告知作业场所风险。公司对事故负有责任。

案例三：2020 年 9 月 14 日上午 9 时许，孝义市某能源科技有限公司发生一起急性中毒较大事故，造成 4 人死亡、1 人受伤，直接经济损失 370.8 万元。

该公司位于吕梁市孝义市经济开发区煤化工园区，设 6 个职能部门，从业人员 546 名。公司有 60 万 t/a JNDK43-99D 型捣固焦炉 2×54 孔及其配套设施，于 2005 年 10 月建成投产，2019 年建 VOCs 处理系统。

系统主要包括油洗塔、酸洗塔、活性炭吸附器和碱洗塔，采用多塔串联式洗涤工艺。酸洗塔、碱洗塔的 pH 应分别控制在 3～5 和 7～9。

2020 年 9 月 14 日 8 时 40 分许，化产车间副主任张某检查 VOCs 处理系统设备运行情况时发现苏某（系统操作工）在排液作业时倒地。正在附近进行维修作业的芦某等 5 人施救时中毒。9 时 40 分，5 名中毒人员送医，4 人经抢救无效死亡。

事故调查组认定，这是一起违规作业、盲目施救导致的较大生产安全责任瞒报事故。直接原因是化产车间 VOCs 岗位操作工苏某未按操作规程作业，在将酸洗塔废液排入地槽后，未将地下槽内的废液转输至焦油氨水机械化澄清槽内，也未确认地槽内废液的 pH，直接打开废酸液排放阀门排液。地下槽内发生化学反应，生成大量有毒气体硫化氢并迅速扩散至地面，致其中毒。正在进行维修作业的芦某等 3 人未采取任何防护措施，盲目施救，导致事故扩大。

事故的间接原因包括：

（1）企业安全隐患辨识不到位。该企业虽然编制了 VOCs 装置风险评估报告，但未能排查到酸碱废液排放至一个地槽后会有较大的中毒风险，未制定具体的安全隐患防范措施。

（2）企业安全培训教育不到位。在对化产车间和 VOCs 岗位人员的培训中，缺少应对突发性有毒气体泄漏的应急处置培训。事故发生后也未按规定及时上报。

（3）孝义市经济开发区对辖区内企业监督检查不细致，未能及时发现该公司 VOCs 工段存在的安全隐患。

（4）当地生态环境部门未落实“管行业必须管安全、管业务必须管安全、管生产必须管安全和谁主管谁负责”的要求，在开展 VOCs 废气治理过程中没有同步履行安全监管职责。

（5）当地应急管理部门综合监管责任不到位。

思考题

1. 工业有机废气治理设施可能存在哪些主要风险？
2. 活性炭吸附装置的潜在风险有哪些？如何管控这些风险？
3. 蓄热燃烧装置的潜在风险有哪些？如何管控这些风险？
4. 低温等离子废气处理设备的潜在风险有哪些？如何管控这些风险？
5. 光氧催化治理设施的潜在风险有哪些？如何管控这些风险？

第三章　污水处理设施的风险辨识与安全管控

污水处理设施是为了处理和净化来自城市、工业、农业等源头的废水，而专门设计和建造的设备和结构。主要目标是去除污水中有害的物质、细菌、病原体以及其他污染物，使其达到环保标准或可再利用的水质要求。污水处理设施中包括大量的机械设备、电气设备，并且在处置污水环节需要使用化学药剂。此外，污水处理设施中的有限空间可能积聚有毒有害气体，形成各类危险因素。一旦管控不当，就有可能造成人员伤害、财产损失，酿成安全事故。本章将介绍污水处理构筑物和设备，分析其安全风险，并提出相应的管控措施。

第一节　污水处理典型构筑物和设备

一、污水处理典型构筑物

污水处理是一个包括多个工艺单元的复杂过程，需要使用多种构筑物完成。主要处理构筑物包括格栅、沉砂池、生化池、二沉池、高效沉淀池、滤池、消毒池以及污泥浓缩池等，如图 3-1 所示。这些构筑物通常根据不同的工艺要求组合运用，形成一个工艺流程来处理不同等级的污水，保证出水水质达标。

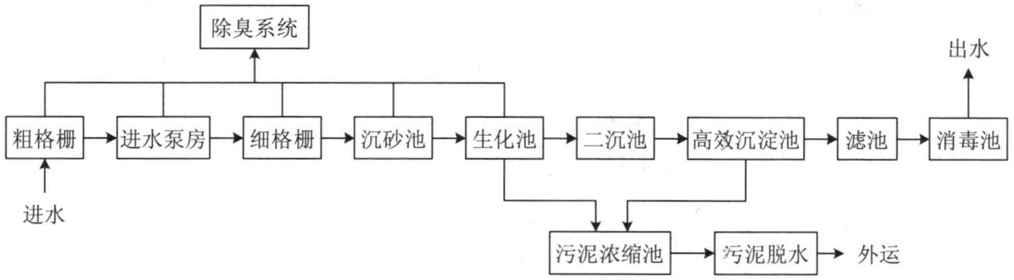

图 3-1　污水处理典型工艺流程

1. 粗格栅

粗格栅用于去除可能堵塞水泵机组、管道阀门的较粗大悬浮物，以保证后续处理设施正常运行。粗格栅由一组或多组相互平行的金属栅条与框架组成，倾斜安装在进水渠道或进水泵站集水井的进口处，拦截污水中的粗大悬浮物及杂质。粗格栅的类型主要有回转式格栅和牵引式格栅。多数情况下，污水处理厂会设置两道格栅。

2. 进水泵房

进水泵房是污水的收集设施，通过泵房内的水泵机组将经过格栅处理的污水提升至细格栅。泵房主要包含机器间、集水池、格栅、辅助间等，机器间内设有水泵机组和相关附属设备。进水泵房的设计根据进水管渠的埋设深度、来水流量、水泵机组的型号与台数、水文地质条件以及施工方法等因素来确定。

3. 细格栅

细格栅的结构与粗格栅类似，用于进一步处理经粗格栅处理的污水，拦截小颗粒悬浮物。细格栅的栅条间隙一般为 1.5～10 mm，常用的细格栅类型有转鼓式、螺旋式、旋转式等。

4. 沉砂池

沉砂池以重力分离为基础，通过控制进水流速，使密度大的无机颗粒下沉，而有机悬浮颗粒被水流带走。沉砂池主要有平流沉砂池、曝气沉砂池、旋流沉砂池等类型。

5. 生化处理池

生化处理池是利用微生物体内的生物化学作用分解废水中的有机物和某些无机物的一种污水处理方法。根据反应过程中有无氧气参与，生化处理可分为好氧生物处理和厌氧生物处理。

6. 二沉池

二沉池是活性污泥系统的重要组成部分，主要作用是使污泥分离、混合液澄清，以及浓缩和回流活性污泥。二沉池的澄清能力与混合液进入池内后的絮凝情况以及二沉池的表面面积有关。而二沉池的浓缩能力不仅与池的面积有关，还与污泥性质和泥斗容积有一定关系。对于沉降性能较好的活性污泥，二沉池的泥斗容积可以适当减小。

7. 高效沉淀池

高效沉淀池的设计非常紧凑，集混凝池、絮凝池、沉淀池和污泥浓缩池于一体。沉降区域利用浅池理论，通过安装斜板或斜管增强沉降效果。向经二沉池处理后的污水投加絮凝剂，可进一步降低悬浮物并强化除磷效果。

8. 滤池

滤池多采用一体式的转鼓式精密过滤器。污水从滤筒内向滤筒外进行过滤，污水中的悬浮固体被过滤芯阻拦在滤筒内表层。当内表层附属物增多导致盘内外压力差扩大并超过预设值时，反冲洗自动开启，使微孔筛网得到及时清洁，确保设备始终保持良好的工作状态。

9. 消毒池

消毒是利用消毒剂杀灭污水中有害病原微生物的水处理过程。常用的消毒剂有次氯酸钠、氯气、二氧化氯、臭氧等。

10. 污泥浓缩池

污泥浓缩池是将生化处理池、二沉池及高效沉淀池排出的含水率较高的污泥进一步沉淀，以减少污泥体积的构筑物。浓缩池沿高程可大致分为顶部澄清区、中部进泥区和底部压缩区。

11. 污水调节池

污水调节池用于调节进、出水流量，其作用是均质和均量。一般还可考虑兼有沉淀、混合、加药、中和和预酸化等功能。工业企业由于生产工艺的原因，不同工段、不同时间所排放的污水差别很大，尤其在操作不正常或设备泄漏时，污水水质会急剧恶化，水量也会大幅增加，往往超出污水处理设备的正常处理能力。因此，对于工况波动较大的污水，有必要在进入处理主体之前先导入调节池进行均和调节处理，使其水量和水质都较为稳定，为后续的水处理系统提供稳定和优化的操作条件。

12. 除臭系统

构筑物及生产车间产生的臭气经管道收集后，采用除臭技术进行处理。厂内有组织废气经收集处理达标后排放。

二、污水处理厂主要设备

1. 格栅除污机

在水处理工程中用于拦截和清除水中悬浮和漂浮固形物的机械称为格栅除污机。其种类繁多，按安装形式可分为固定式格栅除污机和移动式格栅除污机；按格栅间隙可分为粗格栅除污机、细格栅除污机和网式格栅除污机；按格栅角度可分为弧形格栅除污机、倾斜格栅除污机和垂直格栅除污机；按齿耙运行方式可分为回转式格栅除污机（HF）和链传动式格栅除污机（GL）等。回转式格栅除污机没有静止栅条，由密布的齿耙随着回转式牵引链的运动将污物打捞，如图 3-2 所示。链传动式格栅除污机通过链带动的若干组齿插入静止栅条将污物与水分离。链传动式格栅除污机的栅隙为相邻两个静止栅条侧间的距离，回转式格栅除污机的栅隙为相邻两个齿耙内侧间的距离。

格栅除污机的命名采用大写汉语拼音字母和阿拉伯数字。如 HF1000 表示机宽 1 000 mm 的回转式格栅除污机。

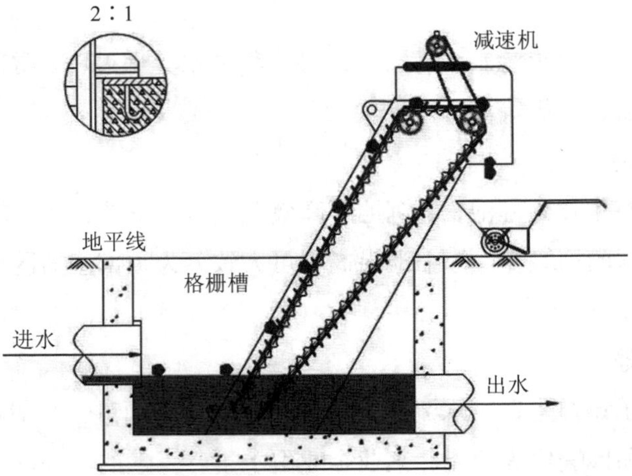

图 3-2 回转式格栅除污机

2. 除砂机

除砂机是指用机械的方法将沉砂构筑物中分离出的砂粒进行清除的设备。早期常用抓斗式或链斗式除砂机，现多使用安装在往复行走的桥车上的泵抽出池底的砂水混合物，再用旋流式砂水分离器或水力旋流器加螺旋洗砂机将砂和水分开，完成除砂、砂水分离、装车等工序。其主要包括：

（1）抓斗式：由行走桁架、刚性支架、挠性支架、鞍梁、抓斗启闭装置、小车行走装置、抓斗等组成。

（2）链斗式：主要有两根主链、V 形砂斗、传动链驱动装置、导轨等部件，实际上是一部带有多个 V 形砂斗的双链输送机。

（3）车泵吸式：适用于平流式沉砂池。每台除砂机安装一台或数台离心式砂泵，用来将沉积在沟底中的砂浆抽到砂渠或砂水分离器。其结构简单、紧凑、操作方便、成本低，但分离效果差，大量沉砂可能导致砂泵无法工作。

3. 砂水分离器

污水处理过程中，除砂机从池底抽出的混合物含水率达 97%～99%，且混有一定量的有机污泥，这给混合物的运输和处理带来了困难。因此，需要将无机砂粒与水及有机污泥分开，这就是污水处理的砂水分离及洗砂工序。常用的砂水分离设备有水力旋流器、振动筛式砂水分离器和螺旋砂水分离器。

（1）水力旋流器：又称旋流式砂水分离器，其结构简单，由上部的顶盖圆筒和下部的锥体组成。入流管从圆筒上部切线方向进入；溢流管从顶盖中心引出，锥体下部连接排砂管。为减轻砂粒的磨损和腐蚀，水力旋流器多采用耐磨铸铁制造，内部一般设置一层耐腐蚀的橡胶衬里。砂水混合物沿切线方向进入旋流器内后，会形成内外旋流。由于密度差异，砂粒在离心的作用下被甩向器壁并滑向锥底，水则经内旋流从上部排出。水力旋流器外观如图 3-3 所示。

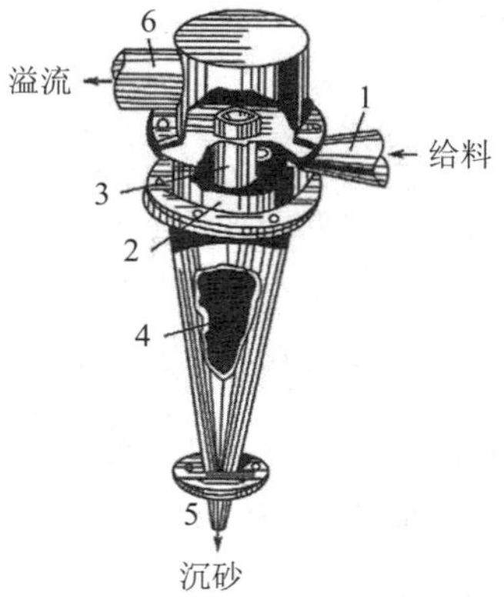

1-给料管；2-圆柱体；3-溢流管；4-圆锥体；5-沉砂口；6-溢流排出管

图 3-3　水力旋流器

（2）螺旋砂水分离器：主要由无轴螺旋、U 形槽、水箱、驱动装置等组成。其主要作用是进一步完成砂水分离以及砂与有机污泥的分离，并将分离出的干砂装车。砂水混合液从分离器一端顶部输入水箱，其中密度较大的砂粒会沉积于槽形底部。在螺旋的推动下，砂粒沿斜置的 T 形槽底提升，离开液面后继续移动一段距离，在砂粒充分脱水后经排砂口卸至盛砂桶。而与砂分离后的水则从溢流口排出，被送至进水池。砂水分离器的沉淀装置和输砂装置为封闭式一体结构，具有结构紧凑、重量轻、性能可靠、维修工作量少等优点，其分离率可达 96%～98%。螺旋砂水分离器外观如图 3-4 所示。

图 3-4　螺旋砂水分离器

4．搅拌设备

污水处理厂通常使用搅拌设备来促使废水中固体和液体的混合，提高悬浮物的悬浮性，并促进生物污泥的混合和降解。以下是一些常见的污水处理厂中使用的搅拌设备：

（1）机械搅拌器（mechanical mixers）：通过电动机或其他动力源驱动的旋转或切割装置，放置在污水处理设施的槽或容器中。搅拌器可以有效地搅动废水，使悬浮物均匀分散，以便后续的生物处理。

（2）表面搅拌器（surface aerators）：将空气注入污水中，产生气泡并搅动表面水体，提高废水中的氧气传递率，这对好氧生物处理过程非常重要。

（3）潜水搅拌器（submersible mixers）：通常位于水体下部，用于混合废水并确保悬浮物均匀分布。如图 3-5 所示，它们通常放置在沉淀池和接触氧池等位置。

（4）拖动式搅拌器（travelling bridge mixers）：通常位于大型沉淀池中，可在池中来回移动，确保整个池内的废水都能受到搅动和混合。

（5）超声波搅拌器（ultrasonic mixers）：利用超声波振动搅拌污水，以帮助去除污染物。这种搅拌器通常用于一些特殊的处理过程。

搅拌设备的选择取决于污水处理的具体工艺和要求。适当的搅拌有助于确保生物处理单元中的微生物与废水中的污染物充分接触，从而提高废水的处理效率。此外，搅拌还可减少沉积在设备表面的污垢，维持设备的正常运行。

5. 曝气设备

曝气是污水处理厂中一种常见的处理工艺，通过向废水中注入空气提供氧气，以促进好氧微生物的生长和有机物的降解。曝气设备是这一工艺的关键组成部分。以下是一些常见的污水处理厂中使用的曝气设备：

（1）曝气槽（aeration tanks）：主要的曝气设备，是进行生物处理的地方。通过向水中喷射空气或潜水搅拌器引入气泡，为好氧微生物提供足够的氧气。

（2）表面曝气器（surface aerators）：悬挂在水面，通过安装在曝气池表面叶轮或转刷的转动，剧烈地搅动水面，将空气引入水体，如图 3-6 所示。这有助于在曝气槽中形成气液界面，提高气传递效率。

图 3-5　潜水搅拌器

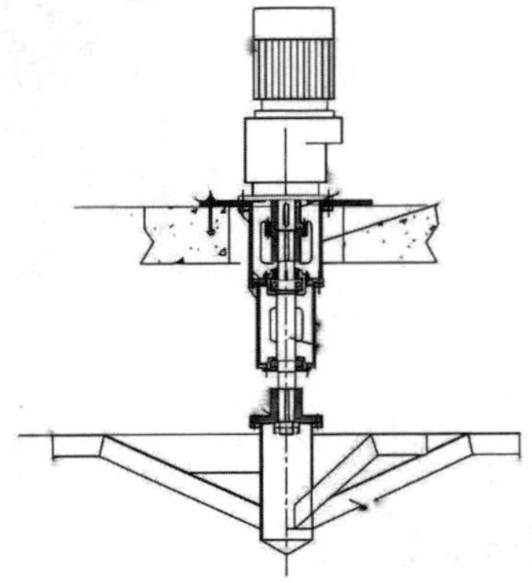

图 3-6　倒伞形表面曝气机

（3）拖动曝气机（travelling aerators）：这是一种能够在整个曝气槽中移动的曝气设备，通常携带曝气装置，确保废水中氧气分布均匀。

（4）潜水曝气机（submersible aerators）：通常被放置在曝气槽底部，通过喷射空气或旋转刷气的方式将氧气引入水体。

（5）微孔曝气器（fine bubble diffusers）：通过细小的气孔将空气以微小气泡形式注入废水，提供更大的气液界面，增加氧气传递效率。

（6）喷射式曝气器（ejector aerators）：使用喷射头将空气喷射到水体中，创造气体流动，提高废水中的氧气浓度。

曝气设备的选择取决于污水处理工艺、处理能力以及所需的氧气传递效率。这些设备有助于提供适量的氧气，促使好氧微生物在曝气槽中进行生物降解，从而有效地净化废水。

6. 风机

在污水处理厂中，风机是用于提供空气流动、曝气、通风以及排放气体的关键设备。以下是一些常见的风机应用和类型：

（1）曝气风机（aeration blowers）：曝气是通过向废水中注入空气来促进好氧微生物降解有机物的过程。曝气风机产生压缩空气并将其输送到曝气槽，通过气体传输系统向水中注入气泡，提供氧气。

（2）通风风机（ventilation fans）：用于污水处理厂中的某些区域，如污泥处理区或气味控制区，以排除有害气体，维持良好的空气质量。

（3）除臭风机（odor control fans）：收集和处理污水处理过程中产生的气味，尤其在污泥处理时，确保不影响周围环境。

（4）排风风机（exhaust fans）：排除污水处理过程中产生的废气，保持厂房内的正常工作环境。

（5）废气抽取风机（fume extraction fans）：从化学处理单元或其他有害气体产生区域抽取废气，将其排放到安全区域。

（6）污泥浓缩系统风机（sludge thickening system blowers）：提供空气以促进污泥浓缩过程，通常用于污泥浓缩设备（如离心机或压榨机）中。

（7）生物气体收集系统风机（biogas collection system blowers）：在污泥消化过程中，收集和处理产生的生物气体（主要是沼气），需使用风机将生物气体输送到适当的收集和利用系统。

在选择污水处理厂的风机时，需要考虑流量、压力需求、能效、噪声水平和耐腐蚀性能等因素，以确保风机适应具体需求，高效稳定运行。

7. 刮泥机

刮泥机是将沉淀池中的污泥刮到一个集中部位的设备，多用于初沉池、二沉池、污泥浓缩池。主要类型有链条刮板式刮泥机、桁车式刮泥机和回转式刮泥机。

链条刮板式刮泥机在主链上每隔一定间距安装一刮板，工作时，驱动装置带动主动链轮转动，链条在导向链轮和导轨的支撑下缓慢转动，带动刮板移动，将池底沉淀的污泥刮入池端污泥斗，水面返回的刮板则将浮渣倒入渣槽。

桁车式刮泥机安装在矩形平流式沉淀池上。工作时，只有刮板及浮渣刮板浸没于水中，返程时整机提出水面，方便维修。

回转式刮泥机适用于辐流式沉淀池和圆形污泥浓缩池，可刮泥并防止泥板结，促进泥水分离，外观如图 3-7 所示。

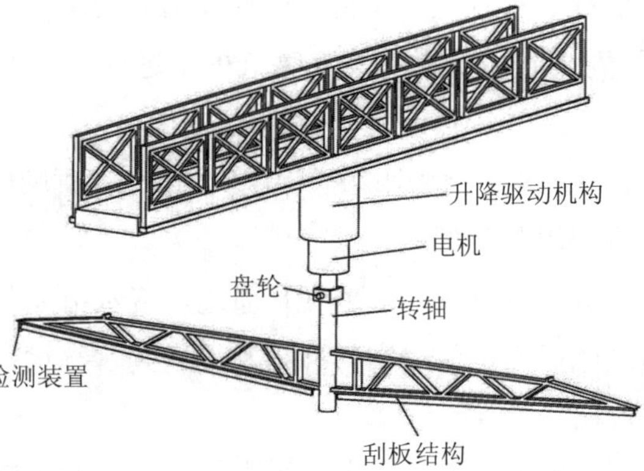

图 3-7 回转式刮泥机

8．吸泥机

吸泥机是将沉淀池底部的污泥吸出的设备，一般用于将二沉池吸出的活性污泥回流至曝气池。大部分的吸泥机在吸泥过程中有刮泥板辅助，因此也称吸刮泥机。常用的吸泥机有回转式吸泥机和行车式吸泥机。吸泥方式有静压、虹吸和泵吸等。

回转式吸泥机按驱动方式分为中心驱动和周边驱动。中心驱动的回转式吸泥机，驱动机和减速机都安装在吸泥机的中心平台上；周边驱动的回转式吸泥机则在桥架的一端或两端安装驱动电动机及减速机。

行车式吸泥机由桥架和使桥架往复行走的驱动系统组成，配有两根或多根吸泥管，吸泥管固定在桥架上。在沉淀池一侧或双侧装有导泥槽，将吸出的污泥引到配泥井或回流到污泥泵房。行车式吸泥机的行走速度一般为 0.3～1.5 m/min，速度过快会影响污泥沉降。

9．污泥脱水机

污泥经浓缩后，含水率仍在 94%以上，呈流动状且体积较大，因此还需要进行污泥脱水。浓缩主要是分离污泥中的空隙水，而脱水主要是将污泥中的吸附水和毛细水分离出来，这部分水分占污泥总含水量的 15%～25%。经脱水处理后，污泥的体积大幅减小，降低了后续污泥处置的难度。

污泥脱水分为自然干化脱水和机械脱水两类。自然干化脱水是将污泥摊开在干化场，通过蒸发、渗透和清液溢流等方式实现脱水。用于村镇小型污水处理厂的污泥处理，但维护管理工作量大，且会产生大范围的恶臭。机械脱水则利用机械设备进行，占地少，与自然干化相比，恶臭影响较小，但运行维护费用较高。按脱水原理，机械脱水可分为真空过滤脱水、压滤脱水和离心脱水 3 类。

（1）真空过滤脱水：真空过滤机为早期使用的连续脱水机械，有转筒式、绕绳式、转盘式三种。应用最广的是 GP 型转鼓真空过滤机。由于真空过滤脱水噪声大，产生的泥饼含水率高，占地面积大且其构造及性能无较大改进，目前已很少使用。

（2）压滤脱水：压滤脱水与真空过滤脱水的基本原理相同，区别在于真空过滤脱水的动力为负压，而压滤脱水的动力为正压。常用的压滤脱水机械有板框压滤机和带式压滤机两种。板框压滤机构造简单，推动力大，适用于各种性质的污泥，且形成的滤饼含水率低，但它只能间断运行，操作管理复杂，滤布易损坏。如图 3-8 所示，板与框相间排列，滤板两侧覆有滤布，板与框之间构成压滤室。污泥通过上端小孔进入压滤室，滤液在压力下透过滤布，沿沟槽和孔道排出。脱水结束后，拉开可动端板，清除滤饼。压滤脱水的过滤周期为 1.5～4 h。

带式压滤机中，较常见的是滚压带式压滤机。其特点是可连续生产，机械设备较简单，动力消耗少，无须设置高压泵或空压机，已广泛用于污泥的机械脱水。滚压带式压滤机由滚压轴和滤布带组成，压力施加在滤布带上，污泥在两条压滤带之间挤压，依靠滤布的压大或张力实现脱水。

图 3-8　板框压滤机

（3）离心脱水：用离心机使污泥中的固液分离。污泥脱水常采用中速、低速转筒式离心机，转速一般为 1 000～3 000 r/min。离心脱水的优点是能够连续生产、处理量大、操作方便、可自动控制、卫生条件好、基建和占地面积少；缺点是对污泥的预处理要求高，必须使用高分子聚合电解质作为调理剂，设备易磨损。

转筒式离心脱水机的主要组成部分是转筒和螺旋输送器，如图 3-9 所示。其工作过程是污泥通过空心轴的分配孔连续进入筒内，在转筒的带动下高速旋转，并在离心大的作用下将泥水分离。螺旋输送器和转筒同向旋转，但转速有差异，即两者有相对转动，这种相对转动将泥饼推出排泥口，而分离液从另一端排出。

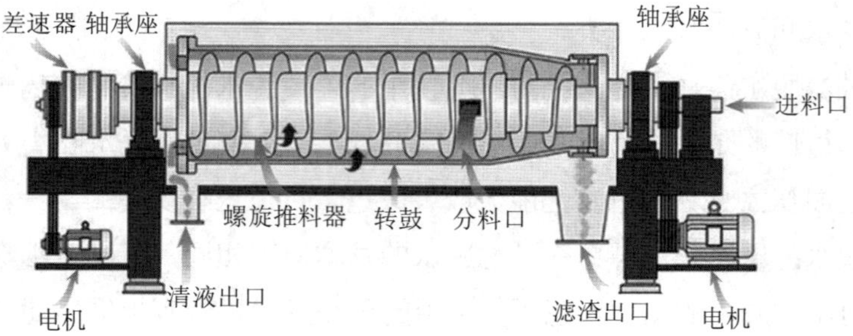

图 3-9　转筒式离心脱水机

第二节　污水处理设施的风险辨识

一、中毒和窒息

污水处理厂的进水格栅、潜水泵间、沉砂池、配水井、工艺闸井和箱涵、贮泥池、脱水机房、雨污水管道、检查井等设施，在通风不良的情况下可能积聚有毒有害物质或降低含氧量。工作人员若贸然进入，极易发生中毒和窒息事件。此外，污水处理过程中使用的药剂，如二氧化氯、液氯、硫酸、化学絮凝剂以及各类化验分析试剂，若工作人员接触剂量超过一定限度，也可能导致中毒和窒息。同时，污水处理厂的原水主要源自城市生活污水和工业废水，特别是工业废水，可能含有各种工业生产用料、中间产物、副产品以及生产过程中产生的污染物，人员直接接触也可能中毒和窒息。以下是污水处理过程中发生中毒和窒息事故概率较大的设施。

1. 氯气消毒设施

经生化处理的污水流入消毒池后，通常通过加入氯气进行消毒。在消毒过程中，氯气钢瓶、加氯机、连接管线及其通气管道若发生故障，有可能造成氯气泄漏，引发作业人员中毒和窒息事故。

2. 二氧化氯发生设施

二氧化氯在常温常压下是一种黄绿色到橙黄色的气体，具有与氯相似的强烈刺激性臭味，常用于污水处理中的消毒工序，可替代传统的液氯消毒。生产中使用的二氧化氯发生设施主要有纯二氧化氯消毒剂发生器和二氧化氯与氯气混合消毒剂发生器。

连续运行的二氧化氯发生器可能因压力过大发生爆炸，或因原料使用、运输、储存和管理不当造成泄漏事故。二氧化氯气体或水溶液有很强的腐蚀性，大部分金属甚至普通不锈钢均能被腐蚀。职业接触二氧化氯后，主要会引起眼、呼吸道和皮肤刺激，长期接触还可能导致慢性支气管炎，吸入高浓度二氧化氯可引发肺水肿，甚至死亡。

3. 臭氧发生设施

臭氧是一种极强的氧化剂，常用于工业废水处理，对废水进行净化和消毒，去除水中的酚、氰等污染物质以及异味。主要工艺设施由臭氧发生器和气水接触设备组成，使用的是低浓度臭氧。臭氧是一种刺激性气体，其职业接触的最高容许浓度为 0.3 mg/m^3，而人体对臭氧的感知浓度为 0.02～0.04 mg/m^3，与最高容许浓度相差一个数量级，员工在危险发生前可察觉到，因此发生中毒的可能性极低。

4. 化学试剂中毒

在污水絮凝、消毒、污泥脱水脱臭、排气等过程中，会使用多种化学试剂，如次氯酸钠、三氯化铁、氢氧化铁、氢氧化钙、盐酸、硫酸、氢氧化钠、重铬酸钾等，过量接触次氯酸钠可能会引起中毒，出现呼吸急促、咽喉肿痛、恶心、呕吐、腹痛、腹泻、皮肤和眼睛刺激等症状。因此，需要注意和管理这些化学品的使用风险。

5. 有限空间

污水处理设施中有许多空间有限且与外界相对隔离的场所，如收集池、调节池、贮泥池等。同时，污水处理过程中会产生多种气体，各个工艺环节产生的气体成分可能有所不同，但多为有毒有害的混合气体。例如，污水所携带的硫化物在处理设施和管道中遇到酸性废水会起反应，生成硫化氢气体。特别需要注意的是，在静置状态下，产生的硫化氢会封存在污水和污泥内部，一旦受到搅拌等冲击，会迅速扩散到大气中。硫化氢毒性很强，接触高浓度硫化氢后可导致电击样死亡，即在接触数秒或数分钟后呼吸骤停，造成作业人员中毒甚至死亡。如果人员缺乏职业安全意识，盲目施救，甚至可能发生连续下井、下池救人导致群死群伤的恶性事件。

二、触电

污水处理厂电气设备众多，设计有高低压变配电系统、各类设备的控制箱等。在日常操作和检维修过程中，由于操作不当、设备故障、接地保护系统失效等原因，可能发生触电事故。当通过人体的电流超过一定值时，人就会产生痉挛，无法自主脱离带电体；当通过人体的电流超过 50 mA 时，可能导致呼吸和心脏停止，致人死亡。可能发生触电的主要场所为高低压变电所、进水泵房配电室、加药间配电室、鼓风机房配电室、紫外线消毒渠配电室、污泥控制室配电室、脱水机房配电室、中心控制室、设备控制箱等。

1. 变电室及配电室

变电室及配电室发生触电伤害的概率远高于其他伤害，除设备自身原因外，大部分触电事故是由违章作业、违章指挥、违反劳动纪律引起的，例如，线路检修时未装设或未按规定装设接地线；装设接地线后未按规定检测；在带电设备附近工作时，安全距离不够或无保护措施；跨越安全围栏或安全警戒线时，工作人员误碰带电设备；未使用绝缘工具或未佩戴绝缘防护用品接触带电体等。

2. 电气线路

由于污水处理设备周边环境相对湿度大，存在酸、碱液等腐蚀介质，电气线路受外界环境等因素作用可能失去绝缘及保护功能，线路老化还可能造成漏电、短路，当作业人员触及这些设备而又无保护措施时，便会引起触电。

三、火灾

电气线路或设备绝缘老化破损、电气连接松动、空气潮湿、电压电流急剧升高等原因，可能导致空气击穿，引起气体游离放电，产生故障电弧。故障电弧中心温度可高达 3 000℃左右，伴有金属喷溅物，若周围有可燃物，即可引发电气火灾。

此外，污水处理厂除工艺构筑物外，还有附属构筑物，若建筑物及设施未采取有效的防雷防护措施或防雷性能失效，遇雷击时，雷电侵入波会沿电气线路传入户内及设备，造成设备损坏，易引发火灾事故。

四、爆炸

污水处理过程中一些工艺环节可能产生易燃易爆气体，如厌氧消化污泥或厌氧处理高浓度有机污水会产生沼气。当生产车间通气效果不佳时，积聚的沼气就可能形成爆炸性混合气体。若混合物浓度达到爆炸极限，遇明火、撞击或摩擦火花、电气火花、静电火花等点火源，就会发生爆炸事故。

在污水处理过程中，还有可能使用一些带有高压容器或管道的设备，如空压机储罐，若安全阀等安全装置失效，可能发生容器爆炸事故。

另外，还应关注化工企业排放的污水中可能存在可燃液体或气体，排入管道的各类物质可能会发生相互反应，在一定条件下也可能形成爆炸性混合物。

五、淹溺

污水处理过程需要一定的停留时间，沉砂池、初沉池、生化反应池、二沉池、消毒池（渠）等处理构筑物的有效水深一般为 3～6 m。操作工和管理人员需要经常在污水池上巡检，检修人员也需要在污水池上检修或更换设备。如果工作人员不慎落水，且污水中可能含有有毒有害气体和污泥，就可能造成溺水伤亡事故。

六、高处坠落

污水和污泥处理的构筑物，如进水格栅渠道、沉砂池、初沉池、生化反应池、二沉池、消毒池（渠）、泵房集水池、储泥池、消化池、沼气柜、污泥料仓等，具有容积大的特点，为实现重力流，构筑物顶部一般距地面 2～3 m，部分达到 10 m 及以上，池深一般为 3～7 m。若操作人员未佩戴有效坠落防护用品，不慎坠落池内或地上，可能导致四肢、躯干、腰椎等部位受冲击而重伤致残，或因脑部或内脏损伤而致命。

七、机械伤害

污水处理设施中大量使用机械设备，如水泵、搅拌器、推流器、风机、发电机等。在处理污水时，一旦机械设备失控或缺乏防护，与操作人员的肢体直接接触，就可能造成不可逆的损伤，引起机械伤害。主要的危险来自旋转部件，如粗格栅和压榨机、细格栅和压榨机、初沉池刮泥机、鼓风机、二沉池刮泥机、加药泵、消化池投泥泵、脱水机进泥泵、高密度泵等；其次是机械设备的动力传动部件，如轮齿、齿轮、链条、皮带等。

八、污水处理岗位危险有害因素辨识

按照污水处理的岗位，可能存在以下危险有害因素：

（1）水区运行岗：存在机械伤害、触电、中毒和窒息、淹溺、高处坠落等危险因素，以及生产性毒物、噪声等有害因素。

（2）泥区运行岗：存在机械伤害、触电、中毒和窒息、淹溺、高处坠落等危险因素，以及生产性毒物、噪声等有害因素。

（3）设施维修岗：存在机械伤害、化学危害、触电、高处坠落等危险因素，以及紫外线、焊接烟尘等有害因素。

（4）化验操作岗：存在中毒和窒息、灼烫、触电、容器爆炸等危险因素，以及生产性毒物等有害因素。

第三节 污水处理设施的安全管控

污水处理过程的安全控制，应根据安全风险的状态进行有效提示。针对辨识出的污水处理设施的危险源，应采取必要的技术和工程措施，加强设施的维修保养，确保设施处于良好状态。同时，加强班组安全管理，落实岗位安全责任制，严格执行安全和技术操作规程，以保证正常的生产运行。

一、中毒和窒息危险源的管控措施

1. 氯气消毒设施的安全措施

（1）氯气使用环节：车间及贮氯场所应安装氯气泄漏检测报警仪，配备两套以上重型防护服。液氯气化器、储罐等压力容器和设备应配置安全阀、压力表、液位计、温度计，并装设带压力、液位、温度远传记录和报警功能的安全装置。此外，还应设置整流装置与氯压机、动力电源、管线压力、通风设施或相应吸收装置的联锁装置。氯气输入、输出管线应设置紧急切断设施。氯气使用场所要有良好的局部排风和全面通风，避免大量氯气积聚。操作人员必须经过专业培训，严格遵守操作规程，熟练掌握操作技能，具备应急处置知识，并佩戴防护手套和其他适当的防护用品，如眼罩、防护衣等。

（2）存储环节：储存仓库应阴凉、通风，库房温度不宜超过 30℃，相对湿度不超过 80%，避免阳光直射。避免氯气与易燃或可燃物、醇类、乙醚、氢接触，切忌混储。储罐应远离火种、热源。保持容器密封。储存区要建在低于自然地面的围堤内，并备有泄漏应急处理设备。气瓶储存时，空瓶和实瓶应分开放置，并设置明显标志。

（3）装卸环节：搬运时应轻装轻卸，防止钢瓶及附件破损。吊装时，应将气瓶放置在符合安全要求的专用筐中吊运，禁止使用电磁起重机和链绳捆扎，或将瓶阀作为吊运着力点。同时，应配备相应品种和数量的消防器材及泄漏应急处理设备。

2. 二氧化氯发生设施的安全措施

二氧化氯的制备方法有很多种，水处理行业通常采用氯、盐酸或稀硫酸与亚氯酸钠或氯酸钠反应，或次氯酸钠酸化后与亚氯酸钠合成二氧化氯的方法生产。以亚氯酸钠为主要原料时，需注意其强氧化性，其性质活泼，遇碰撞或摩擦易爆炸，水溶液浓度超过 30%易爆炸，贮存和运输条件严格，包装需用金属桶，以防静电。使用时要轻拿轻放，避免与皮肤直接接触。盐酸、硫酸的采购、储存和使用应符合《危险化学品安全管理条例》的规定。二氧化氯对金属有腐蚀性，发生器应做好防腐蚀保护，产生的二氧化氯液体应即产即用。操作人员应严格按照发生器的使用说明书进行操作，且须佩戴防护手套和眼镜，做好呼吸道防护。发生器应放置在无爆炸介质、无易燃、无障碍、通风良好的场所，使用场所的二氧化氯职业接触限值应控制在时间加权平均容许浓度 0.3～0.8 mg/m^3，短时间接触容许浓度低于 0.8 mg/m^3。

3. 臭氧发生设施的安全措施

水处理中，臭氧多以氧气或富氧空气制成，臭氧发生设施所在的车间属乙类火灾危险。设施应置于地上，勿与变配电站紧邻。若为其供电的 10 kV 及以下变配电站用无门、窗、洞口的防火墙分隔，可一面贴邻，变配电站应符合《爆炸危险环境电力装置设计规范》（GB 50058—2014）等标准的规定。

污水处理使用的是含低浓度臭氧的空气，大量臭氧突然泄漏可能性极小。臭氧发生间的机械通风系统与事故通风系统合并设置，每小时换气8～12次，通风系统设置高位新鲜空气进口和低位室内空气排至室外高处的排放口。

4．预防化学试剂中毒的安全措施

在污水消毒、污泥脱水脱臭、排气等过程及水质分析化验中，需使用多种化学试剂，如盐酸、硫酸、氢氧化钠、次氯酸钠、三氯化铁、氢氧化铁、氢氧化钙等。使用这些试剂时必须注意以下事项：

（1）对危险化学品，必须制订保管、使用制度，并设专用保险柜双人双锁管理，禁止单人取用。试剂使用应设专职岗位，非本岗位人员不得使用。

（2）加热挥发性或易燃有机溶剂时，严禁用火焰或电炉直接加热，必须在水浴锅或电热板上缓慢进行。可燃性物质如汽油、酒精、煤油等物品，勿靠近电炉、火源或其他热源。

（3）加热蒸馏、高温消毒等用火或电热工作时，必须有人在现场负责看管。从电热炉、烘干箱或其他热处用手取玻璃仪器或试样时，要戴隔热手套。

（4）接触化学试剂的工作人员应按照岗位操作规程规范作业。如用移液管吸取水样或化学试剂时，勿用口吸，用橡皮球吸取；正确穿戴和使用个人防护用品，倾倒硝酸、硫酸、烧碱溶液、氨水和氢氟酸等强腐蚀性药剂时，必须佩戴好防护手套。

（5）使用挥发性溶剂、产生有害气体或加热消解时，必须在通风橱内进行。

（6）接触污水和试剂后，应及时洗手，手上有伤口时勿接触污水或试剂。避免化学试剂与皮肤、眼睛、衣服等直接接触，如不慎接触，应根据物性科学应急处置。如遇化学品大量泄漏等紧急情况，应按照应急预案上报险情并开展救援。

5．预防有限空间作业中毒的安全措施

（1）掌握污水的成分和性质，明确有毒有害物质的来源。对各排水管线的污染物浓度及变化规律要了然于胸。例如，酸性污水和含硫污水是造成下水道、阀门井等设施腐蚀以及硫化氢超标的直接原因，因此，要严格控制并及时检测酸性污水的pH和含硫污水的硫化物浓度。

（2）建立健全有限空间作业安全管理制度。主要包括安全责任制度、作业审批制度、作业现场安全管理制度、相关从业人员安全教育培训制度以及应急管理制度等。有限空间作业安全管理制度应纳入企业安全管理制度体系进行统一管理，可单独设立，也可与相应的安全管理制度有机融合。在制度和操作规程的内容方面，一方面要符合相关法律法规、规范和标准的要求，另一方面要充分结合污水处理设施的特点和实际情况，确保其科学性和可操作性。

（3）辨识有限空间，并建立健全管理台账。逐一清查企业污水处理设施中存在的封闭或部分封闭、进出口受限但人员能够进入、非固定工作场所、通风不良且易造成有毒有害、易燃易爆物质积聚或含氧量不足的空间，确定有限空间的数量、位置、名称、主要危险有害因素等基本情况，建立管理台账并及时更新。

（4）设置明显的安全警示标志或安全告知牌。对辨识出的有限空间作业场所，应在显著位置设置安全警示标志或安全告知牌，以提醒人员增强风险防控意识并采取相应的防护措施。

（5）开展有限空间作业安全专项培训。企业应对有限空间作业的分管负责人、安全管理人员、作业现场负责人、监护人员、作业人员以及应急救援人员进行专项安全培训。参加培训的人员应在培训记录上签字确认，单位应妥善保存培训相关材料。培训内容主要包括：有限空间作业安全基础知识，安全管理要点，危险有害因素和安全防范措施，安全操作规程，安全防护设备、个体防护用品及应急救援装备的正确使用方法，紧急情况下的应急处置措施等。企业分管负责人和安全管理人员应当具备相应的有限空间作业安全生产知识和管理能力。有限空间作业现场负责人、监护人员、作业人员和应急救援人员应当了解和掌握有限空间作业的危险有害因素及安全防范措施，熟练掌握有限空间作业安全操作规程、设备使用方法、事故应急处置措施以及自救和互救知识等。

（6）配备有限空间作业安全防护设备设施。为确保有限空间作业安全，单位应根据作业环境和作业内容，配备气体检测设备、呼吸防护用品、坠落防护用品、其他个体防护用品以及通风设备、照明设备、通信设备以及应急救援装备等。单位应加强设备设施的管理和维护保养，指定专人建立设备台账，负责维护、保养以及定期检验、检定和校准等工作，确保设备设施处于良好状态。若发现设备设施影响安全使用，应及时修复或更换。

（7）建立有限空间作业审批和现场管理制度。在进入泵站集水井、沉淀池等有限空间作业前，应进行作业环境安全风险辨识，分析危险有害因素，提出消除、控制危害的措施，编制作业方案，并经单位相关人员审核和批准。根据作业方案，确定作业现场负责人、监护人员、作业人员，并明确其安全职责。根据实际情况，现场负责人和监护人员可由同一人担任。在作业过程中，应根据实际情况采取适当的方式对有限空间作业面进行实时监测，如监护人员在有限空间外使用泵吸式气体检测报警仪对作业面进行监护检测，或作业人员自行佩戴便携式气体检测报警仪对作业面进行个体检测。除实时监测外，在作业过程中还应持续通风。在进行涂装、防水、防腐，以及焊接等动火作业时，应持续进行机械通风。作业完成后，作业人员应将全部设备和工具带离有限空间。在确认有限空间内无人员和设备遗留后，关闭进出口。解除作业前采取的隔离、封闭措施，恢复现场环境后安全撤离作业现场。

（8）制定应急救援预案并定期演练。企业应根据有限空间作业的特点，辨识可能的安全风险，明确救援工作分工及职责、现场处置程序等。按照《生产安全事故应急预案管理办法》（应急管理部令　第 2 号）和《生产经营单位生产安全事故应急预案编制导则》（GB/T 29639—

2020），制定科学、合理、可行、有效的有限空间作业安全事故专项应急预案或现场处置方案。定期组织培训，确保有限空间作业现场负责人、监护人员、作业人员以及应急救援人员掌握应急预案内容。有限空间作业安全事故专项应急预案应每年至少演练 1 次，现场处置方案每半年至少演练 1 次。

（9）加强有限空间发包作业管理。将有限空间作业发包的承包单位应具备相应的安全生产条件，即应满足有限空间作业安全所需的安全生产责任制、安全生产规章制度、安全操作规程、安全防护设备、应急救援装备、人员资质和应急处置能力等方面的要求。发包单位对发包作业安全承担主体责任。发包单位应与承包单位签订安全生产管理协议，明确双方的安全管理职责，或在合同中明确约定各自的安全生产管理职责。发包单位应对承包单位的作业方案和实施的作业进行审批，对承包单位的安全生产工作统一协调、管理，定期进行安全检查，发现安全问题及时督促整改。

二、触电危险源的管控措施

预防污水处理设施中电气设备、电气线路引发的触电事故，必须遵守以下安全用电要求：

（1）用电作业人员须经过专门培训，考核合格后持电工证上岗。

（2）遵守安全用电操作规程，操作时使用必要的绝缘工具，并遵守保养和检修电器的工作票制度。

（3）制定电气设备维护保养制度，按计划进行安全检查。检查内容包括：电气设备绝缘有无破损；电气设备金属外壳是否有效接地；绝缘电阻是否合格；设备裸露带电部分是否有保护；保护接零线或接地是否正确、可靠；保护装置是否符合要求；经常接触和使用的配电箱、配电板、刀开关、按钮、插座、插销、导线等电气连接部位是否完好；安全用具和电器灭火器是否齐全等。

（4）发现电气设备故障时，及时断电并请专业人员维修，不得随意拆装、修理电气设备。

（5）任何电气设备在未验明无电之前，一律视为有电，不得盲目触及。

（6）电器设备要有适当的防护装置或警告牌，对标有“禁止合闸”“有人操作”等字样的标志牌，无关人员不得移动。

三、火灾危险源的管控措施

预防电气火灾可采取以下措施：

（1）对用电线路进行巡查，检查线路上所有连接点是否牢固可靠，电线附近是否存放易燃可燃物品，线路是否老化破损。一旦发现问题，应及时整改。

（2）在设计和安装电气线路时，确保导线和电缆的绝缘强度不低于网路的额定电压，同时根据电源电压选择合适的绝缘子。

（3）安装线路和施工过程中，要避免划伤、磨损、碰压导线绝缘，并注意导线连接接头质量及绝缘包扎质量。

（4）在特别潮湿、高温或有腐蚀性物质的场所，严禁绝缘导线明敷，应采用套管布线。

（5）严禁乱接乱拉导线，安装线路时，要根据用电设备负荷选择相应截面的导线。导线与导线之间、导线与建筑构件之间及固定导线用的绝缘子之间的间距应符合规程要求。

（6）定期检查、维修、更换消防器材和设施，以利于及时扑救初期火灾。

另外，除工艺构筑物外，污水处理设施还有配套的附属构筑物，要做好建（筑）构物的雷电防护装置，并定期检测，确保防雷性能有效。

四、爆炸危险源的管控措施

1. 压力容器的安全管理

定期对压力容器进行检验，包括其压力表、安全阀和压力泄放装置，以保证压力容器在工作时压力不会超出其承受极限。

2. 污水处理设施的防爆措施

（1）消除火源。对可能产生电气火花、静电火花、雷击火花、摩擦和撞击火花的地点，结合出现易燃易爆气体的可能性采取相应的防护措施。在维修时，如果需要动火，须进行作业审批。

（2）控制易燃、助燃物的量。污水中含有易燃性挥发性物质时，集水池应设置成封闭式，在集水池平面距离最大的两点设通风孔，使集水池液面以上的空气形成最大限度的对流，在合适的位置安装高空排放的排气筒，必要时还要安装风机强制通风，防止易燃气体积聚。

（3）特别措施。污泥消化池和管道内部有较高浓度的甲烷，比其他设施危险性要高。对消化池和管道内部进行清扫、检查、修理时，需要用空气把消化气置换出来，但直接置换会形成易燃易爆的混合气体，因此，要先用氮气置换消化气，再用空气置换氮气。在使用排风机时，要尽量把送风口和排风口的距离设置得远一些。消化气置换后，及时除去污泥并用水进行清洗。要特别注意，残留的污泥会产生释放出甲烷并可能导致缺氧，所以应连续换气。

3. 厌氧系统的安全管理

（1）防止甲烷等沼气爆炸。厌氧消化污泥或厌氧处理高浓度有机污水会产生沼气，其中 CH_4 占 50%～75%，CO_2 占 20%～30%，其余是 H_2、CO、N_2、H_2S 等。沼气的爆炸极限为 8.6%～20.8%（以体积计），因而在厌氧处理系统的运行中，必须高度重视沼气可能引起的爆炸问题。厌氧系统为重点防火区，应设置明显的防火区域标志，沼气系统周围应设防护栏，严禁无关人员进入。沼气系统使用防爆型电气设施、计量仪表，房屋建筑要按有关规定采取防爆措施，如设置泄漏天窗，门窗与墙的比例、非承重墙与承重墙的比例等要达到防爆要求。同时，应严禁在巡检、维修等过程中出现明火。

（2）沼气的处理和排放。为防止污染大气，不允许将沼气直接排放到大气中。沼气无法利用时，可安装燃烧器将其焚烧。燃烧器通常能自动点火和自动灭火，必须安装在安全地区，且便于容易监视。燃烧器与消化池盖或贮气柜之间的距离须在 15 m 以上。沼气柜因故放空时，应间断进行，严禁将原来贮存的沼气一次性排入大气。另外，放空时还要注意下风向是否有明火或热源。

（3）检测与维护。为杜绝沼气的泄漏，要定期对厌氧系统进行有效的检测和维护，发现泄漏立即停气修复，并确保作业安全。在进入厌氧反应器内作业之前要进行空气置换，并对其中的甲烷和硫化氢浓度进行检测，符合安全要求后才能进入。作业中要有强制排风措施或连续向池内通入压缩空气。检修过的厌氧反应池、管道和贮存柜等相关设施，重新投入使用前必须进行气密性试验，合格后方可使用。埋地沼气管道上面不能有建筑物或堆放障碍物。

在沼气管道阀门及其他可能逸出沼气的地点，应该设置在线可燃气体报警器，并定期检查其可靠性，防止误报。

4．静电和雷电防护

对厌氧反应器及贮气柜等设施设置防雷装置，罐顶安装避雷针，避雷针需与钢顶盖进行可靠焊接。为防止静电，沼气管路均应设可靠接地，并控制气体流速，以减少静电产生。

5．消防器材和设施

在设备设施周围配备有效的消防器材和设施，并安排专人负责，确保其随时可用。

五、淹溺危险源的管控措施

工作人员在污水处理设施上巡检或在污水池上检维修设备，需要防止淹溺事故发生，为此可采取以下措施：

（1）污水池等构筑物必须安装符合国家有关规定的防护栏杆，栏杆高度应不低于1.2 m。

（2）设施边缘的人行通道应保持平整，并要有防滑措施。同时，要及时清理走道上的积水、积雪和杂物。特别是雨、雪、风天和结霜的季节，工作人员在构筑物的爬梯和池顶行走时，应握紧栏杆，注意脚下安全。

（3）工作人员巡检时，不准随便跨越栏杆，如工作需要必须跨越，应穿好救生衣或系好安全带，并有专人监护。在没有栏杆的污水池上作业时，必须穿救生衣。

（4）污水池区域必须设置救生圈等救生设备，以备救援之用。

（5）定期检查各种井盖、排水沟盖板、池盖、走道踏板等设施，一旦发现腐蚀或损坏，应及时更换。

（6）在可能发生淹溺事故的危险源处设置安全警示标志，以提醒工作人员注意安全。

六、高处坠落危险源的管控措施

防止高处坠落事故，既要关注在坠落高度基准面 2 m 及以上高处进行的作业，也要关注作业时的上下攀登。为确保高处作业安全，需要注意以下事项：

（1）高处作业人员必须经过专业技术培训，考核合格后持证上岗，并定期进行健康检查，确保身体状况符合高处作业要求。

（2）高处作业现场应安排安全监护人负责监督作业安全。作业前，作业人员和安全监护人应共同检查和清理好现场，使其符合安全要求，不得堆放与作业无关的物料，并检查脚手架、扶梯等登高工具的完好情况。

（3）登高作业时，作业人员应穿防滑鞋，正确佩戴安全帽、安全带等劳动防护用品。严禁作业人员跨越或攀登防护栏杆、脚手架及平台等临时设施的构件。

（4）定期检查检修爬梯、防护栏杆、踢脚板等的腐蚀情况，以确保其结构稳固可靠。

（5）遇有 6 级及以上强风、浓雾等恶劣天气，不得进行露天高处作业。

七、机械伤害危险源的管控措施

预防污水处理设施中设备所引发的机械伤害事故，需要注意以下事项：

（1）制定并落实设备安全操作规程。确保所有操作人员接受全面的专业培训，考核合格后方可上岗操作设备。

（2）做好设备的维护保养工作。对机器的旋转部件，如传动带、齿轮、连轴器等，必须安装设防护罩。

（3）做好人机分隔，对于设备开动有危险的区域严禁人员进入。

（4）为设备使用创造必要的环境条件，确保机器发挥良好的性能。

（5）加强设备检修中的安全管理。设备有故障时，应及时停机检修；检修完成后，必须确认现场安全无误，所有人员处于安全状态后，方可启动。

【典型的污水处理设备设施事故案例】

案例一：2021 年 5 月 24 日，位于宜宾市长宁县某笋类食品厂在废水处理间进行检维修作业时发生一起中毒窒息事故，造成 7 人死亡、1 人受伤，直接经济损失约 761.95 万元。

事故单位某笋类食品厂成立于 2010 年，经营范围包括蔬菜制品（酱腌菜）加工、销售以及预包装食品和散装食品的销售。该厂在 2010 年 10 月 13 日取得《全国工业产品生产许可证》，发证机构为四川省质量技术监督局；2014 年 1 月 24 日，许可证续期至 2016 年

10月11日，发证机构为四川省食品药品监督管理局；2016年10月18日，再次续期（换发）《食品生产许可证》，发证机构为宜宾市食品药品监督管理局，有效期至2021年10月17日。

事故发生前，该厂有18名员工，其中13人在2021年5月4—24日于厂内进行生产作业。事故发生时，工厂正处于生产状态，主要操作工序为原料清洗、腌渍储存、清洗浸泡、切分选拣和装桶。

5月4日，该笋类食品厂废水处理曝气风机和废水提升泵的两个交流接触器严重锈蚀失效，无法正常运行，处于停机状态。其间，该厂未向有关部门报告，仍继续生产且废水照常排入废水处理设施。

5月24日12时40分，企业负责人张某请来电工周某维修。周某先后更换了曝气风机交流接触器、废水提升泵交流接触器，并试机正常后关机交付张某。14时03分，周某离开工厂。张某重新启动曝气风机后，安排刘某维修4#池（调节池）提升泵出水管道，并向1#池（好氧池）撒了约10 kg面粉（系为好氧微生物提供营养物质），于14时42分离开工厂。14时47分，张某进入废水处理间，此时，刘某正在废水处理间对4#池提升泵废水管软管脱落进行恢复修理。14时48分25秒，清洁工黄某进入废水处理间，看到张某、刘某倒在废水池边上，遂跑出呼救。14时48分45秒，袁某、冯某、李某等人听到“有人触电出事”的呼救后先关闭电闸再进入废水处理间施救，将张某从4#池内拖出，仰放于4#池的木排上。袁某和冯某先后晕倒在3#池（除磷池）与4#池中间的隔墙上，2人在消防员救援前掉入3#池。李某摔倒后爬出废水处理间，在短暂昏迷苏醒后打电话给张某。14时50分55秒，跟随前去施救的龙某晕倒在废水处理间门洞处，被韩某、周某抬出施救。14时56分，李某再次进入废水处理间，与其他施救人员拆掉废水处理间的塑料隔板，将张某、刘某抬至废水处理间外过道的空旷处。15时周围群众在听到呼救后，从后门进入厂区施救时将厂区电源总闸关闭（视频监控设施断电），邻居周某、周某某、孟某相继进入废水处理间参与施救时均掉入4#池。事故原因分析指出，由于4#池提升泵故障，7#池（格栅池）的废水通过临时管道直接排入5#池（厌氧池），废水在5#池内经过硫酸盐还原菌等厌氧微生物的作用，产生了硫化氢、甲烷等有毒有害气体。这些气体随后流入1#池，但由于曝气风机停运，1#池内的微生物群落从好氧转变为兼氧和厌氧状态，进一步产生了硫化氢等有毒有害气体并持续富集。当曝气风机重新启动后，大量空气进入1#池，破坏了废水和污泥中溶解的硫化氢等气体的稳定状态，导致气体迅速释放。由于废水处理间内通风不良且相对密闭，气体浓度迅速增加，导致作业及施救人员中毒窒息。

经事故调查组认定，此事故是一起生产安全责任事故。直接原因为该厂废水处理间好氧池曝气风机发生故障，其间企业未停止生产。

间接原因如下：

（1）企业违法生产。在废水处理设备故障停机后，企业未按照《四川省环境保护条例》第四十二条规定向生态环境部门立即报告并停止运行相应的生产设施，仍然继续违法组织生产。

（2）有限空间作业管理严重缺失。企业对废水处理间危险性认识不足，未辨识出可能产生硫化氢等有毒有害气体的风险且未遵守有限空间作业审批、管理、“先通风、再监测、后作业”等有关规定。

（3）应急处置失当。企业未制定事故应急救援预案，未组织开展应急救援培训、演练；未配备必要的防护装备、救援物资和有毒有害气体检测报警仪；从业人员缺乏基本安全常识和应急处置能力，盲目施救。

（4）废水处理设施设计存在重大缺陷。未按照《工业企业总平面设计规范》（GB 50187—2012）的规定进行废水处理间选址分析和总平面布置设计；未按照《工业企业设计卫生标准》（GBZ 1—2010）6.1.5 条及 6.1.6 条的规定，进行通风、排毒设计和有毒有害介质自动报警或者检测装置设计；未按照《鼓风曝气系统设计规程》（CEC S97—97）5.1.11 条的规定，设计配备备用风机。

案例二：2020 年 6 月 19 日，保定市某污水处理厂（以下简称污水处理厂）深度处理工程施工现场发生一起坠落事故，造成 2 人死亡，直接经济损失约 280 万元。

天津某建筑工程有限公司（以下简称建筑工程公司），成立于 2008 年，经营范围包括土木建筑工程、水利工程、市政照明工程施工、河道清淤，废旧建筑物拆除，管道、消防设备、机电设备、通风设备、电梯安装、装饰装修材料、劳动服务，建筑工程造价等。安全生产许可证证书有效期至 2021 年 9 月 20 日，许可范围为建筑施工，建筑业企业资质证书有效期至 2021 年 8 月 14 日，资质类别及等级为模板脚手架专业承包不分等级。

天津某安装工程有限公司（以下简称安装工程公司），成立于 1969 年，安全生产许可证有效期至 2022 年 12 月 8 日，许可范围为建筑施工，建筑业企业资质证书有效期至 2021 年 6 月 1 日，资质类别及等级：市政公用工程施工总承包一级；机电工程施工总承包一级；钢结构工程专业承包一级。此外，还有电子与智能化工程专业承包一级；建筑机电安装工程专业承包一级；建筑工程施工总承包二级；石油化工工程施工总承包二级；消防设施工程专业承包二级；建筑装修装饰工程专业承包二级；电力工程施工总承包三级；环保工程专业承包三级；施工劳务不分等级。

污水处理厂深度处理工程是一项市政工程，规模为 8 万 t/d，概算总投资 18 506 万元，主要建设内容包括土建、设备采购、电气和管道施工，为中央环保专项资金建设项目。该工程于 2017 年 5 月正式立项，2018 年 5 月开始进场施工，2019 年 11 月底开始通水试运行。

事故发生在排水阀门井，位于西南侧中部位置的高级氧化池北侧 2.1 m 处，事故井口周围斜边土坡结构且高于井口，西侧斜度约为 45°，其他周边约为 30°。该事故阀门井深度为 5.9 m，井口直径 0.7 m，井内部西侧位置砌有手扶爬梯。阀门井已投入使用，现阶段施工是安装电动自动控制阀门系统，所需电源需要在排水阀门井旁边设置一个开关箱，挖一条电缆沟与排水阀门井连接，并在电缆沟敷设电缆后安装该自动系统。

2020 年 6 月 19 日 14 时 30 分许，建筑工程公司现场负责人常某雇用的挖掘机（司机刘某）在高级氧化池北侧平整土地，并在该场地根据前几日划好的白线从东往西挖一条通到排水阀门井的电缆沟（深 0.5 m、宽 0.3 m）。

当日中午，休班的宋某得知下午挖掘机要比照前几日划好的白线开始挖电缆沟，为了印证前几日划的白线是否准确，自行来到施工现场进行察看。此时阀门井的井口被之前在其附近挖管道沟翻出的砂土形成的土堆覆盖，不能观察到井口的具体位置。宋某使用铁锨将排水阀门井上的砂土铲开。17 时左右，覆盖在井口上面的土层被逐渐铲除掉，露出了排水阀门井口上面的临时性木质盖板。此时，距离阀门井东侧约二三米的挖掘机司机刘某发现站在井口铲土的宋某突然掉入井内。

建筑工程公司员工贺某听到喊声，在未佩戴任何防护用品的情况下，下井救人，几秒钟后晕倒在井底。位于项目部办公室的尹某即与王某一起赶往阀门井现场，在未佩戴防护用品的情况下，先后到井下进行施救，下井后尹某立即晕倒在地，王某在井下感到不适，开始向井口爬。17 时 07 分，豆某跑到阀门井现场，佩戴好自带式空气呼吸器下井对井底下的 4 人进行施救，用绳子拴住王某，井口的人将王某拽到地面，豆某在井下感到不适，自己便攀爬到地面。

王某被救到地面后，立即被赶到事故现场的“120”救护车送往医院救治。此时，“119”消防救援车也已经赶到事发现场，先后将井底下的尹某、贺某、宋某施救到井上，随即送到医院进行抢救。宋某、王某经抢救无效死亡，尹某、贺某经治疗后出院。

这是一起因现场管理缺失且未遵守总承包单位的安全生产管理规定导致的一起一般生产安全责任事故。事故发生的直接原因是井口周边的沙土没有彻底清除达到平坦状态，阀门井临边土堆呈 30°～45°斜坡，地面不符合人体站立的安全环境。宋某安全意识淡薄，私自进入危险作业场所施工，未采取任何防护措施，移开覆盖在阀门井口的临时性木质井盖，失足坠落到 5.9m 深的井底。贺某、尹某、王某在未佩戴任何防护用品、安全用具的情况下，盲目冒险下井施救，导致事故扩大。

事故发生的间接原因包括：

（1）建筑工程公司未经总承包单位批准私自雇用人员和设备进行施工，且对人员、设备的管理培训不到位，未按照原施工方案进行施工组织，现场管理不到位，作业人员违反规定私自进入施工现场，盲目作业。

（2）安装工程公司对项目部管理不到位。公司派驻的项目经理长期不在位，员工教育培训不到位，安全意识淡薄，应急救援演练及培训不到位，应急预案编写及演练流于形式，未组织有限空间作业的全员培训。

（3）市政监理公司对安装工程公司项目经理长期不在位的情况和施工作业现场监理不到位，未及时发现和纠正施工单位未按规定进行应急救援预案演练、对未按规定进行有限空间作业全员培训等问题。

（4）保定市城市管理综合行政执法部门，对建设项目行政监管不到位，未及时发现和纠正施工单位存在的项目经理长期不在位、未按规定进行有限空间作业全员培训等问题。

案例三：2022 年 5 月 17 日上午 8 时 54 分，福建红庙岭某环保公司，10 万 m^3 调节池上方，外包作业人员违规使用氩弧焊对除臭设施风管的漏点进行焊接施工，导致燃爆事故，造成 3 人死亡、3 人受伤。5#、6#池顶盖坍塌，池顶除臭装置损坏，直接经济损失约 1 800 万元。

该环保公司成立于 2014 年，经营范围包括城市污水处理及其再生利用；垃圾渗滤液收集及处理、环境污染治理设施的投资、建设、运营等，是某环保集团股份有限公司独立法人的全资子公司，负责 10 万 m^3 新调节池项目的实际管理。

福建某环保科技公司成立于 2015 年，经营范围包括大气污染治理、水污染治理、生态环境监测及检测仪器仪表销售等。受该环保公司委托对 10 万 m^3 方新调节池进行除臭设施提升。

福建某设计研究院公司成立于 2006 年，负责市政、环保工程技术咨询、设计，投资入股该 10 万 m^3 新调节池的除臭设施提升项目。该公司工程师陈某负责除臭设施提升项目的具体管理。

福州某金属制品公司成立于 2018 年，负责为 10 万 m^3 新调节池除臭设施提升项目制作配套风管。

福州市红庙岭垃圾综合处理中心是福州市城市管理委员会直属事业单位，负责生活垃圾的无害化处理和综合利用。

10 万 m^3 新调节池项目业主为福州市红庙岭垃圾综合处理中心，市水务集团为代建业主。新调节池于 2018 年 12 月建成，2020 年 1 月通过竣工验收，2021 年 10 月环保竣工验收，实际管理单位为前述环保公司。

2022 年 2 月，福州市红庙岭垃圾综合处理中心要求福建红庙岭海峡环保有限公司进行除臭整改，并列明 7 个臭源点，包括新调节池。3 月，由于臭气问题未解决，该中心再次发出告知函。

4 月，前述环保科技公司提交除臭方案，并开始安装除臭设备。

5 月 6 日，发现配套弯管有裂缝，5 月 16 日，该环保科技公司派人到现场察看并处理裂缝。5 月 17 日 8 时 30 分罗某等 4 名作业人员进场用氩弧焊焊接处理。

8 时 54 分，作业人员准备完毕，开始氩弧焊作业，朱某、张某用手扶风管，范某持焊枪操作，范某在焊第二下时风管发生燃爆，引爆新调节池 5#、6#池内可燃气体，6#池顶盖撕裂，大面积坍塌，5#池顶盖部分坍塌，池上除臭装置构筑物断裂移位，朱某、张某、范某被倒塌的除臭装置构筑物埋压，徐某、林某、罗某掉落6#污水池死亡，朱某、张某、范某3人受伤。

事故的直接原因是作业人员不了解作业的风管内充满易燃易爆的混合气体，未办理动火作业证，在没有对作业的不锈钢管道进行隔离、清洗、置换、监测的情况下，进行氩弧焊作业。

间接原因设计多个层面的安全生产管理缺失：

（1）该环保公司安全生产责任制不够健全，未与承包单位某环保科技公司签订安全生产管理协议，也未约定各自的安全生产管理职责，未对除臭设施提升项目施工及风管维保进行统一协调管理、安全监管，未对需动火作业的不锈钢管道进行隔离、清洗、置换、监测，未制止4名工作人员携带焊接设备到易燃易爆区域违规动火作业。

（2）该环保科技公司未落实全员安全生产责任制，未组织制定安全生产规章制度和操作规程，未组织制订并实施安全生产教育和培训计划。未对除臭设施提升项目施工和维保进行安全管理。未审核4名工作人员的电焊工特种作业操作证，未告知罗某等人调节池存在的危险有害因素，未要求做好防范措施及事故应急措施，致使罗某等人在易燃易爆区域违规动火作业。

（3）该金属制品公司安全生产主体责任落实不到位。安全教育培训不到位，致使罗某带领未取得电焊工特种作业操作证的范某、朱某、张某违规进行氩弧焊作业。

（4）福州市红庙岭垃圾综合处理中心指导监督检查该环保公司不到位，对该公司在易燃易爆区域增设除臭设施过程中的安全生产违法违规行为失察失管。

（5）福州市城市管理委员会履行行业安全生产监管不够到位，指导督促福州市红庙岭垃圾综合处理中心和该环保公司安全生产工作浮于表面，未发现该环保公司未辨识出调节池内气体的易燃易爆风险。

（6）晋安区新店镇政府未对红庙岭园区内的企业开展监督检查，落实安全生产属地监管不到位。

思考题

1. 污水处理设施可能存在哪些主要风险？
2. 在污水处理设施运行过程中，各工作岗位存在哪些危险有害因素？
3. 简述污水处理过程中存在中毒和窒息风险的环节和设施，以及相应的管控措施。
4. 简述污水处理过程中存在触电风险的环节和设施，以及相应的管控措施。
5. 简述污水处理过程中存在火灾风险的环节和设施，以及相应的管控措施。

第四章　通风除尘设施的风险辨识与安全管控

通风除尘设施是一种旨在改善室内空气质量的系统，主要用于去除空气中的尘埃、颗粒物、有害气体及其他污染物。其在工业、商业及一些特殊场所中被广泛应用，以保障健康、提高生产效率，并确保环境安全。通风除尘设施的设计和配置因特定用途和行业需求而有所不同。这些设施对于工业生产、实验室、医疗机构及其他需要保持空气清洁的场所至关重要。通过使用通风除尘设施，可以减小空气污染对健康和环境的负面影响。

当通风除尘设施中输送的粉尘为可燃性粉尘时，一旦发生粉尘爆炸，压力持续时间长，且易引发二次爆炸，所产生的能量和破坏作用远大于气体爆炸，较之 VOCs 环保设施的爆炸危害更为严重。2014 年 8 月 2 日，昆山中荣金属制品有限公司抛光二车间发生特别重大铝粉尘爆炸事故，当天造成 75 人死亡、185 人受伤，事故发生后 30 日报告期内共有 97 人死亡、163 人受伤，直接经济损失达 3.51 亿元。此外，除尘设施也可能因结构强度问题，发生灰斗掉落、壳体吸瘪，甚至整体坍塌事故。2022 年 2 月 15 日，上海外高桥发电有限责任公司 2 号锅炉布袋除尘器钢结构支撑件因老化、强度降低，支撑件连接部位断裂，发生坍塌，造成 6 人死亡。

本章主要聚焦于可燃性粉尘，介绍通风除尘设施的组成、结构及工作原理，并进行通风除尘设施的风险辨识与安全管控。

第一节　通风除尘系统的组成

通风除尘系统通常由集气罩、风管、风机、除尘器以及控制装置组成。

一、集气罩

（一）集气罩种类

集气罩的功能在于控制或排除生产过程中产生的有害物质扩散和传播，其形式多样，按作用原理可分为密闭罩、柜式集气罩、外部吸气罩、槽边吸气罩、接受式吸气罩、吹吸罩等几种基本类型。

1. 密闭罩

密闭罩将有害物源完全密闭在罩内，隔断生产过程中形成的有害物与作业场所二次气流的联系，防止粉尘等有害物随气流传播到其他部位，如图 4-1 所示。在密闭罩内，设施及物料的运动使空气温度升高、压力增大，罩内形成正压。由于密闭罩结构并非绝对严密（存在孔或缝隙），粉尘会随着一次尘化过程，沿孔隙冒出。为此，在罩内还必须进行排风，使罩内形成负压，这样便能有效控制有害物质的外溢。为避免物料过多地随排尘系统排出，密闭罩的形式、罩内排风口的位置、排风速度等要选择得当、合理。防尘密闭罩的形式应根据生产设施的工作特点以及含尘气流的运动规律来确定。排风点应设在罩内压力最高的部位，以利于消除正压。排风口不能设在含尘气流浓度高的部位。罩口风速不宜过高，通常采用下列数值：

筛落的极细粉尘　$v = 0.4 \sim 0.6$ m/s

粉碎或磨碎的细粉　$v < 2$ m/s

粗颗粒物料　$v < 3$ m/s

密闭罩只需较小的吸风量就能在罩内形成一定的负压，能够有效控制有害物的扩散，而且集气罩气流不受周围气流的影响。其缺点是工人不能直接进入罩内检修设施，有时也无法看到罩内设施的工作状况。

密闭罩的形式有多种，大致可分为 3 类：

（1）局部密闭罩

局部密闭罩将有害物源部分密闭，工艺设施及传动装置设在罩外，如图 4-2 所示。这种密闭罩罩内容积较小，所需抽气量也较小。它适用于含尘气流速度较低、瞬时增压不大，且存在集中连续扬尘点的情况，如转载点等。

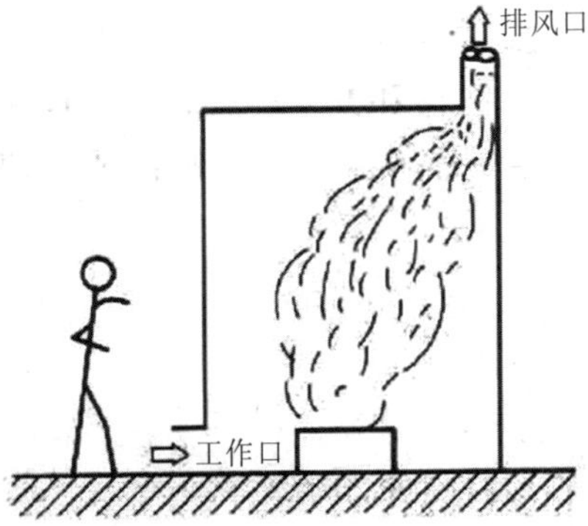

图 4-1　密闭罩示意图

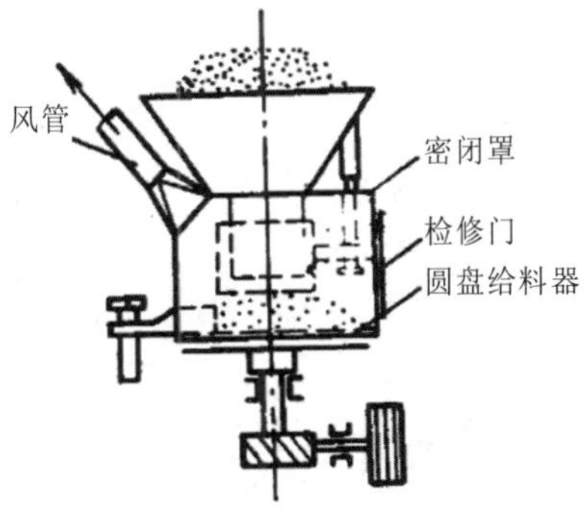

图 4-2　局部密闭罩

（2）整体密闭罩

整体密闭罩将产生有害物的设施大部分或全部密闭起来，仅将设施的传动部分设置在罩外。其特点是密闭罩本身自成一体，易于密闭，可通过罩外的观察孔对设施进行监视，设施传动部分的维修也在罩外进行。如图 4-3 所示。

（3）大容积密闭罩

大容积密闭罩将有害物源及传动机构全部密闭起来，形成独立小室。其特点是罩内容积较大，可缓冲气流，降低局部正压。通过罩外的观察孔对设施进行监视，设施传动部分的维修在罩内进行。这种方式适用于有振动的设施或产尘气流速度较大的场所，如图 4-4 所示的振动筛。

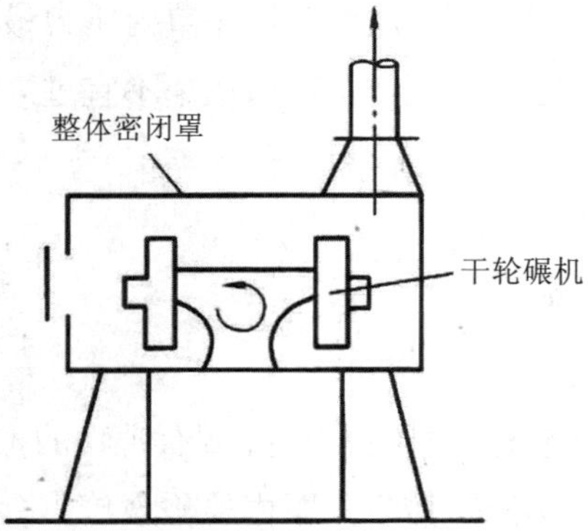

图 4-3 整体密闭罩图

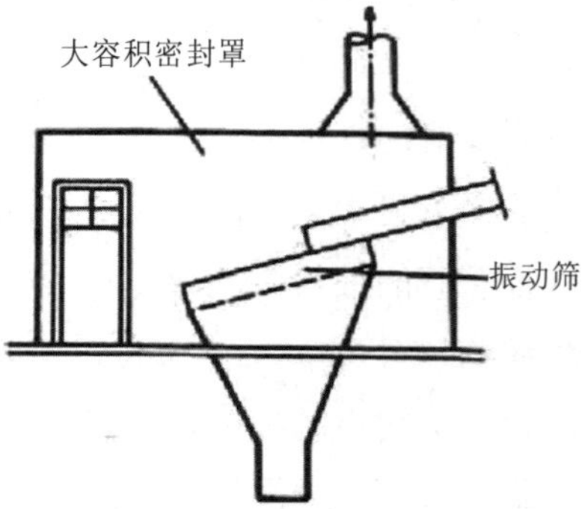

图 4-4 振动筛的大容积密闭罩

2. 柜式集气罩

柜式集气罩俗称通风柜，其结构形式与密闭罩相似，只不过罩的一侧可全部敞开或设操作孔，操作人员可以将手伸入罩内，或人直接进入罩内工作。小零件喷漆柜、化学实验室通风柜是柜式集气罩的典型结构，如图 4-5 所示。

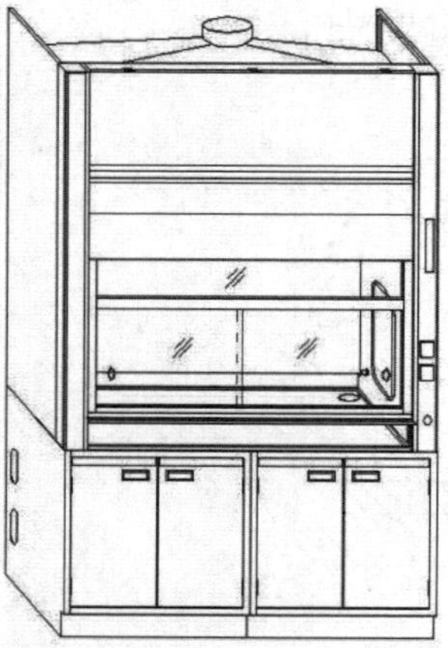

图 4-5 柜式集气罩（通风柜）

根据排风形式，柜式集气罩通常有以下三种类型：

（1）上部柜式集气罩

上部柜式集气罩是热过程通风柜采用上部吸风时气流的运动情形。工作孔上部的吸入速度为平均流速的 150%，而下部仅为平均流速的 60%。热过程的通风柜一般采用上部柜式集气罩。

（2）下部柜式集气罩

下部柜式集气罩因工作孔上部的吸入速度大，下部平均流速小，有害气体会从下部逸出。为改善这种状况，柜内应加挡板，并把排风口设在通风柜的下部。

（3）上下联合柜式集气罩

上下联合柜式集气罩热过程通风柜内的热气流要向上浮升，如果像冷过程那样在下部吸气，有害气体就会从上部逸出。热过程的通风柜一般采用上部柜式集气罩，因此，对于发热量不稳定的过程，可在上下均设排风口，它可随柜内发热量的变化，调节上下吸风量的比例，使工作孔的速度分布更为均匀。

3．外部吸气罩

由于工艺条件的限制，当生产设施无法密闭时，可将集气罩设在有害物源附近，依靠风机在罩口造成的抽吸作用，在有害物散发地点营造一定的气流运动，将有害物吸入罩内，这类吸风罩统称为外部吸气罩。当污染气流的运动方向与罩口的吸气方向不一致时，如图 4-6 所示，需要较大的吸风量。

4．槽边吸气罩

槽边吸气罩是外部吸气罩的一种特殊形式，如图 4-7 所示，专门应用于各种工艺槽，如电镀槽、酸洗槽等。它是为了不影响工人操作而在槽边上设置的条缝形吸气口。槽边吸气罩分为单侧和双侧两种。

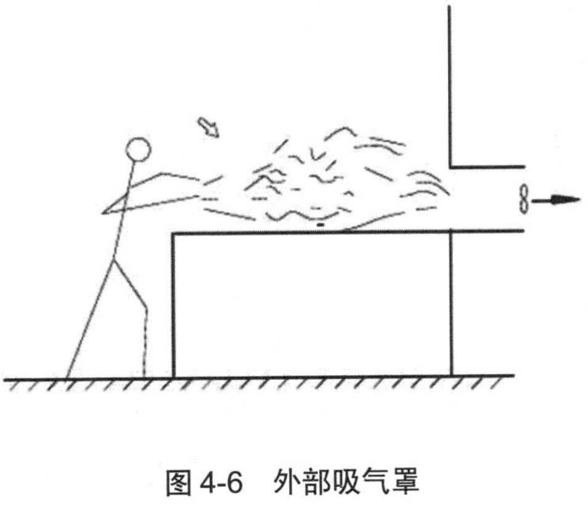

图 4-6　外部吸气罩

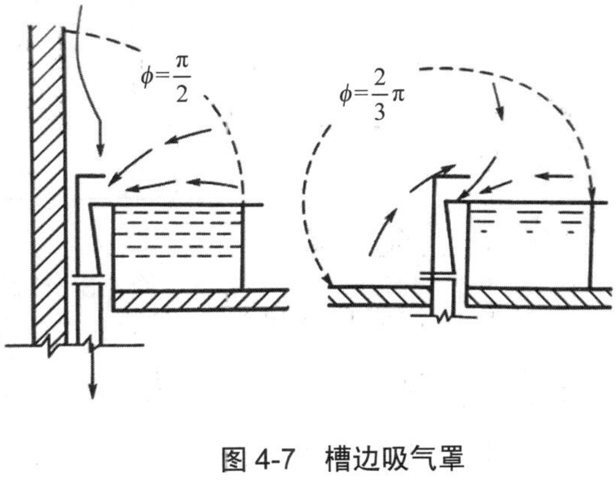

图 4-7　槽边吸气罩

目前常用的槽边吸气罩的形式有：平口式、条缝式和倒置式。

平口式槽边吸气罩因吸气口上不设法兰边，吸气范围大，但是当槽靠墙布置时，如同设置了法兰边一样，减少了吸气范围，排风量会相应减小。

条缝式槽边集气罩的特点是截面高度 E 较大，$E \geqslant 250$ mm 的称为高截面，$E < 250$ mm 的称为低截面。增大截面高度如同设置了法兰边一样，可以减少吸气范围。因此，它的吸风量比平口式小。其缺点是占用空间大，对手工操作有一定影响。

采用等高条缝时，条缝口上速度分布不易均匀，末端风速小，靠近风机的一端风速大。条缝口的速度分布和条缝口面积 S 与罩子断面面积 S_1 之比（S/S_1）有关，S/S_1 越小，速度分布越均匀；$S/S_1 \leqslant 0.3$ 时，可以近似认为是均匀的；$S/S_1 > 3$ 时，为了均匀排风可以采用楔形条缝。如槽长大于 1 500 mm 时可沿槽长度方向分设两个或三个集气罩，对分开后的集气罩来说，一般 $S/S_1 \leqslant 0.3$，这样仍可采用等高条缝，条缝高度不宜超过 50 mm。

5. 接受式吸气罩

某些生产过程或设施本身会产生或诱导一定的气流运动，而这种气流运动的方向是固定的，我们只需把集气罩设在污染气流前方，让其直接进入罩内排出即可，这类集气罩称为接受罩。顾名思义，接受罩只起接受作用，污染气流的运动是生产过程本身造成的，而不是由于罩口的抽吸作用造成的。图 4-8 是热源上部接受罩。接受罩的排风量取决于所接受的污染空气量的大小，它的断面尺寸不应小于罩口处污染气流的尺寸。

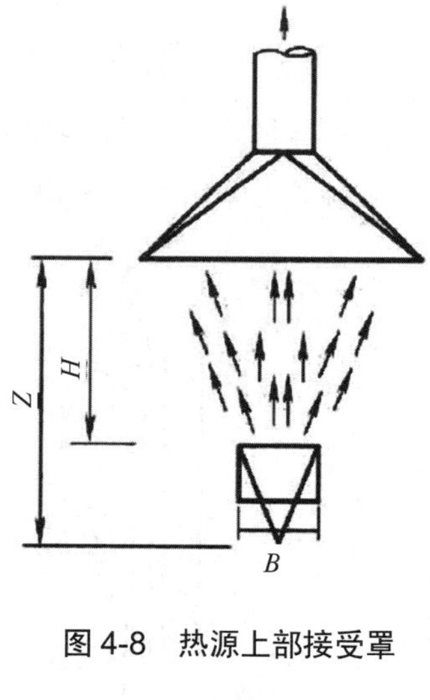

图 4-8 热源上部接受罩

接受罩接受的气流可分为两类：粒状物料高速运动时所诱导的空气流动（如砂轮机等）和热源上部的热射流两类。前者影响因素较多，多由经验公式确定。以下着重讨论热源上部热射流。

热源上部的热射流可分为生产设施本身散发的热烟气（如炼钢炉散发的高温烟气）和

高温设施表面对流散热时形成的热射流两类。通常生产设施本身散发的热烟气由实测确定，以下着重分析设施表面对流散热时形成的热射流。

当热物体和周围空间有较大温差时，通过对流散热把热量传给相邻空气，周围空气受热上升，形成热射流。如令 B 为热源直径，对热射流观察发现，在离热源表面 1～2B 处（通常在 1.5B 以下）射流发生收缩，在收缩断面上流速最大，随后上升气流逐渐缓慢扩大。可以把它看作近似从一个假想点热源以一定角度扩散上升的气流，见图 4-8。

热源上方的热射流呈不稳定的蘑菇状脉冲式流动，难以对它进行较精确的测量。由于实验条件各不相同，不同研究者得出的总体结果不尽相同。

6. 吹吸式集气罩

由图 4-6 可看出，外部吸气罩罩口外的气流速度衰减很快，因此，罩口至有害物源距离较大时，使用外部吸气罩需要较大的排风量才能在控制点造成所需的控制风速。而二维吹风口的速度分布，射流的能量密集程度高，速度衰减慢，因此，人们设想可以利用射流作为动力，把有害物输送到集气罩口再由其排除，或者利用射流阻挡、控制有害物的扩散。这种把吹和吸结合起来的通风方法称为吹吸式通风。图 4-9 是吹吸式通风示意图。由于吹吸式通风依靠吹、吸气流的联合工作进行有害物的控制和输送，它具有风量小、污染控制效果好、抗干扰能力强、不影响工艺操作等特点。近年来，在国内外得到广泛应用。下面是应用吹、吸气流进行有害物控制的两个实例。

实例 1：吹吸气流用于金属熔化炉。为了解决热源上部接受罩的安装高度较大时，排风量较大，而且容易受横向气流影响的问题（图 4-10），可以在热源前方设置吹风口，在操作人员和热源之间组成一道气幕，同时利用吹出的射流诱导污染气流进入上部接受罩。

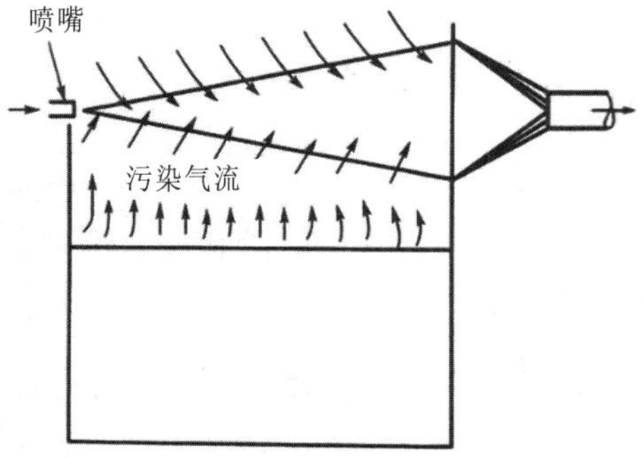

图 4-9　吹吸式通风示意图

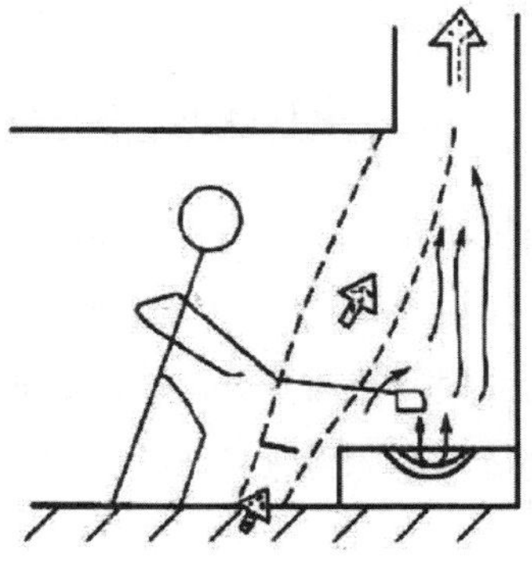
图 4-10　吹吸气流用于金属熔化炉

实例 2：大型电解精炼车间采用吹吸气流控制有害物。如图 4-11 所示，在基本射流作用下，有害物被抑制在工人呼吸区以下，最后由屋顶上的送风小室供给操作人员新鲜空气，在车间中部有局部加压射流，使整个车间的气流按预定路线流动。这种通风方式也称单向流通风。采用这种通风方式，污染控制效果好，进、回风量少。

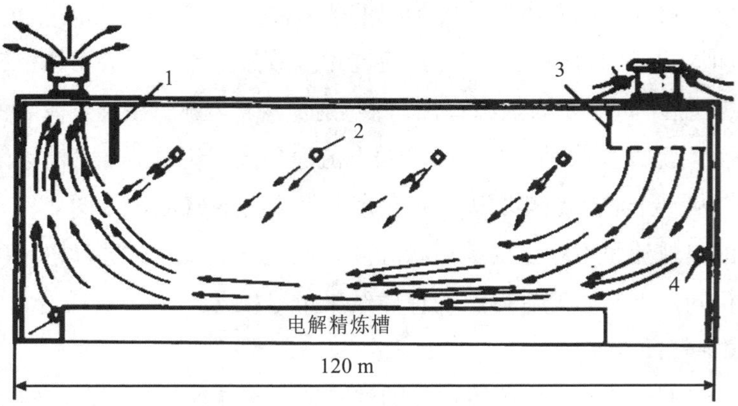

1-屋顶排气机组；2-局部加压射流；3-屋顶送风小室；4-基本射流。

图 4-11 大型电解精炼车间采用吹吸气流

根据作用在吹吸气流上的污染气流特性的不同，吹吸式通风通常有两种形式：侧流作用下的吹吸式通风和侧压作用下的吹吸式通风。由于工艺设施本身的正压所造成的污染气流，如炼钢电炉顶的热烟气，这个烟气量基本是稳定不变的。设计吹吸式通风时，除了要把污染气流和周围空间隔离，还必须把污染气流全部排除，这种吹吸式通风称为侧流作用下的吹吸式通风。由于热设施表面对流散热时形成的对流气流，如高温敞口槽，在槽上设置吹吸式通风后，对流气流的上升运动受到吹吸气流的阻碍，只有少量蒸汽会卷入射流内部。受阻的上升气流会把自身的动压转化为静压作用在吹吸气流上，由于侧压的作用，吹吸气流发生弯曲上升，这种吹吸式通风称为侧压作用下的吹吸式通风。

（二）集气罩存在的风险与安全管控

集气罩是一种常见的通风设备，能有效收集和排放气体，减少空气污染。然而，其设计和操作也需要考虑安全性和风险控制。以下是一些可能存在的风险和安全管控措施：

（1）集气罩收集和排放气体时，如果设备出现故障或操作不当，或致气体泄漏，会对工作人员和环境带来危害。为了防止气体泄漏，需要定期检查和维护集气罩，确保其正常运行。

（2）集气罩在运行过程中可能会产生噪声，损及工作人员听力。为了减少噪声污染，可以使用低噪声设备或采取隔声措施。

（3）集气罩是一种机械设备，如果操作不当或维护不当，或致机械伤害。因此，需要使用正确的操作和维护方法，并定期检查集气罩的运行状态。

（4）集气罩收集和排放气体时，可能会接触到有害的化学物质，危害工作人员的身体健康。因此，需要使用正确的防护设备，如手套、口罩等。

（5）集气罩收集和排放气体时，如果气体易燃易爆，可能会存在火灾危险。因此，需要采取相应的安全措施，如使用防火材料、安装紧急切断阀等。

总之，集气罩的设计和操作须考虑多种风险因素，并采取相应的安全管控措施。使用时，需要定期检查和维护设备，确保其正常运行和安全性。

二、风管

（一）风管的种类、附件及布设

1．风管材料

用作通风管道的材料很多，主要有以下两大类：

（1）金属薄板

金属薄板是制作风管及部件的主要材料。常用的有普通薄钢板、镀锌钢板、不锈钢板、铝板和塑料复合板。优点是易于工业化加工制作、安装方便、能承受较高温度。

普通薄钢板，具有良好的加工性能和结构强度，但表面易生锈，需刷油漆进行防腐。

镀锌钢板，由普通钢板镀锌制成，表面镀锌可起防锈作用，一般用来制作不受酸雾影响的潮湿环境中的风管。

铝及铝合金板，加工性能好、耐腐蚀，摩擦时不易产生火花，常用于通风工程的防爆系统。

不锈钢板，具有耐酸能力，常用于化工环境中需耐腐蚀的通风系统。

塑料和复合钢板表面喷有 0.2～0.4 mm 厚的塑料层，常用于防尘系统要求较高的空调系统和−10～70℃温度下耐腐蚀系统的风管。

通风工程常用的钢板厚度为 0.5～4.0 mm。

（2）非金属材料

1）硬聚乙烯塑料板，适用于有酸性腐蚀作用的通风系统，具有表面光滑、制作方便等优点，但不耐高温、不耐寒，只适用于 0～60℃的空气环境，在太阳辐射作用下易脆裂。

2）玻璃钢，以中碱玻璃纤维作为增强材料，用十余种无机材料配成黏结剂制成。具有轻质、高强、不燃、耐腐蚀、耐高温、抗冷融等特性。

风管可采用薄钢板、塑料板、混凝土等材料制作，需经常移动的风管者可采用柔性材料制作，如金属软管、橡胶管等。

薄钢板是最常用的风管材料，一般通风系统常用 $\delta = 0.5 \sim 1.5$ mm 的钢板制作。除尘系统因管壁磨损大，采用 $\delta = 1.5 \sim 3.0$ mm。气力输送系统或输送高浓度磨琢性粉尘时应采取耐磨措施，特别是弯头外侧的管壁。

通风管道大多采用焊接或法兰连接，为保证法兰连接的密封性，应加入衬垫，衬垫厚度为 3～5 mm。衬垫材料根据输送气体性质和温度而定：①输送气体温度不超过 70℃的风管，采用浸过干性油的厚纸垫或浸过铅油的麻辫。②除尘风管采用橡皮垫或在干性油内煮过并涂了铅油的厚纸垫。③输送气体温度超过 70℃的风管，必须采用石棉厚纸垫或石棉绳。

风管内外表面应涂刷油漆。

2．风管断面形状

通风管道的断面形状有圆形和矩形两种。在同样的断面积下，圆形风管周长最短，最为经济。由于矩形风管四角存在局部涡流，在相同风量下，矩形风管的压力损失要比圆形风管大。因此，在一般情况下（特别是在除尘风管中）都采用圆形风管，只是有时为了便于与建筑配合才采用矩形断面。

3．风管布置

1）除尘系统中，风管布置应力求简洁，一个系统上的排风点数量不宜过多（最好不超过 6 个）。排风点过多，各支管阻力不易平衡。当一个除尘系统的排风点较多时，为实现阻力平衡，宜采用大断面的集合管连接各支管。集合管有水平和垂直两种类型。水平集合管上的风管由上面或侧面接入，其断面风速为 3～4 m/s，适用于产尘点分布在同一层平台上且水平距离较远的场合。垂直集合管上的风管从切线方向接入，其断面风速为 6～10 m/s，适用于产尘点分布在多层平台上且水平距离不大的场合。集合管还起着沉降室的作用，在其下部应设尘阀和粉尘输送设施。

2）除尘风管应尽可能垂直或倾斜敷设，倾斜敷设与水平面的夹角最好大于 45°。如果由于某种原因，风管必须水平敷设或与水平面的夹角小于 30°，则应采取措施，如加大管内风速、在适当位置设置清扫孔等。

3）含有剧毒、易燃易爆物质的排风管，其正压管段一般不应穿过其他房间。若必须穿过其他房间时，该管道段不应设法兰或阀门。

4）除尘器宜布设在除尘系统的风机吸入段，如布置在风机的压出段，应选用排风风机。

5）为防止风管堵塞，风管的直径不应小于下列数值。

排送细小粉尘（矿物粉尘）：80 mm

排送较粗粉尘（如木屑）：100 mm

排送粗粉尘（如刨花）：130 mm

排送木片：150 mm

6）输送潮湿空气时，需防止水蒸气在管道或袋式除尘器内凝结，管道应进行保温处理。管内壁温度应高于气体露点温度 10～20℃。

7）为调整和检查除尘系统的参数，应在支管、除尘器及风机出入口设置测孔。测孔应设在气流平稳的直管段上，尽量远离弯头、三通等部件，以减少局部涡流对测定结果的影响。大型除尘系统可根据具体情况设置测量风量、风压、阻力、温度等参数的仪表。

8）排风点较多的除尘系统，应在各支管上装设插板阀、蝶阀等调节风量的装置。阀门应设在易于操作且不易积尘的位置。

9）在一般情况下，除尘系统的排风管应高出屋面 0.5～1.5 m，若排风影响邻跨，还应视具体情况适当加高。排出的污染空气应利用射流使其在较高的位置稀释。

10）风管水平安装时，其固定件（卡箍、吊架、支架等）的间距，当管径不超过 360 mm 时，不大于 4 m；管径超过 360 mm 时，不大于 3 m。垂直安装时，固定件间距不大于 4 m。拉绳和吊架不得直接固定在风管的法兰上。

4．管道支架和支座

（1）管道支架及其分类

管道支架在任何有管道敷设的地方都会用到，又称管道支座或管部等。它作为管道的支撑结构，根据管道的运转性能和布置要求，按支架的作用可分为三大类：承重架、限制性支架和减振架。

1）承重架。用来承受管道的重力及其他垂直向下载荷的支架（含可调支架）。

①滑动架：在支承点的下方支撑的托架，除垂直方向支撑力和水平方向摩擦力外，没有其他任何阻力。

②弹簧架：包括恒力弹簧架和可变弹簧架。

③刚性吊架：在支承点上方以悬吊方式承受管道的重力及其他垂直向下的荷载，吊杆处于受拉状态。

④滚动支架：采用滚筒支承，摩擦力较小。

2）限制性支架。用来阻止、限制或控制管道系统位移的支架（含可调限位架）。

①导向架：使管道只能沿轴向移动的支架，可阻止因弯矩或扭矩引起的旋转。

②限位架：作用是限制线位移，在所限制的轴线上，至少有一个方向被限制。

③定值限位架：在任何一个轴线上将管道的位移至限制到所要求的数值，即定值限位架。

④固定架：限制管道的全部位移。

3）减振架。用来控制或减小除重力和热膨胀作用之外的任何力（如物料冲击、机械振动、风力及地震等外部荷载）作用所产生的管道振动的支架。

（2）支架选用原则

管道支架的设置对于管道设计来说是一项极为重要的工作，尤其是对于那些高温高压、有毒可燃、强腐蚀性的管道。正确的支架设置可以满足管道强度和刚度的需要，同时能够有效降低管道对机械设施产生的较大附加载荷，防止因管道的振动、位移等引发的泄漏、爆炸等事故，从而有效保护管道和设施管口，确保化工装置的正常生产运行。管道支吊架是整个管道设计的难点与核心，但往往很多设计人员对此并未高度重视，管道支吊架的设置得当与否，会影响整个管道系统的工作情况，特别是在高温、高压以及特别恶劣的工况下，还会涉及安全问题，是一个非常值得注意的地方。

1）管道支架位置的确定。配管设计人员在布置管道时，应同步考虑支架位置及设置的可能性、合理性、经济性等。管道支架位置的确定主要考虑以下 8 个方面。

①承重架距离不应大于支架的最大间距，对于有压力脉动的管道，应按所要求的管道固有频率来确定支架的间距，避免发生共振。

②尽量利用已有土建结构的构件来支撑，以及在管廊的梁柱上支撑，并结合①的间距考虑。

③针对需做柔性分析的管道，支架位置根据分析决定，并考虑支撑的可能性。

④在垂直管段弯头附近，或在垂直段重心以上设置承重架，若垂直段较长，可在下部增设导向架。

⑤在集中荷载大的管道组件附近设承重架。

⑥尽量使设施接口的受力减小。例如，支架靠近接口，可避免对接口产生较大的热胀弯矩。

⑦考虑维修方便，使拆卸管段时无须做临时支架。

⑧支架的位置及类型应尽量减少作用力对被生根部件的不良影响。

2）滑动架。滑动架是在支承点的下方支撑的托架，除垂直方向支撑力及水平方向摩擦力外，不存在任何额外阻力。滑动架是管道设计人员在非应力管系中最常用的支架。非应力管线除个别特殊情况外，都可以使用滑动架进行支撑。

3）导向架。导向架使管道只能沿轴向移动，且可阻止因弯矩或扭矩引起的旋转。由于结构的原因，导向架常兼有限制侧向线位移的作用。导向架即在滑动架的基础上增加了管道的方向束缚，以防止管线侧向位移等情况发生。导向架一般设置在应力管线上。

（3）管道支座及其分类

管道支座是直接支承管道并承受管道作用力的管路附件，其作用是支承管道和限制管道位移。支座承受管道重力和由内压、外载荷温度变化所引起的作用力，并将这些荷载传递到建筑结构或地面的管道构件上。

1）活动支座。活动支座允许管道和支承结构有相对位移。按其构造和功能，分为滑动、滚动、弹簧、悬吊和导向等支座形式。

滑动支座与支架由安装在管子上的钢制管托以及下面的支承结构构成，承受管道的垂直荷载，允许管道在水平方向滑动位移。根据管托横截面的形状，有曲面槽式、丁字托式和弧形板式等类型。前两种形式中，管道由支座托住，滑动面低于保温层，使保温层不会受到损坏。弧形板式滑动支座的滑动面直接附在管道壁上，因此安装支座时要去掉保温层，但管道安装位置可以低一些。

滚动支座由安装在管子上的钢制管托以及设置在支承结构上的辊轴、滚柱或滚珠盘等部件构成。辊轴式和滚柱式支座在管道轴向位移时，管托与滚动部件间为滚动摩擦，摩擦系数在 0.1 以下；但管道横向位移时仍为滑动摩擦。滚珠盘式支座则使管道水平各向移动均为滚动摩擦。滚动支座需进行必要的维护，以使滚动部件保持正常状态，一般只用在架空敷设管道上。

悬吊支座常用于室内供热管道。管道通过抱箍、吊杆等杆件悬吊在承力结构下面。悬吊支座构造简单，管道伸缩阻力小；管道位移时吊杆会摇动，因各支座吊杆摆动幅度不一，难以保证管道轴线呈一直线，因此，管道热补偿需采用不受管道弯曲变形影响的补偿器。

弹簧支座的构造一般由在滑动支座、滚动支座的管托下或在悬吊支座的构件中添加弹簧构成。其特点是允许管道水平位移，并可适应管道的垂直位移，使支座承受的管道垂直荷载变化不大。常用于管道有较大的垂直位移之处，以防止管道脱离支座，避免相邻支座和相应管段受力过大。

导向支座仅允许管道轴向伸缩，限制管道横向位移。其构造通常是在滑动支座或滚动支座沿管道轴向的管托两侧设置导向挡板。导向支座的主要作用是防止管道纵向失稳，保证补偿器正常工作。

2）固定支座。固定支座不允许管道和支承结构有相对位移。其主要用于将管道划分成若干补偿管段，分别进行热补偿，从而保证补偿器的正常工作。

最常用的是金属结构的固定支座，有卡环式、焊接角钢固定支座、曲面槽固定支座和挡板式固定支座等。前三种承受的轴向推力较小，通常不超过 50 kN，固定支座承受的轴向推力超过 50 kN 时，多采用挡板式固定支座。

在无沟敷设或不通行地沟中，固定支座也有制成钢筋混凝土固定墩的形式。

风管水平安装时，其固定件（卡箍、吊架、支架等）的间距，在管径不超过 360 mm 时，不大于 4 m；管径超过 360 mm 时，不大于 3 m。垂直安装时，固定件间距不大于 4 m。拉绳和吊架不得直接固定在风管的法兰上。

5. 管道检测孔、检查孔和清扫孔

（1）检测孔

在一般的除尘系统中，检测孔按其检测目的主要分为温度测孔、湿度测孔、风量风压测孔和粉尘浓度测孔。其设置位置如下：

①在除尘系统管道上，用于测定管道的压力分布和风量，以便对系统风量进行调整。

②在风机前后的总管上，用于测定风机性能和工作状态，如风量、风压等。

③在除尘器前后，用于测定除尘器的技术性能，如设施漏风率、风量分配等。

④在吸尘罩附近，用于测定吸尘点抽风量、初始含尘浓度和吸尘罩内的负压。

⑤在排气管（烟囱）上，用于测定净化后气体的排放浓度。

为调整和检查除尘系统的参数，支管、除尘器及风机出入口应设检测孔。由于气流流经弯头、三通等局部构件时会产生涡流，使气流极不稳定，因此，测孔必须远离这些部件而选在气流稳定段。测孔位置应在这些影响气流部件上游4倍管径和下游2倍管径处。测孔位置受限时应增加测点数，以做到精确测量。

以上几种测孔最好同时设置，温度测孔、湿度测孔和风量风压测孔的孔径一般为50 mm，粉尘测孔一般为75～100 mm，当管道直径大于500 mm时，风量风压测孔应在同一横断面相互垂直的两个方向设孔。

（2）风管检查孔

风管检查孔主要用于通风除尘系统中需要经常检修的地方，如风管内的过滤器。设置时应在保证检查和清扫的前提下尽量减少数量，以免增加风管的漏风量和减少保温工程施工的麻烦。检查孔有手孔和人孔两类。检查孔最好采取快开方式，直接用手打开，无须扳手等工具，另外，检查孔周边应良好密封，关上时无漏风处。

（3）清扫孔

虽然在管道设计时已选择防止粉尘沉积的必要流速，但在弯头、三通管等局部构件处，气流形成的涡流是几乎无法消除的，特别是遇到含尘气体温度变化、速度变化以及管壁可能结露等情况，会有粉尘沉积。另外，由于生产设施间歇运行及一些未考虑到的因素，管道内也会有粉尘沉积。为保证除尘系统正常运行，需对除尘管道定期清扫。

清扫孔的位置应在管道的侧面或上部，对于大型管道、直径大于500 mm者在弯头、三通、端头处都应设清扫孔。所有清扫孔都必须做到严密不漏风，如果严重漏风，会使清扫孔上游管道内流速降低，粉尘沉积更加严重，致使吸尘点抽风量减少。一般清扫孔盖板与风道壁间用螺栓拧紧或其他压紧装置压紧，盖板与风管壁间应有橡胶板或橡胶带作衬垫。

6. 管道膨胀补偿

为使管道能自由热胀冷缩，避免其承受过大热应力而受损，需要对管道的膨胀进行补偿。此过程即合理确定固定支架的位置，使管道在一定范围内进行有控制的伸缩，以便通过补偿器和管道自身弯曲部位进行长度补偿。作为能减释热应力的补偿器，一般分为自然补偿和人工补偿两大类。

（1）自然补偿

一般管道的弯管段可作为管道膨胀的自然补偿，因其有柔性，管段受热膨胀时不会产生过大的热应力。布置热力管道的固定支架和补偿器时，应首先考虑利用管道的弯曲部位进行自然补偿。当弯管转角小于150°时可采用，大于150°时则不可。当管内介质温度不高、管线不长且支点配置正确时，则管道长度的热变化可通过自身弹性补偿，这是管道长度热变化自行补偿的最好方式。自然补偿器的管道臂长不应超过 25 m，弯曲应力 σ 不应超过 80 MPa。

（2）人工补偿

当管道敷设受限制，无法采用自然补偿或自然补偿无法满足要求时，就需要在管道上加装热膨胀补偿器。补偿时需每隔一定距离设置一个补偿装置，其主要作用是缓解管道材料因热胀冷缩导致变形对管道支撑结构或与主体设施连接造成的位移破坏。同时，也对主体设施因振动或位移而对管道连接造成的破坏起到缓冲作用，确保管道在热状态下稳定安全工作。

实际中，当输送的烟气温度高于 70℃时，且管线布置无法靠自身补偿时，需设置补偿器。补偿器一般布置在管道的两个固定支架中间，但补偿器本身有一定重量，为确保烟气管道膨胀与收缩时不扭曲，需用两个单片支架支撑补偿器重量，车间外部单片支架的间距一般为 3～4 m，车间内部一般不超过 6 m。在任何烟气情况下，为防止外力作用于设施，以及防止机械设施的振动传递给管道，在紧靠除尘器和风机连接管道上也应装设补偿器。

对大型除尘器和风机，其前后均应设置柔性补偿器。常用的柔性材料补偿器由一个柔性补偿元件与两个可与相邻管道、设施相接的端管等组成挠性部件。圈带采用硅橡胶、氟橡胶、三元乙丙烯橡胶和玻璃纤维布压制硫化而成。

除尘系统还经常采用金属波纹补偿器，一般为普通轴向型补偿器，它是由一个波纹管组与两个可与相邻管道、设施相接的端管组成的挠性部件。

（二）风管存在的风险与安全管控

风管作为一种常见的通风设备，广泛应用于工业、商业和民用建筑等领域。然而，风管的设计和操作也需要考虑安全性和风险控制。以下是一些可能出现的风险和安全管控措施：

（1）风管在运行过程中，如果密封性能不好或连接处松动，可能会导致空气泄漏。这可能会影响空调系统的效果和能耗，同时也可能带来噪声和振动等问题。为防止空气泄漏，需要定期检查和维护风管，确保其正常运行及密封性能良好。

（2）风管属于机械设备，如果操作或维护不当，可能导致机械伤害。例如，在安装和拆卸风管时，工作人员可能会被重物砸伤或夹伤。为防止机械伤害，要使用正确的操作和维护方法，并定期检查风管的运行状况。

（3）风管在运行过程中，可能会涉及电气设备，如风机、阀门等。如果电气设备和线路存在故障或操作不当，可能会导致电击、电火花等电气伤害。为防止电气伤害，需要定期检查和维护电气设备，确保其正常运行且安全可靠。

（4）风管在运行过程中，可能会接触高温、高湿等环境，如果风管材料选择不当或维护不当，可能会导致火灾危险。为防止火灾危险，应选择合适的材料和设备，如阻燃材料、防火阀等，并定期检查和维护风管。

（5）安装不当：风管安装不当可能会造成空气泄漏、机械损伤等问题。为了防止安装不当，需要使用正确的安装方法和工具，并按照设计要求进行安装和维护。

总之，风管的设计和操作需要考虑多种风险因素，并采取相应的安全管控措施。在使用风管时，务必定期检查和维护设备，确保其安全稳定运行。

三、通风机

（一）通风机的种类、结构及选用

通风机是除尘系统的重要设施。其作用是将含尘气体输送到除尘器，并将经过净化的气体排至大气中。通风机包括主机、电机以及配套的执行机构、调速装置、冷却装置、润滑装置、振动装置等。通风机的良好运行，不仅能够提高除尘系统的作业率，还可以节约能耗、降低远行成本。

1．通风机的分类和工作原理

（1）通风机的分类

因通风机的作用、原理、压力、制作材料及应用范围各异，故而通风机有许多分类方法。

按其在管网中所起的作用来划分，起吸风作用的称为引风机，起吹风作用的称为鼓风机。

按其工作原理，分为离心式通风机、轴流式通风机和混流式通风机。在除尘工程中，主要应用的是离心式通风机。

按风机压力大小，分为低压通风机（p＜1 000 Pa）、中压通风机（p 为 1 000～3 000 Pa）和高压通风机（p＞3 000 Pa）3 种。环境工程中应用最多的是后两种。

按其制作材料，可分为钢制通风机、塑料通风机、玻璃钢通风机和不锈钢通风机等。

按其应用范围，可分为排尘通风机、排毒通风机、锅炉通风机、排气扇及一般通风机等。

按进气方式，可分为单式吸入和双吸入两种。

按旋转方向，可分为顺时针旋转和逆时针旋转两种。

通风机的传动形式可分为电动机直联、皮带轮、联轴器等。

（2）通风机的工作原理

通风机是将旋转的机械能转换成流动空气的动能，从而使空气持续流动的动力驱动机械，能量转换是通过改变流体动量来实现的。

空气在离心式通风机内的流动情况如图 4-12 所示。叶轮安装在蜗壳 4 内。当叶轮旋转时，气体经过进气口 2 轴向吸入，然后气体约折转 90°流经叶轮叶片构成的流道间。当气体通过旋转叶轮的叶道间时，借助叶片的作用获得能量，即气体压力提高，动能增加。而蜗壳将叶轮甩出的气体集中、导流，从通风机出气口 6 经出口扩压器 7 排出。当气体获得的能量足以克服其阻力时，便可将气体输送到高处或远处。

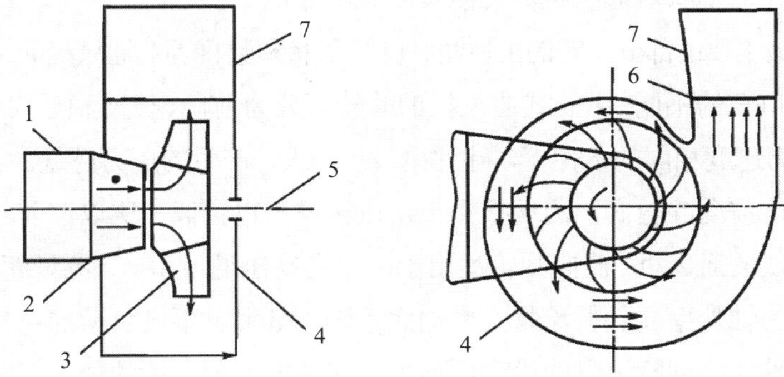

1-进气室；2-进气口；3-叶轮；4-蜗壳；5-主轴；6-出气口；7-出口扩压器。

图 4-12　离心式通风机简图

2. 通风机结构

离心式通风机通常由集流器、叶轮、机壳、传动装置和电机等组成。

（1）集流器

集流器是通风机的进气口，其作用在于，在流动损失较小的情况下，将气体均匀导入叶轮。图 4-13 展示了目前常用的四种类型的集流器。

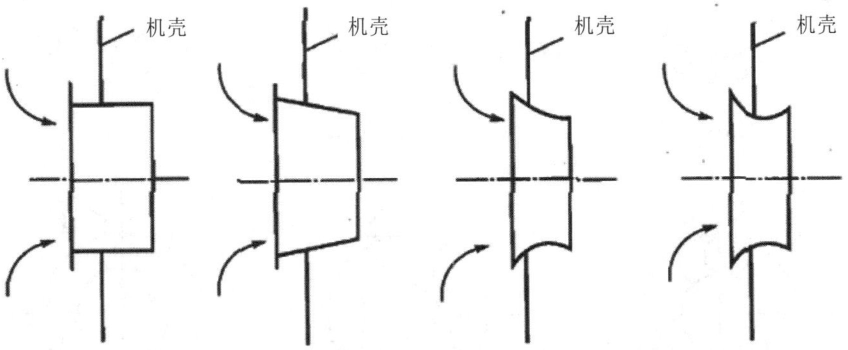

（a）圆筒形集流器　（b）圆锥形集流器　（c）圆弧形集流器　（d）喷嘴形集流器

图 4-13　常用的四种类型的集流器

其中，圆筒形集流器自身流体阻力较大，且对气流进入叶轮的引导状况不佳。其优点是加工简便。圆锥形集流器的流动状况略好于圆筒形，但仍不够理想。圆弧形集流器的流动状况优于前两种，实际使用也较为广泛。喷嘴形集流器流动损失小，对气流进入叶轮的引导状况也较好，广泛应用在高效通风机上。但其加工比较复杂，对制造要求高。

（2）叶轮

叶轮是通风机的主要部件，由前盘、后盘、叶片和轮毂组成，一般采用焊接和铆接加工。它的尺寸和几何形状对通风机的性能有重大的影响。

叶片是叶轮最主要的部分，它的出口角、叶片形状和数目等对通风机的工作影响重大。

根据叶片出口角的不同，离心式通风机的叶轮可分为前向、径向和后向 3 种，如图 4-14 所示。在叶轮圆周速度相同的条件下，叶片出口角越大，产生的压力越低。一般而言，后向叶轮的流动效率比前向叶轮高，流动损失小，运转噪声也较低。所以，前向叶轮常用于风量较大而风压较低的通风机，后向叶轮适用于中压和高压通风机。当流量超过一定数值后，后向叶轮通风机的轴功率会随着流量的增加而下降，呈现出不满负荷的特性；而径向和前向叶轮通风机的轴功率则随流量的增大而增大，容易出现超负荷的情况。在除尘系统工作异常时，径向叶轮和前向叶轮的通风机更容易出现超负荷，以至发生烧坏电动机的事故。

离心式通风机的叶片按形状分为板形、弧形和机翼形 3 种。板形叶片制造简单。机翼形叶片具有良好的空气动力性能，强度高、刚性大，通风机的效率通常也较高。但机翼形叶片的缺点是，输送含尘气流浓度高的介质时，如果叶片磨穿后杂质进入内部，会使叶轮失去平衡而产生振动。

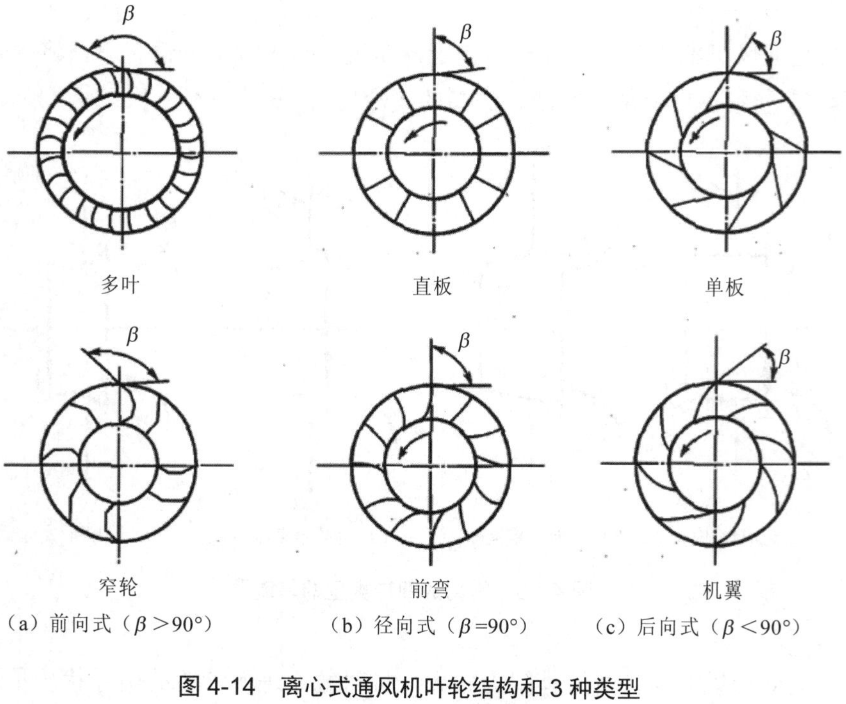

图 4-14　离心式通风机叶轮结构和 3 种类型

（3）机壳

机壳的作用在于收集从叶轮甩出的气流，并将高速气流的速度降低，使其静压增加，以此来克服外界的阻力将气流送出。图 4-15 为机壳及出口扩压器的外形。

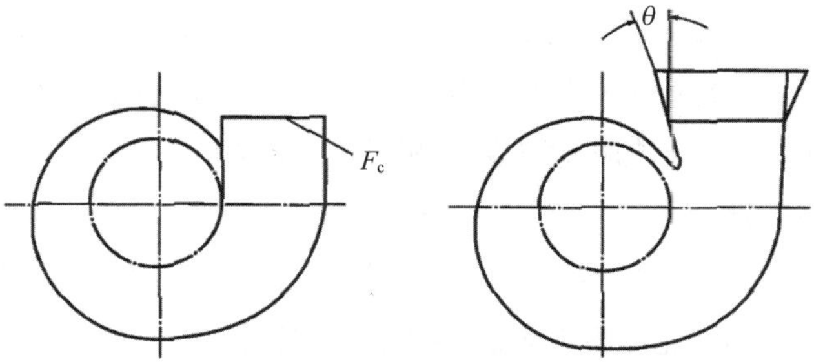

图 4-15　机壳及出口扩压器

离心式通风机的螺旋形机壳，其正确形状是对数螺线。但由于对数螺线作图较烦琐，实际作图时常以阿基米德螺线来代替。机壳断面沿叶轮转动方向呈渐扩形，在气流出口处断面为最大。随着蜗壳出口面积的增加，通风机的静压也有所增加。

3. 通风机的选型原则

（1）在选择通风机前，应了解国内通风机的生产和产品质量情况，如通风机的品种、规格和各种产品的特殊用途，以及生产厂商产品质量、后续服务等情况，以综合考察。

（2）根据通风机输送气体的性质不同，选择不同用途的通风机。如输送有爆炸和易燃气体的，应选防爆通风机；输送煤粉的，应选择煤粉通风机；输送有腐蚀性气体的，应选择防腐通风机；在高温场合下工作或输送高温气体的，应选择高温通风机等。

（3）在通风机性能图表上查得有两种及以上的通风机可供选择时，应优先选择效率较高、机号较小、调节范围较大的那一种。

（4）当通风机配用的电机功率＜75 kW 时，可不装设启动用的阀门。当排送高温烟气或空气而选择离心锅炉引风机时，应设启动用的阀门，以防冷态运转时造成过载。

（5）对有消声要求的通风系统，应首先选择低噪声的风机，如效率高、叶轮圆周速度低的通风机，并使其在最高效率点工作；还应采取相应的消声措施，如装设专门消声设施。通风机和电动机的减震措施，一般可采用减震基础，如弹簧减震器或橡胶减震器等。

（6）在选择通风机时，应尽量避免采用通风机并联或串联工作。当通风机联合工作时，尽可能选择同型号、同规格的通风机并联或串联工作；当采用串联时，第一级通风机到第二级通风机之间应有一定的管路连接。

（7）原有除尘系统换用新风机应考虑充分利用原有设施、适合现场安装及安全运行等问题。根据原有风机历年来的运行情况和存在问题，最终确定风机的设计参数，以避免采用新型风机时所选的流量、压力不能满足实际运行的需要。

4．风机电动机

（1）电动机分类

电动机的种类很多，分类方法多样。通常可划分为交流电动机、直流电动机和特种电动机三大类。工厂企业中常见的电动机类型有三相鼠笼转子异步电动机、绕线转子异步电动机、单相交流电动机、直流电动机以及用于检测信号和控制的控制电机、特殊用途的专用电动机等。除尘工程中常用的电动机为三相异步电动机。

（2）电动机类型的选择

对无调速要求的机械，包括连续、短时、周期工作等工作制的机械，应尽量选用交流异步电动机；对启动和制动无特殊要求的连续运行的风机，宜优先选用普通笼型异步电动机；如果功率较大，为提高电网的功率，可选用同步电动机；某些周期性工作制风机，若选用交流电动机在发热、启动、制动特性等方面不能满足需要，则宜选用直流电动机。

只要求几种转速的小功率机械，可选用变极多速（双速、三速、四速）笼型电动机；对调速平滑程度要求不高，且调速比不大时，宜选用绕线转子电动机或电磁调速电动机；当调速范围在 1∶3 以上，且需连续稳定平滑调速的机械宜选用直流电动机或变频调速电动机。

（3）电动机结构形式的选择

电动机的安装形式按其安装位置的不同，可分为卧式和立式两种。风机电动机应按照风机结构的不同，合理选择电动机的结构形式。

为防止电动机被周围的媒介质损坏，或因电动机本身的故障引起灾害，必须根据不同的环境选择适当的防护形式。

1）开启式电动机外表有较大的通风口，散热条件好，价格便宜，但水汽、灰尘、铁屑或油液容易侵入电动机内部，因此只适用于干燥及清洁的工作环境。

2）防护式电动机的通风口朝下，且有防护网遮挡，通风冷却条件较好。它一般可防滴、防雨、防溅以及防止外界杂物从与垂直方向成小于45°角的方向落入电机内部，但无法防止潮气及灰尘的侵入，所以适用于比较干燥、灰尘不多、无腐蚀性和爆炸性气体的场所。

3）封闭式电动机又分为自冷式、强迫通风式和密闭式三种。前两种结构形式的电动机，潮气和灰尘等不易进入电动机内部，能够防止从任何方向飞溅来的水滴和其他杂物侵入，适用于潮湿、尘土多、易受风雨侵蚀、易引起火灾、有腐蚀性蒸气和气体的各种地方。密闭式电动机一般用于水中，风机很少选用。

4）防爆式在封闭式结构基础上制成隔爆型、增安型、正压型和无火花型，适用于存在可燃性气体和空气混合物的危险环境，如油库、煤气站或矿井等场所。

在湿热带地区，应采用湿热带型（TH）电动机，并采取适当的防潮、防霉措施；在干热带地区，应采用干热带型（TA）电动机；在高海拔地区，应采用高原型电动机；在船舶及舰艇上，应尽量采用有特殊结构和防护要求的船用或舰用电动机。装设在露天场所的，宜选用户外型电动机；若有防止日晒、雨雪、风沙等措施，可采用封闭式或防护式电动机。

（二）通风机存在的风险与安全管控

风机作为一种常见的通风设备，广泛应用于工业、商业和民用建筑等领域。不过，风机的设计和操作也需要考虑安全性和风险控制。以下是一些可能存在的风险和安全管控措施：

（1）风机属机械设备，如果操作不当或维护不当，可能会导致机械伤害。例如，在安装和拆卸风机时，工作人员可能会被旋转部件所伤。为此，需要使用正确的操作和维护方法，并定期检查风机的运行状况。

（2）风机在运行过程中，可能涉及电气设备，如电动机、控制系统等。如果电气设备存在故障或不当操作，可能导致电击、电火花等电气伤害。为此，需要定期检查和维护电气设备，确保其正常、安全运行。

（3）风机在运行过程中，可能接触高温、高湿等环境，如果风机材料选择不当或维护不当，可能会导致火灾危险。为此，需要选择合适的材料和设备，如阻燃材料、防火阀等，并定期检查和维护风机。

（4）风机在运行过程中可能会产生噪声，这可能会对工作人员的听力造成损害。为了减少噪声污染，可使用低噪声设备或采取隔声措施。

（5）风机在运行过程中可能会出现各种故障，如轴承磨损、叶片断裂等。这些故障可能导致风机运行不稳定或停止运行，从而影响生产和生活。为此，需要定期检查和维护风机，确保其正常、安全运行。

总之，风机的设计和操作需要考虑多种风险因素，并采取相应的安全管控措施。在使用风机时，需要定期检查和维护设备。

四、除尘器

除尘器按照分离捕集粉尘的主要机理，可分类如下：

（1）机械式除尘器

利用质量力（重力、惯性力和离心力等）的作用使粉尘与气流分离沉降的装置，包括重力沉降室、慢性除尘器和旋风除尘器等。

（2）湿式除尘器

湿式除尘器也称湿式洗涤器，利用液滴或液膜洗涤含尘气流，使粉尘与气流分离沉降的装置，可用于气体除尘与气体吸收。

（3）过滤式除尘器

使含尘气流通过织物或多孔的填料层进行过滤分离的装置，包括袋式除尘器、颗粒层（床）除尘器等。

（4）电除尘器

利用高压电场使尘粒荷电，在库仑力作用下使粉尘与气流分离沉降的装置。

（5）其他类型除尘器

除上述四种外，随着科技的发展和通风防尘人员的努力，现已研发出利用声波、磁力等去除粉尘的其他类型除尘器，如声波除尘器、高梯度磁式除尘器、陶瓷过滤式除尘器等，这类除尘器也可称为新型除尘器，目前应用较少。

需指出，在实际通风除尘工程中，有的是上述单一机理，有的则是几种机理的复合应用，如旋风颗粒层除尘器、湿式旋风除尘器、旋风静电除尘器等。

按除尘器除尘效率的高低，可分为低效、中效和高效除尘器。如电除尘器、袋式除尘器和文丘里除尘器，是目前国内外应用较广的三种高效除尘器；重力沉降室和惯性除尘器则属于低效除尘器，一般只用于多级除尘系统中的初级除尘；旋风除尘器和其他湿式除尘器一般属于中效除尘器。

（一）机械式除尘器

机械式除尘器是利用重力、惯性力、离心力等方法去除尘粒的除尘器。包括重力沉降室、惯性除尘器和旋风除尘器等类型。这种除尘器防尘效率一般在40%～85%，是国内常用的除尘设施。

1．重力除尘器

（1）原理

重力除尘器又称重力沉降室，是利用尘粒与气体的密度不同，通过重力作用使尘粒从气流中自然沉降分离的除尘设施。当含尘气流进入比管道横截面积大得多的沉降室时，由于横截面积的扩大，气体流速大幅降低，在流速降低的一段时间内，较大的尘粒有足够的时间因重力作用沉降下来，并进入灰斗中，净化气体从沉降室的另一端排出，如图4-16所示。

（2）类型

根据含尘气流在除尘器内的运动状态，重力除尘器可分为水平气流沉降室和垂直气流沉降室两种。

水平气流重力沉降室如图4-16所示，气体流速降低后，在重力和风力的共同作用下，大颗粒粉尘沿重力方向沉降到灰斗中，细小粉尘和空气气流在除尘器呈近水平运动后从沉降室的另一端排出。根据水平沉降室的内部结构，水平重力沉降室又分为单层水平重力沉降室多层水平重力沉降室，见图4-16（a）、（b）。

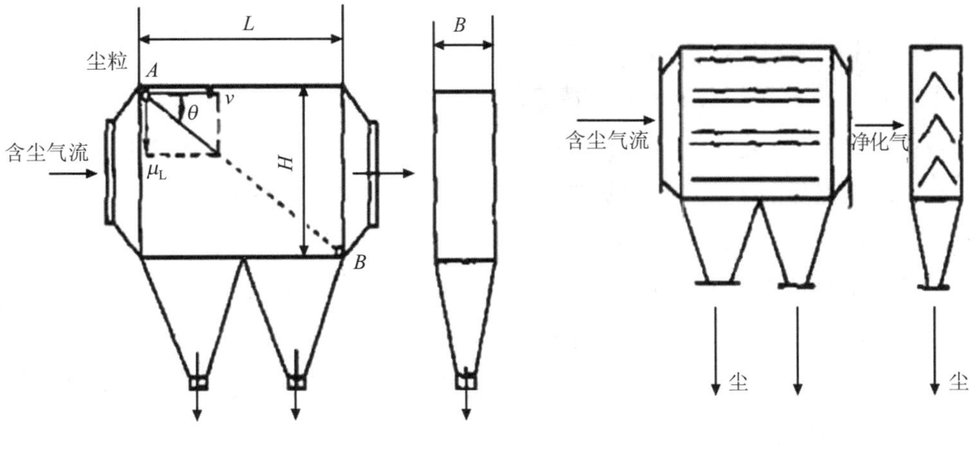

（a）单层水平重力沉降室　　（b）多层水平重力沉降室

图 4-16　水平气流重力沉降室

垂直气流重力沉降室如图 4-17 所示，气体流经沉降室后，风速降低，在重力和风力的共同作用下，大颗粒粉尘沿重力方向沉降到灰斗中，细小粉尘和空气气流在除尘器继续向上或沿人为预设方向运动后从沉降室的另一端排出。这种除尘器一般安装在烟囱顶部，多用于小型冲天炉或锅炉的除尘。图 4-17（a）为屋顶式沉降室，捕集下来的粉尘堆积在烟气进入管伞型挡板周围的底板上，待一定时间进行清扫后，粉尘返回冲天炉中，因此需要定期停止排尘运转以清除积尘。图 4-17（b）为扩大烟管式沉降室，在烟囱顶部用大直径的可耐火材料作沉降室，沉降室的直径一般比烟囱大 2～3 倍，气体进入沉降室的流速为烟囱中气体流速的 1/9～1/4，当烟囱中气体流速为 1.5～2.0 m/s 时，沉降室可去除 200～400 μm 的尘粒，所捕集的粉尘随时通过侧面的降尘管落到灰斗中。

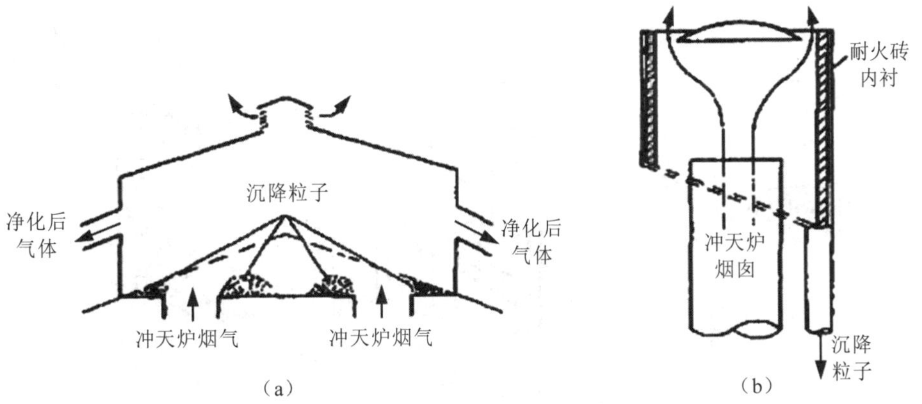

（a）　　（b）

图 4-17　垂直气流重力沉降室

2. 惯性除尘器

惯性除尘器的除尘原理是使含尘气体冲击在挡板上，气流急剧改变方向，借助其中粉尘粒子的惯性作用使其与气流分离并被捕集的一种装置。

图 4-18 为惯性除尘器分离机理示意图。当含尘气流冲击到挡板 B_1 上时，惯性大的粗尘粒（d_1）首先被分离下来。被气流带走的尘粒（d_2，且 $d_2 < d_1$），由于挡板 B_2 使气流方向转变，借助离心力作用也被分离下来。回旋气流的曲率半径越小，越能分离捕集细小的粒子。显然，惯性除尘器的除尘是惯性力、离心力和重力共同作用的结果。

惯性除尘器分为碰撞式和回转式两种。碰撞式惯性除尘器一般是在气流流动的通道内增设挡板构成的，当含尘气流流经挡板时，尘粒借助惯性力撞击在挡板上，失去动能的尘粒在重力的作用下沿挡板下落，进入灰斗中。挡板可以是单级，也可以是多级，如图 4-19 所示。多级挡板交错布置，一般设置 3～6 排，在实际工作中多采用多级式，目的是增加撞击的机会，以提高除尘效率。回转式惯性除尘器又分为弯管型、百叶窗型和多层隔板塔型三种（图 4-20）。它可使含尘气体多次改变运动方向，在转向的过程中把粉尘分离出来。

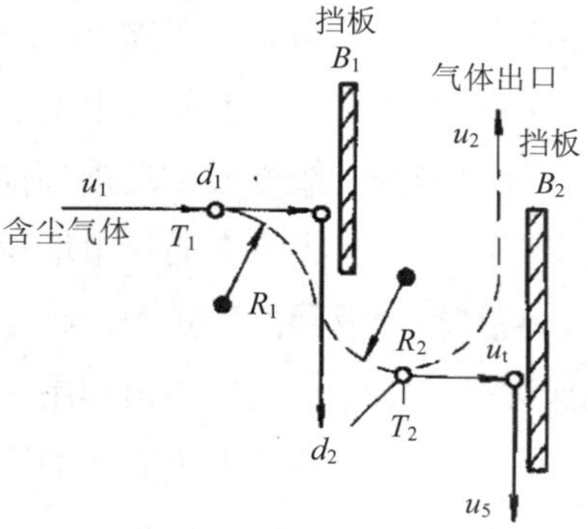

图 4-18 惯性除尘器的分离机理

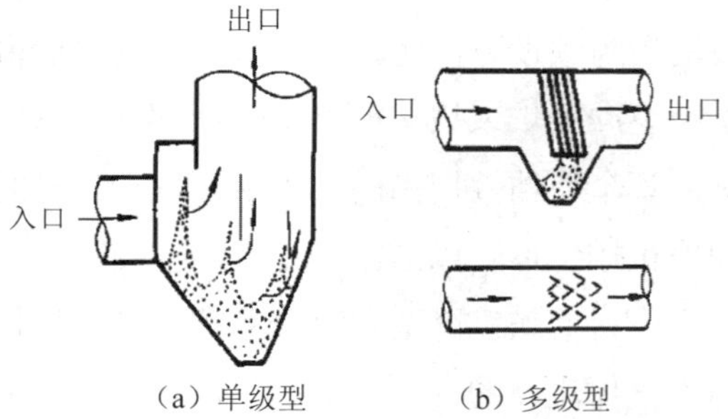

图 4-19 冲击式惯性除尘器

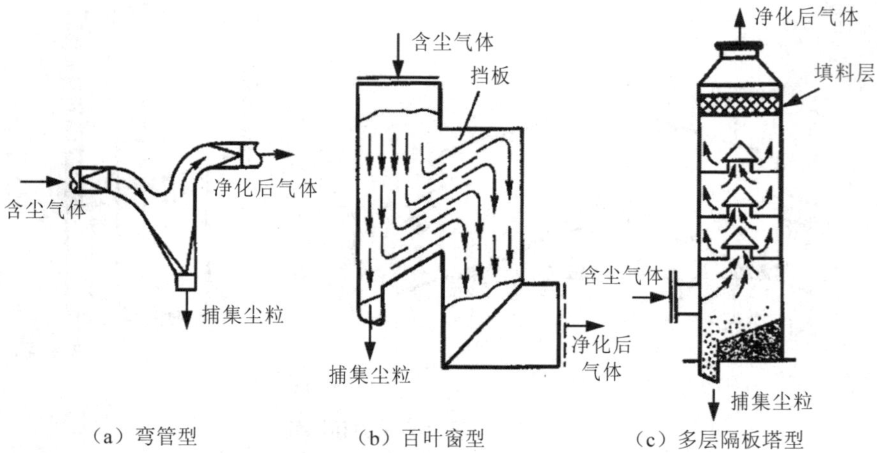

图 4-20 反转式惯性除尘器

一般来说，惯性除尘器的气流速度越高，气流方向转变角度越大，转变次数越多，净化效率越高，压力损失或称阻力也就越大。惯性除尘器用于净化密度和粒径较大的金属或矿物性粉尘时具有较高的除尘效率。对于黏结性和纤维性粉尘，则因易堵塞而不宜采用。由于惯性除尘器的净化效率不高，故一般只用于多级除尘中的第一级除尘，用以捕集 10～20 μm 的粗尘粒。压力损失依据类型而定，一般为 100～1 000 Pa。

3．旋风除尘器

旋风除尘器是利用气流在旋转运动中产生的离心力来清除气流中尘粒的设施。在旋风除尘器中，作用于尘粒的离心力可比单纯利用重力的沉降室的重力大上千倍。在惯性除尘器中，气流只是简单地改变初始方向，尘粒所得到的惯性力是有限的，而在旋风除尘器中，含尘气流要完整完成一系列旋转运动，因而尘粒获得的离心力较大。因此，旋风防尘器的除尘效率比上述两种都要高。

如图 4-21 所示，旋风除尘器由进气管、筒体、锥体和排气管组成。排气管插入外圆筒形成内圆筒，进气管与筒体相切，筒体下部为锥体，锥体下部是集尘室。含尘气体由除尘器入口高速进入旋风除尘器，气流由直线运动变成沿筒壁向下的螺旋形旋转运动，此气流通常称为外旋流。外旋流向下到达锥体部分时，因圆锥形收缩而向除尘器中心靠近。根据旋转矩不变的原理，其切向速度不断提高。外旋流到达锥体底部后，转而向上，并以同样的旋转方向沿轴心向上旋转，最后经排出管排出。这股向上旋转的气流称为内旋流。气流做旋转运动时，尘粒在惯性离心力的推动下向外壁移动，一旦到达外壁与之接触，便失去惯性力，并在向下气流和重力的共同作用下，沿壁面落入集尘室（一般称为灰斗）。图 4-22 为 XLT/A 型旋风除尘器，常用于冶炼、铸造、喷砂、建筑材料及耐火材料等工业领域，其结构特点是具有向下倾斜的螺旋切线型气体进口，顶板为螺旋形的导向板。

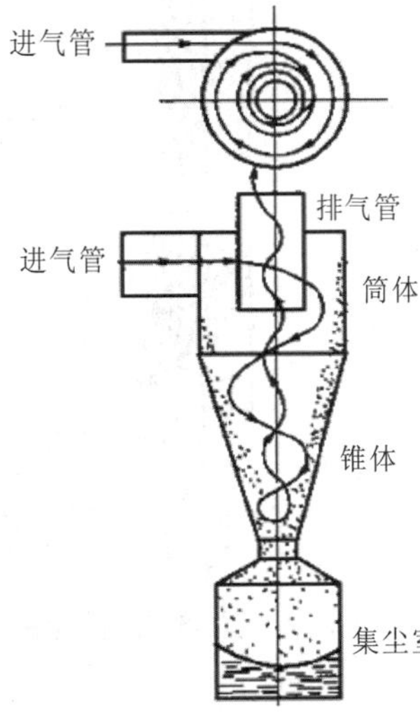

图 4-21　旋风除尘器的原理

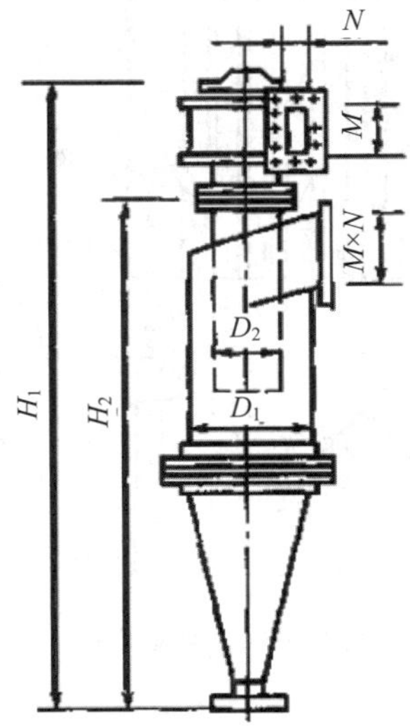

图 4-22　XLT/A 型旋风除尘器

（二）过滤式除尘器

过滤式除尘器是使含尘气流通过过滤材料将粉尘分离捕集的装置。主要有两类：一类是以纤维编织物为过滤介质的袋式除尘器，另一类是以砂、砾、焦炭等颗粒物为过滤介质的颗粒层除尘器。此处主要介绍应用较广泛的袋式除尘器。

袋式除尘器是将纤维编织物制成滤袋，对含尘气体进行过滤的除尘装置。简单的袋式除尘器如图 4-23 所示，当含尘气流通过滤料孔隙时，粉尘被阻留下来，清洁气流穿过滤袋之后排出，沉积在滤袋上的粉尘通过机械振动，从滤料表面脱落至灰斗中。当含尘气体通过洁净的滤袋时，由于滤料本身的网孔较大（一般为 20～50 μm，表面起绒的滤料为 5～10 μm），大部分微细粉尘会随着气流从滤袋的网孔中通过，而粗大的尘粒却因惯性碰撞、截留、布朗扩散、静电和重力沉降等作用被阻留，并在网孔中产生“架桥”现象，如图 4-24 所示。因此，新用滤袋的除尘效率较低。随着含尘气体不断通过滤袋的纤维间隙，纤维间粉尘“架桥”现象不断增强，一段时间后，滤袋表面会积聚一层粉尘，称为粉尘初层。在后续的除尘过程中，粉尘初层便成了与气流粉尘进行惯性碰撞、截留、布朗扩散、静电和重力沉降等作用的主要过滤层，而滤布只起支撑骨架的作用。随着粉尘在滤布上的积累，除尘效率和阻力（压力损失）都相应增加。当滤袋两侧的压力差过大时，会导致把已附在滤料层上的细粉尘挤过去，使除尘效率明显下降。同时，除尘器阻力过大会使除尘器系统的风量显著下降，以致影响生产系统的排风。因此，当除尘器阻力达到一定值后，要及时进行清灰，且清灰时不能破坏粉尘初层，以免降低除尘效率。

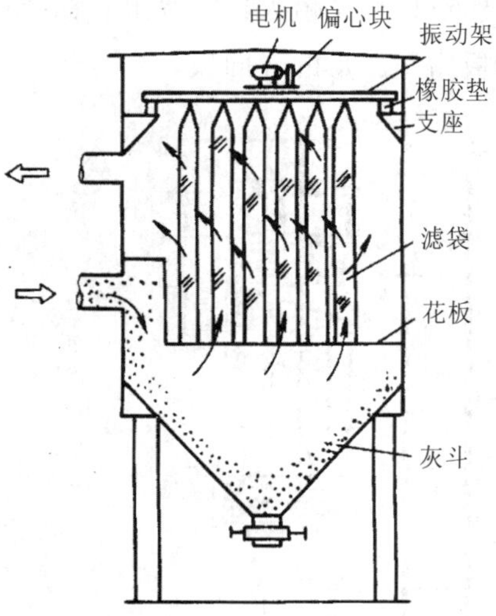

图 4-23　机械振动袋式除尘器

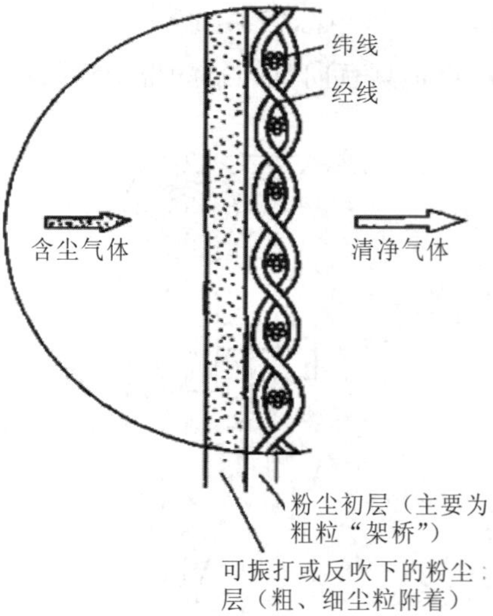

图 4-24　滤袋过滤除尘的原理

1. 过滤材料及编织

滤料是袋式除尘器的主要组成部分，对其除尘效率和阻力、造价和运行费用等影响很大。选择袋式除尘器的滤料时，必须考虑含尘气体的特性，如粉尘和气体的组成、温度、湿度、粒径等。性能良好的滤料应具有容尘量大、吸湿性小、效率高、阻力低、使用寿命长等优点，同时还应耐高温、耐磨、耐腐蚀、机械强度高。滤料的特性不仅与纤维本身的性质有关，还与滤料表面结构有很大关系。

滤料种类较多，按材质分为天然纤维、无机纤维和合成纤维等；按结构分为滤布和毛毯两类；按编织方法分为平纹、斜纹和缎纹（图 4-25）。

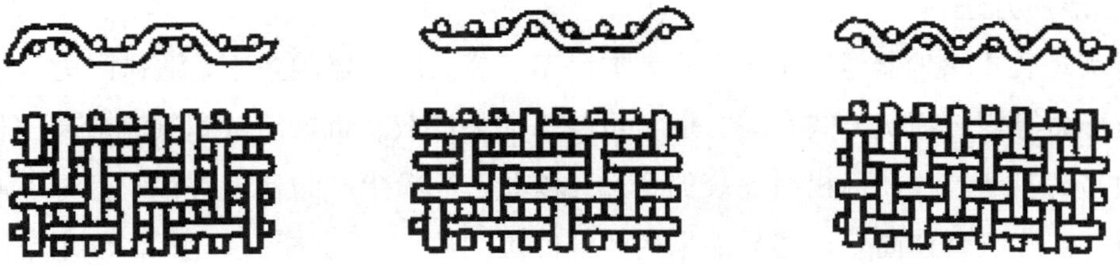

（a）平纹滤布　（b）缎纹滤布　（c）斜纹滤布

图 4-25　纺织滤布的结构

从编织方面来看，平纹滤布净化效率高，但透气性差，阻力高，难清灰。缎纹滤料透气性好，因纱线具有活动性而易于清灰，但净化效率低。斜纹滤布的纱线具有足够的迁移性，弹性大，机械强度稍低于平纹滤布，受力后易错位，其表面不光滑，耐磨性能好，净化效率和清灰效果均佳；滤布不易堵塞，处理气体量高，是纺织滤料中应用最广的一种。滤布表面有起绒和不起绒之分，不起绒的滤布称为素布，经起绒使表面纤维形成绒毛的滤布称为绒布。绒布的透气性及净化效率均优于素布，但是清灰比较困难。

就滤袋材料而言，天然纤维包括棉织、毛织及棉毛混织品，其特点是透气性好、阻力小、处理气体量大、过滤效率较高、易清灰，一般适用于没有腐蚀性、操作温度在 80℃以下的含尘气体。合成纤维滤料主要包括聚酰胺纤维（尼龙）、聚酯纤维（涤纶 729、208）、聚苯硫醚（PPS）纤维、聚丙烯腈纤维（奥纶）、聚乙烯醇纤维（维尼纶）、聚酰亚胺纤维（P84）、芳香族聚酰胺纤维（诺梅克斯）、聚四氟乙烯纤维（特氟纶）等。它们的共性是强度高、抗折性能好、透气性好、收尘效果好等，适宜在低于 120℃废气温度的袋式除尘设施中使用，个性上则各不相同。如尼龙织物最高使用温度为 80℃，耐酸性能不如毛织物，但耐磨性很好，适合过滤磨损性强的粉尘，如黏土、水泥熟料、石灰石尘等；奥纶耐酸性好、耐磨性差，最高使用温度在 130℃左右，适用于有色金属冶炼中含有烟气的净化；涤纶具有较强的耐热、耐酸性能，耐磨性仅次于尼龙，能长期使用的温度为 140℃。

玻璃纤维是无机滤料，目前国内生产有普通玻璃纤维滤布、玻璃纤维膨体纱滤布、玻璃纤维针刺毯滤布和玻璃纤维覆膜过滤材料，玻璃纤维类滤料具有耐高温（280℃）、耐腐蚀、表面光滑、不易结霜、不缩水等优点，玻璃纤维较脆，织成滤袋后不柔软，经不起揉折和摩擦，不宜用于机械振打清灰的除尘器，其过滤风速较低，除尘效率低于天然和合成纤维滤料，主要用于水泥、冶炼、炭黑、动力等部门的高温烟气净化。以玻璃纤维基布覆合多微孔聚四氟乙烯薄膜制成的玻璃纤维覆膜过滤材料，集合了玻璃纤维的高强低伸，耐高温、耐腐蚀等优点和聚四氟乙烯多微孔薄膜的表面光滑、憎水透气、化学稳定性好等优良特性，几乎能截留含尘气流中的全部粉尘，而且能在不增加运行阻力的情况下保证气流的最大通量，是理想的过滤材料。

2．清灰方法

清灰是袋式除尘器运行中十分重要的环节。袋式除尘器的效率、通风阻力、过滤速度及滤袋寿命等均与清灰方式有关。通常可分为简易清灰、机械清灰和气流清灰三种。

简易清灰通过关闭风机时滤袋的变形，以及依靠粉尘层的自重进行，有时还辅以人工轻度拍打。此法操作简单，但只能采用较低的过滤风速，无法连续运行，应用范围受限。简易式除尘器过滤风速一般取 0.2～0.75 m/min，压力损失为 600～700 Pa，除尘效率达 99%左右。

机械清灰通过摇动、抖动和频率较高、振幅较小的振动等方式来实现（图 4-26）。

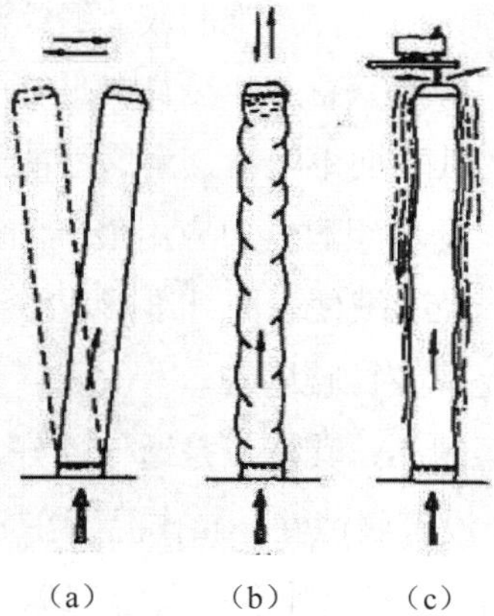

图 4-26　机械清灰方式

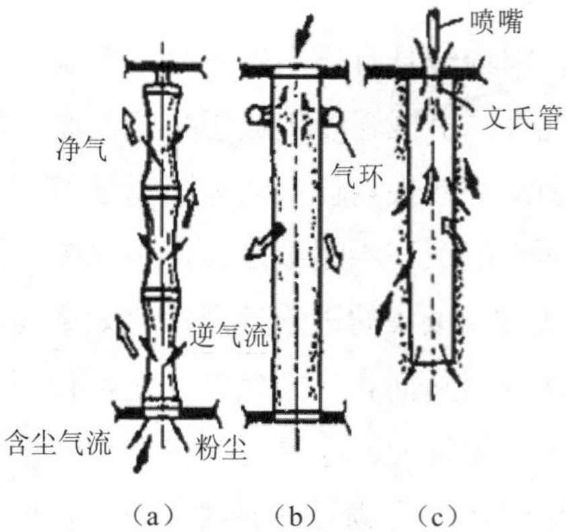

图 4-27　气流清灰方式

图 4-26（a）和（b）中的滤袋在振打机构的作用下，上下或左右运动，这种清灰方法易导致滤袋局部损坏；而如图 4-26（c）所示，滤袋在振动装置的作用下产生微振，使粉尘脱落达到清灰要求。机械振动清灰袋式除尘器的过滤风速一般取 1.0～2.0 m/min，压力损失为 800～1 200 Pa。该类型袋式除尘器的优点是工作性能稳定、清灰效果较好，但滤袋因受机械力作用易损坏，检修与更换工作量大。

气流清灰（图 4-27）是利用反吹气流使滤袋瞬时胀缩，将积尘抖落的一种清灰方法，具有处理能力大、清灰效果好、工作稳定、对滤袋损伤小等优点，在我国应用较多。气流清灰又可分为逆气流清灰、气环反吹和脉冲喷吹三种方式。逆气流清灰［图 4-27（a）］通过利用开闭阀门改变气流方向，形成与正常过滤气流方向相反的气流冲击，从而达到清灰的目的。其结构简单、清灰效果好、滤袋磨损少，特别适用于粉尘黏性小的玻璃纤维滤袋，过滤风速一般为 0.5～2.0 m/min，压力损失控制在 1 000～1 500 Pa；气环反吹清灰［图 4-27（b）是在滤袋外设置可上下移动的反吹气环，利用环状喷吹气流压迫滤袋，使袋内积尘脱落，从而实现清灰；脉冲喷吹清灰［图 4-27（c）］每 60 s 左右喷吹一次，每次喷吹 0.1 s 左右，通过脉冲阀将 4～7 atm[①]压缩空气反吹滤袋，造成滤袋内瞬时正压，滤料及袋内空间急剧膨胀，加之气流的反向作用，使滤袋振动，让积附在滤袋上黏附性强的粉尘在不中断过滤工作时脱落。脉冲喷吹袋式除尘器的优点是清灰过程中不中断滤袋工作，清灰时间间隔短，过滤风速高，净化效率在 99%以上，压力损失在 1 200～1 500 Pa，过滤负荷高，滤布磨损小，是目前广泛应用的一种清灰方式，其主要缺点是需要 4～7 atm 的压缩空气作为清灰动力，清灰用的脉冲控制仪较复杂，对高浓度、潮湿的含尘气体净化效果较差。

3．袋式除尘器的结构形式

根据结构特点，袋式除尘器可划分为四种形式：上进风式和下进风式、圆袋式和扁袋式、吸入式和压入式、内滤式和外滤式。

（1）上进风式和下进风式。上进风式中，含尘气流入口位于袋室上部，气流与粉尘沉降方向一致，如图 4-28（a）、（b）所示。下进风式则是含尘气流入口位于袋室下部，气流与粉尘沉降方向相反，如图 4-28（c）、（d）所示。若外观为下进风式，而滤袋室没有导流板将含尘气流引到上部分散，则应归入上进风式。

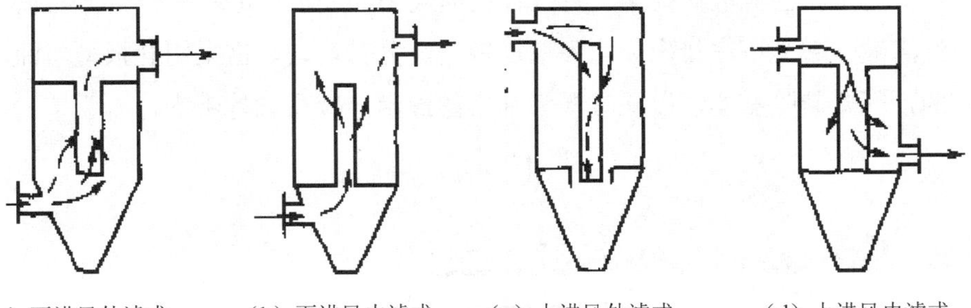

（a）下进风外滤式　（b）下进风内滤式　（c）上进风外滤式　（d）上进风内滤式

图 4-28　袋式除尘器的结构形式

（2）圆袋式和扁袋式。圆袋式的滤袋为圆筒形，而扁袋式的滤袋为平板形（信封形）、梯形、楔形以及非圆筒形的其他形状。

（3）吸入式和压入式。吸入式中，风机位于除尘器之后，除尘器处于负压工作状态。

① 1 atm=101 325 Pa，全书同。

压入式中，风机位于除尘器之前，除尘器处于正压工作状态。

（4）内滤式和外滤式。内滤式中，含尘气流由袋内流向袋外，通过滤袋内侧捕集粉尘，如图 4-28（b）、（d）所示。外滤式中，含尘气流由袋外流向袋内，通过滤袋外侧捕集粉尘，见图 4-28（a）、（c）。

（三）湿式除尘器

湿式除尘器的除尘原理：通过喷雾、气流冲击等方式将液体形成液滴、液膜、气泡等形态的液体捕集体，而后尘粒与液体捕集体接触，使得液体捕集体和粉尘之间产生惯性碰撞、截留、扩散和凝集等作用，从而将粉尘从含尘气流中分离出来。

湿式除尘器的类型较多。根据液体捕集体的产生方式，可将其分为喷淋除尘器、旋风水膜除尘器、自激式湿式除尘器、泡沫除尘器、填料床除尘器、文丘里除尘器以及机械诱导喷雾除尘器。

根据气液分散形式，可分为液滴除尘器、液膜除尘器以及液层气泡除尘器，重力喷雾除尘器、自激式喷雾除尘器、文丘里湿式除尘器以及机械诱导喷雾除尘器属于液滴除尘器；湿式填料床除尘器、旋风水膜除尘器属于液膜除尘器；泡沫除尘器属于液层气泡除尘器。

下面介绍几种常见的湿式除尘器。

1．喷淋除尘器

喷淋除尘器又称喷淋塔或洗涤塔，是最为简单的湿式除尘装置。按尘粒和水滴流动方式，可分为逆流式、并流式和横流式。图 4-29 为逆流式喷淋塔。在逆流式喷淋塔中，含尘气体向上运动，液滴由喷嘴喷出向下运动。由于尘粒和液滴之间的惯性碰撞、拦截和凝聚等作用，较大的尘粒会被液滴捕集。若气体流速较小，夹带了尘粒的液滴会因重力作用而沉降，与洗涤液一起从塔底排出。为保证塔内气流分布均匀，常采用孔板型气流分布板。通常在塔的顶部安装除雾器，以除去极为细小的液滴，减少气体带水。

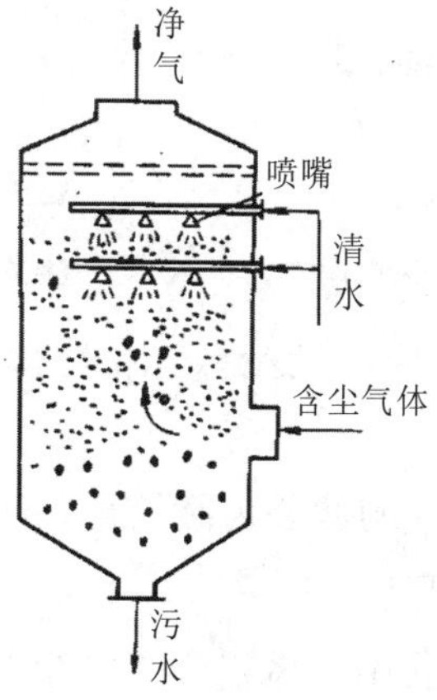

图 4-29 喷淋塔

2. 冲击式除尘器

冲击式除尘器内部贮存一定量的水，将具有一定动能的含尘气体直接冲击到液体，激起大量水滴和水雾，从而使尘粒从气流中分离。属于此类除尘器的有结构简单的水浴除尘器和结构较复杂的自激式除尘器。

（1）水浴除尘器

水浴除尘器的结构较简单，如图 4-30 所示。它由挡水板、进排气管、进排水管、喷头和溢流管等组成。其除尘过程可分为三个阶段：连续进气管的喷头掩埋在器内的水室里，含尘气流经喷头高速喷出，冲击水面并急剧改变方向，气流中的大尘粒因惯性与水碰撞而被捕集，此为冲击作用阶段；粒径较小的尘粒随气流以紉流的方式穿过水层，激发出大量泡沫和水花，进一步使尘粒被捕集，实现二次净化，此为泡沫作用阶段；气流穿过泡沫层进入筒体，受到激起的水花和雾滴的淋浴，得到进一步净化，此为淋浴作用阶段。

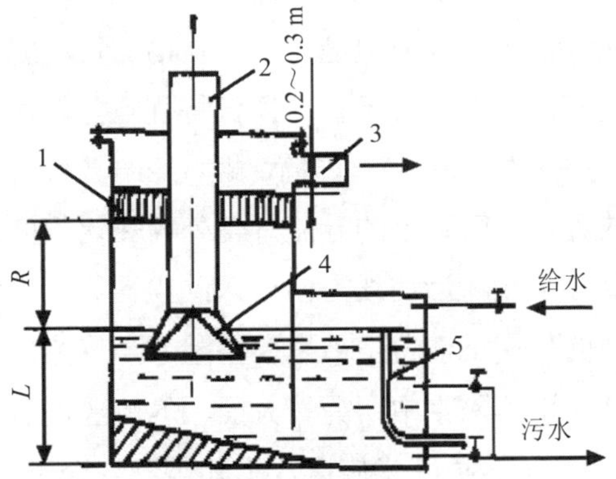

1-挡水板；2-进气管；3-进气管；

4-喷嘴；5-溢流管。

图 4-30 水浴除尘器结构

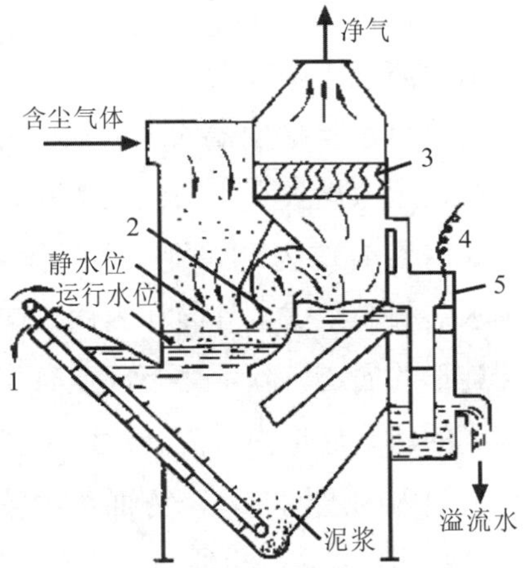

1-泥浆出口；2-S 形通道；3-挡水板；

4-水位控制器；5-溢流箱。

图 4-31 自激式除尘器结构

（2）自激式除尘器

自激式除尘器分为立式和卧式两种。典型的立式自激式除尘器由进气管、排气管、自动供水系统、S 形通道、挡水板、溢流箱、泥浆机械耙等组成，如图 4-31 所示。除尘过程如下：含尘气体进入器内转弯向下冲击水面，粗尘粒由于惯性作用落入水中被水捕获；细尘粒随气流以 18～35 m/s 的速度进入两叶片间的 S 形通道，由于高速气流冲击水面激起的水滴的碰撞及离心力的作用，使细尘粒被捕获。净化后的气体通过气液分离室和挡水板，去除水分后排出。被捕集的粗、细尘粒在水中由于重力作用沉积于器内底部形成泥浆，再由机械耙将泥浆耙出。除尘器内的水位由溢流箱控制，在溢流箱盖上设有水位控制装置，以保证除尘器的水位恒定，从而保证除尘效率的稳定。如果除尘器较小，可使用简单的浮漂来控制水位。

3. 湿式旋风除尘器

湿式旋风除尘器相较于干式旋风除尘器，由于附加了水滴的捕集作用，其除尘效率明显提高。如在旋风水膜除尘器中，含尘气体的螺旋运动所产生的离心力将水滴甩向外壁形成壁流，减少了气流带水，增加了气液间的相对速度，这不仅能提高惯性碰撞效率，还能通过更细的喷雾，让壁液迅速将离心力甩向外壁的粉尘冲下，有效地防止了二次扬尘。

湿式旋风除尘器适用于净化大于 5 μm 的粉尘。在净化亚微米范围的粉尘时，常将其串联在文丘里湿式除尘器之后，充当凝聚水滴的脱水器。其除尘效率一般可达 90%以上，压力损失为 250～1 000 Pa，特别适用于气量大和含尘浓度高的烟气除尘。

常用的湿式旋风除尘器有旋风水膜除尘器和中心喷雾旋风除尘器。

（1）旋风水膜除尘器

旋风水膜除尘器一般分为卧式旋风水膜除尘器和立式旋风水膜除尘器两类。

卧式旋风水膜除尘器的阻力损失为 800～1 000 Pa，平均耗水 0.05～0.15 L/m^3。它具有结构简单、压力损失小、除尘效率高、负荷适应性强、运行维护费用低等优点，因此应用十分广泛。图 4-32 为卧式旋风水膜除尘器的结构，它由外筒、内筒、螺旋形导流体、集水槽及排水装置等组成，外筒和内筒横向水平放置，内筒壁上的导流片使外筒和内筒间形成一个螺旋形的通道，除尘器下部设有集水槽。含尘气体沿切线方向进入除尘器，气体在内外筒形成的螺旋通道内做旋转运动，在离心力的作用下，粉尘被甩向筒壁。当气流以高速冲击到水箱内的水面时，一方面，尘粒因惯性作用落入水中；另一方面，气流冲击水面激起的水滴与尘粒碰撞，也能将一部分尘粒捕获。由于这种卧式旋风水膜除尘器综合了旋风、冲击水浴和水膜三种除尘形式，其除尘效率一般在 90%以上，最高可达 98%。

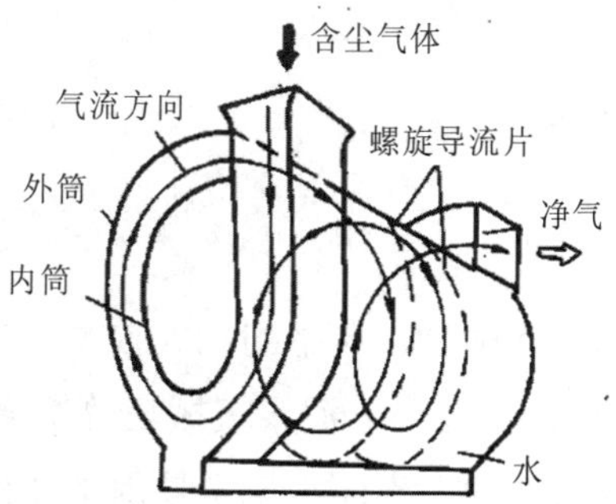

图 4-32 卧式旋风水膜除尘器结构

影响卧式旋风水膜除尘器效率的主要因素是气速和集水槽的水位。在处理风量一定的情况下，若水位过高，螺旋形通道的断面积减小，气流通道的流速增加，会使气流冲击水面过分激烈，造成设施阻力增大；若水位过低，通道断面积增大，气体流速降低会使水膜形成不完全或者根本无法形成，从而使除尘效率下降。试验表明，槽内水位至内筒底的距离以 100～150 mm 为宜，相应螺旋形通道内的断面平均风速应为 11～17 m/s。

立式旋风水膜除尘器也是应用比较广泛的一种洗涤式除尘器，其构造如图 4-33 所示。

在圆筒体上部设置切向喷嘴，将水雾喷向器壁，使内壁形成一层不断向下流动的薄水膜。含尘气体由筒体下部切向导入，形成旋转上升的气流，气流中的尘粒在离心力的作用下甩向器壁，从而被液滴和器壁的水膜所捕集，最终沿器壁流向下端集水槽，净化后的气体由顶部排出。立式旋风水膜除尘器的净化效率随气体入口速度的增加和筒体直径的减小而提高，但入口速度过高，压力损失也会大幅增加，而且还会破坏水膜层，造成尾气带水，从而降低除尘效率。因此，气体入口速度一般控制在 15～22 m/s。筒体高度对净化效率也有较大影响，对于小于 2 μm 的细粉尘影响更为显著。一般筒体高度应大于筒径的 5 倍。立式旋风水膜除尘器不但除尘效率比干式旋风除尘器高很多，而且对器壁磨损也较轻，效率一般在 90%～95%，气流压力损失为 500～750 Pa。

（2）中心喷雾旋风除尘器

图 4-34 为中心喷雾旋风除尘器结构。含尘气流由除尘器下部以切线方向进入，水通过轴向安装的多头喷嘴喷入，尘粒在离心力的作用下被甩向器壁，水由喷雾多孔管喷出后形成水雾，利用水滴与尘粒的碰撞作用和器壁水膜对尘粒的黏附作用除去尘粒。入口处的导流板可调节气流入口速度和压力损失，若需进一步控制，则要依靠调节中心喷雾管入口处的水压。

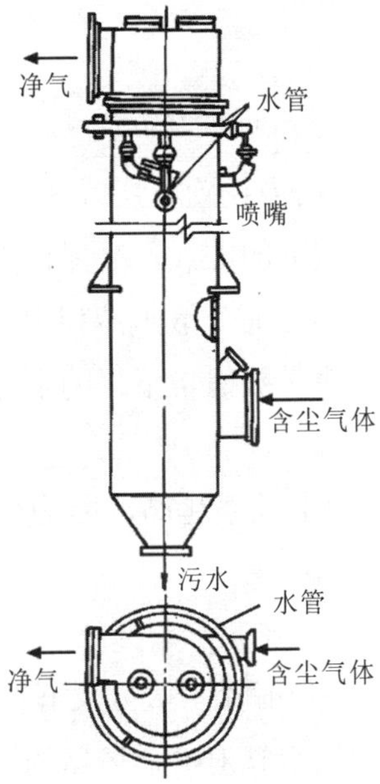

图 4-33　立式旋风水膜除尘器结构

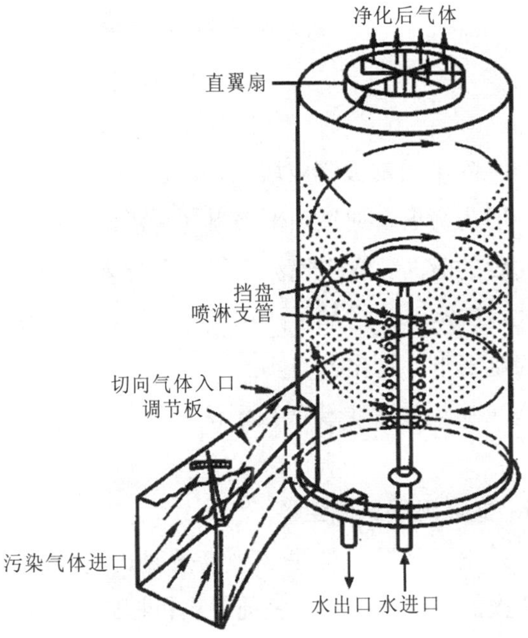

图 4-34　中心喷雾旋风除尘器结构

中心喷雾旋风洗涤器结构简单、造价低、操作运行稳定可靠。这种洗涤器的入口风速通常在 15 m/s 以上，洗涤器断面风速一般为 1.2～24 m/s，压力损失为 500～2 000 Pa，耗水量为 0.4～1.3 L/m^3，对粒径在 5 μm 以下粉尘的净化率可达 95%～98%。这种洗涤器也适用于吸收锅炉烟气中的 SO_2，当用弱碱溶液作洗涤液时，吸收率在 94%以上。

4. 泡沫除尘器

泡沫除尘器又称泡沫洗涤器，简称泡沫塔，如图 4-35 所示。这类除尘器一般分为无溢流泡沫除尘器和有溢流泡沫除尘器两类。

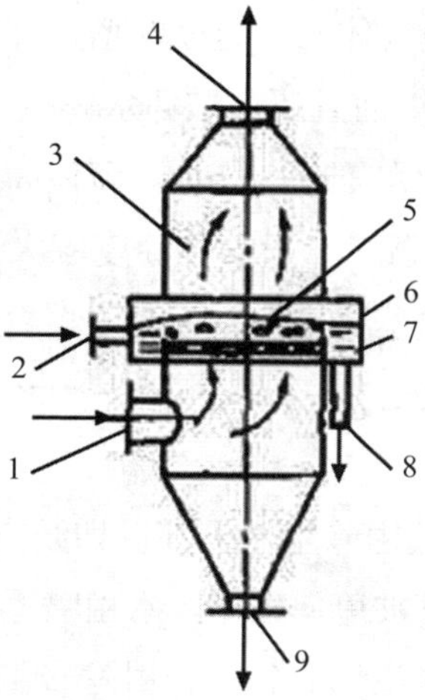

（a）有溢流泡沫除尘器

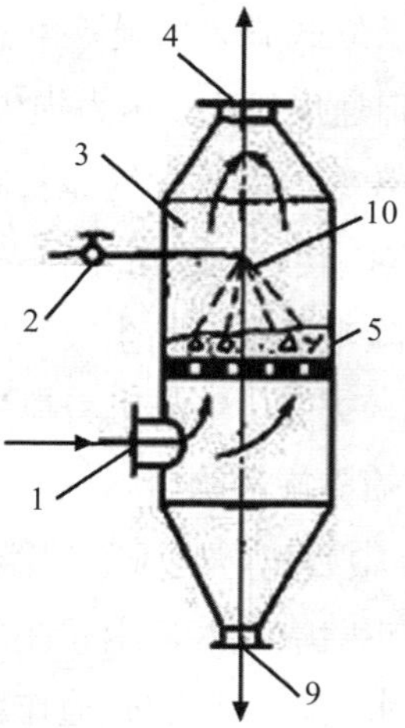

（b）无溢流泡沫除尘器

1-烟气入口；2-洗涤液入口；3-泡沫洗涤器；4-净气出口；5-筛板；

6-水堰；7-溢流槽；8-溢流水管；9-污泥排出口；10-喷嘴。

图 4-35　泡沫式除尘器构造示意图

泡沫除尘器常被制成塔状，根据允许压力降和除尘效率，在塔内设置单层或多层塔板。塔板一般为筛板，通过顶部喷淋（无溢流）或侧部供水（有溢流）的方式，来保持塔板上一定高度的液面。含尘气流由塔下部导入，均匀通过筛板上的小孔而分散于液相中，同时产生大量的泡沫，增加了两相接触的表面积，使尘粒被液体捕集。被捕集下来的尘粒随水流从除尘器下部排出。

泡沫除尘效率主要取决于泡沫层的厚度，泡沫层越厚，除尘效率越高，阻力损失也越大。

5. 文丘里湿式除尘器

文丘里湿式除尘器是一种高效湿式洗涤器，可分为喷雾式和射流自吸式文丘里除尘器，两类的区别在于，一是前者由机械式通风机供风，后者利用水气射流通风器的原理，通过压力水的喷射自行吸风；二是前者喷嘴以喷雾为主，后者喷嘴以射流吸风为主。

图 4-36 为喷雾式文丘里湿式除尘器示意图，它由喷雾器、文丘里管（文氏管）本体及脱水器三部分组成。文丘里管本体由渐缩管、喉管和渐扩管组成。含尘气流由进气管进入渐缩管后，流速逐渐增大，气流压力逐渐转变为动能；进入喉管时，流速达到最大值，静压下降到最低值；此后在渐扩管中进行相反的过程，流速渐小，压力回升。除尘过程如下：水通过喉管周边均匀分布的若干小孔进入，被高速的含尘气流撞击成雾状液滴，气体中尘粒与液滴凝聚成较大颗粒，并随气流进入旋风分离器中与气体分离。因此，可将文丘里湿式除尘器的除尘过程分为雾化、凝聚和分离除尘三个阶段，前两阶段在文丘里管内进行，后一阶段在除雾器内进行。

文氏管本体的几何尺寸主要包括渐缩管、喉管和渐扩管的长度、直径以及渐缩管和渐扩管的张开角度等，如图 4-37 所示。进气管直径 D_1 按与之相连管道的直径确定，管道中气流速度一般为 16～22 m/s。收缩管的收缩角 α_1 常取 23°～25°，喉管直径 D_r 按喉管气速 v_r 确定，其截面积与进口管截面积之比的典型值为 1∶4，v_r 的选择要考虑到粉尘、气体和洗涤液的物理化学性质、对洗涤器除尘效率和阻力的要求等因素。渐扩管的扩散角 α_2 一般为 5°～7°，出口管的直径 D_2 按与其相连的除雾器要求的气速确定。由于扩散管后面的直管道还具有凝聚和恢复压力的作用，一般设有 1～2 m 长的连接管，再接除雾器。

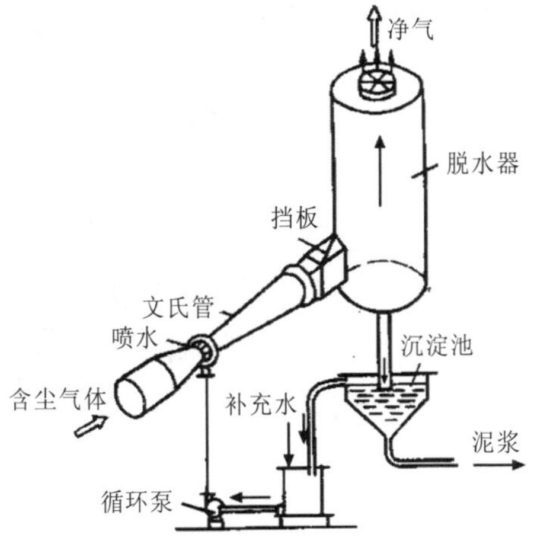

图 4-36　喷雾式文丘里湿式除尘器示意图

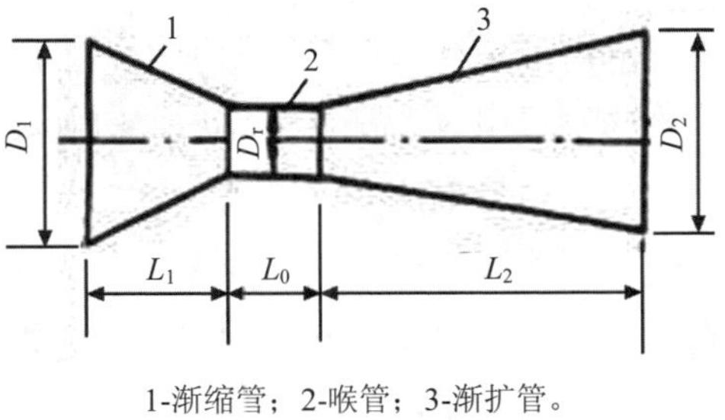

1-渐缩管；2-喉管；3-渐扩管。

图 4-37　文氏管结构尺寸

（四）电除尘器

电除尘器是利用高压电场使尘粒荷电，在电场力（主要是静电力）的作用下使粉尘从气体中分离出来并沉积在电极上的除尘装置。

1．电除尘器的工作原理

图 4-38 为单管式电除尘器的结构示意图，接地的金属管叫集尘电极，为正极；与高压

直流电源相接的细金属线叫放电极（又称电晕极），为负极。放电极置于圆管中心，靠下端的吊锤拉紧，含尘气体从除尘器下部的进气管进入，净化后的清洁气体从上部排气管排出。

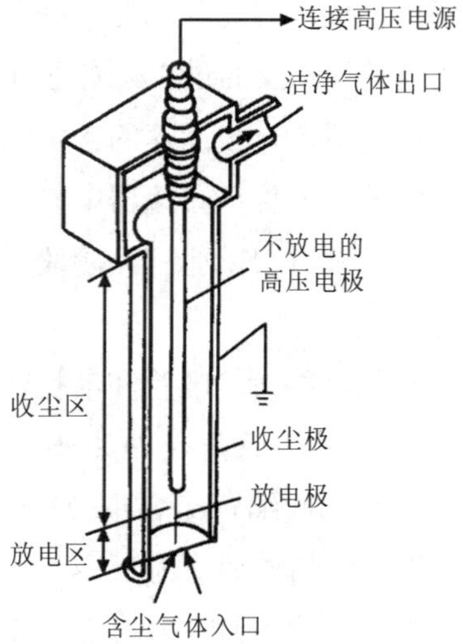

图 4-38 单管式电除尘器的结构示意图

电除尘的基本原理主要包括电晕放电、粉尘荷电、粉尘沉积和清灰四个基本过程。

（1）电晕放电

电除尘器内设有高压电场，电极间的空气离子在电场的作用下向电极移动，形成电流。起初，空气中的自由离子少，电流较小。当电压升高到一定数值后，电晕极附近的离子获得了较高的能量和速度，它们撞击空气中性分子时，中性分子会电离成正、负离子，这种现象称为空气电离。空气电离后，由于连锁反应，在极间运动的离子数大为增加，表现为极间电流（电晕电流）急剧增大。当电晕极周围的空气全部电离后，便形成了电晕区，此时在电晕极周围可以看见一圈蓝色的光环，这个光环称为电晕放电。如果在电晕极上施加的是负电压，则产生的是负电晕；反之，产生正电晕。

（2）粉尘荷电

在放电电极附近的电晕区内，正离子即刻被电晕极表面吸引而失去电荷；自由电子和负离子则受电场力的驱使和扩散作用，向集尘电极移动，于是在两极之间的绝大部分空间内都存在自由电子和负离子，含尘气流通过这部分空间时，粉尘与自由电子、负离子发生碰撞并结合，实现粉尘荷电。

（3）粉尘沉积

电晕区的范围一般很小，电晕区以外的空间称为电晕外区。电晕区内的空气电离之后，正离子很快向负极（电晕极）移动，只有负离子才会进入电晕外区，向阳极（集尘极）移动。含尘气流通过电除尘器时，只有少量尘粒在电晕区通过，获得正电荷，沉积在电晕极上。大多数尘粒在电晕外区通过，获得负电荷，在电场力的驱动下向集尘极运动，到达极板失去电荷后最终沉积在集尘极上。

（4）清灰

当集尘极表面的灰尘沉积到一定厚度后，会导致火花电压降低，电晕电流减小；而电晕极上附有少量的粉尘，也会影响电晕电流的大小和均匀性。为防止粉尘重新进入气流，保持集尘极和电晕极表面的清洁，应隔一段时间及时清灰。

2. 电除尘器的结构形式

电除尘器的结构形式多样，根据其结构特点，有以下几种分类：

（1）按粒子荷电段和分离段的空间布置不同，可分为单区式和双区式电除尘器。电除尘的四个过程都在同一空间区域内完成的叫作单区式电除尘器。而荷电和除尘分设在两个空间区域的称为双区式电除尘器。目前，单区式电除尘器应用最广。

（2）按集尘极的形式，可分为管式和板式电除尘器。管式电除尘器的集尘极一般为多根并列的金属圆管（或呈六角形），适用于气体量较小的情况。板式电除尘器采用各种断面形状的平行钢板作为集尘极，极板间均布电晕线。

（3）按气流流动方向，可分为立式和卧式电除尘器。管式电除尘器都是立式的，板式电除尘器也有采用立式的，在工业废气除尘中，卧式的板式电除尘器应用最广。

（4）按清灰方式，可分为干式和湿式电除尘器。

第二节 风险辨识与安全管控

一、可燃性粉尘

由于人们对粉尘防爆的认识不足，重视不够，导致国内存在爆炸性粉尘环境的诸多行业，如金属制品加工、木材加工、粮食加工储存等，频发粉尘爆炸事故，造成了严重的人员伤亡和财产损失。在粉尘作业场所作业人员达 30 名以上的企业有近 3 000 家。近年来，我国发生了多起粉尘爆炸事故，如 2012 年浙江温州“8 • 5”铝粉尘爆炸重大事故，造成 13 人死亡；2014 年江苏昆山中荣金属制品有限公司“8 • 2”特别重大爆炸事故，造成 146 人死亡；2019 年昆山汉鼎精密金属有限公司“3 • 31”较大爆燃事故，造成 7 人死亡，均酿成了重大损失和极其恶劣的社会影响。

粉尘爆炸的五要素包括：可燃性粉尘、可燃性粉尘云、引燃源、助燃物、受限空间。除尘系统能够有效控制可燃性粉尘和粉尘云的扩散，降低作业场所内的粉尘浓度，减少作业场所粉尘沉积，降低爆炸危险区域的区域等级、缩小危险区域的范围，降低发生粉尘爆炸的风险。但是，作为收集爆炸性粉尘的重要系统，其内部粉尘浓度高，爆炸危险等级也较高，易发生粉尘爆炸。

粉尘爆炸指悬浮在空气中的可燃粉尘，在爆炸极限范围内，遇到热源（明火或温度），火焰瞬间传播于整个混合粉尘空间，化学反应速度极快，同时释放大量热量，形成很高的温度和很大的压力，系统的能量转化为机械功以及光和热的辐射，破坏力极强。由初始点火源引发一次爆炸，第一次爆炸气浪把沉积在设备或地面上的粉尘吹扬起来，在第一次爆炸的余火引燃下引发第二次爆炸，随着爆炸引发极大振动，沉积在不同部位的粉尘扬起，形成多个粉尘云，从而产生连环爆炸。

粉尘爆炸性的 5 个常见特点：粉尘本身具有易燃或易爆的特性；粉尘悬浮在气流中，到达爆炸性界限；有充足的热能量，如点燃源；粉尘具备适当的传播性；粉尘在密闭空间中会发生爆炸。粉尘爆炸的压力升降速度较慢，长时间持续较高压力会导致更严重的破坏力和燃烧过程，甚至可能引发二次爆炸。此外，粉尘爆炸的反应速度和压力会随着爆破的持续而急剧上升，且离起爆点越远，破坏程度就越严重。影响粉尘爆炸危险性的因素一般是：分散度越高、粒度越细，可燃气体和氧的含量越大，火源强度、原始温度越高，湿度越低和惰性粉尘及灰分越少，爆炸范围也就越大。粉尘云着火时，顷刻间燃烧，释放大量热能，使燃烧气体温度骤然升高，体积剧烈膨胀，形成很高的膨胀压力，一旦空间受限，则发生爆炸。存在粉尘爆炸危险的主要行业领域有冶金煤粉制备、金属制品加工、粮食加工、饲料加工、食品加工、棉毛麻化纤等纺织品加工、皮革羽毛制品加工、木材家具加工、纸制品加工、橡胶及塑料制品加工、烟草加工等。

粉尘爆炸事故的原因通常是多方面交叉叠加的。例如，电力装置私搭乱接，众多粉尘涉爆企业（尤其是小微企业）出于节约成本、省时省力等方面的考虑，极易忽视电气安全设计，加之日常使用频繁、作业人员缺少用电安全警觉性、缺乏专业人员的巡查维护，致使企业电气线路不符合安全规定，私拉乱接现象严重。而粉尘涉爆作业场所内，又存在大量易燃易爆物品。在这些因素的共同作用下，电力装置成为粉尘爆炸、火灾等生产安全事故的重要危险来源。

综合分析事故发生的主要原因，可发现，人员违规操作、未设置完善的通风除尘设施、设备设施安全设计存在缺陷、其他事故是导致粉尘爆炸的四种最主要原因，其中，未设置完善的通风除尘设施导致粉尘浓度达到爆炸极限而引发的爆炸事故，占比超过 50%。

二、除尘设施的风险辨识

下面将针对除尘设备本身，介绍除尘设备常见的安全隐患。

干式除尘设备包括重力除尘设备、惯性除尘设备、旋风除尘设备、布袋除尘设备等，其中应用较多的是旋风除尘器和布袋除尘器。布袋除尘器的工作原理是通过滤袋来截留烟气中一定颗粒的粉尘，经滤袋过滤后的烟气达到环保规定的排放标准。旋风除尘器利用离心力的原理来达到除尘效果，含尘气体从侧边进气口进入，气流由直线运动变为向下的圆周运动，在离心力的作用下，气流中较大的粉尘颗粒同器壁碰撞，失去惯性力后沿着器壁下滑至除尘器底部，通过排尘口排出。目前企业普遍采用旋风除尘器与布袋除尘器相结合的方式，以弥补旋风除尘器无法捕集小颗粒物粉尘的缺陷，提高除尘系统的除尘效果。

一个完整的除尘系统由吸尘罩、风道、除尘器、风机四个部分构成。局部排风罩能够在粉尘产生点直接捕集，防止其在作业场所扩散沉积，充分利用完善的局部排风罩，可实现用最小的风量获得最佳的控尘效果。风管设计需满足高效低阻的要求，以避免粉尘沉积。除尘器的选型与设计正确，满足防爆要求。风机由于连续运转，要考虑过热表面形成着火源的风险。这四大部件连接成通风整体系统，在设计连接环节时，也需要考虑静电导除、整体承受日常运行的风流负压压力以及粉尘爆炸产生的正压压力。

爆炸性粉尘环境的除尘系统，由于其使用环境存在爆炸风险的特殊性，具有特定的设计、安装、使用、维护的技术要求和标准规范。实际应用中由于对此类标准和规范执行不够，导致在爆炸性粉尘环境中使用的除尘系统存在严重的安全隐患。常见的类型有以下几种：

1．袋式除尘器采用正压吹送粉尘

在工业通风除尘环保领域，袋式除尘器可分为正压除尘系统和负压除尘系统。正压除尘系统中，风机安装在除尘器含尘气流的进风口端。由于流过风机的含尘气流未经除尘器净化，风机内部会形成爆炸性粉尘环境，粉尘与叶轮摩擦易产生摩擦火花和静电火花，有爆炸风险。且除尘器处于系统的正压段，一旦密封不严易发生泄漏，造成可燃性粉尘逸散，增加除尘器周围环境的危险性。负压除尘系统与此相反，可有效控制除尘器内的可燃性粉尘向外部逸散，降低风机成为点燃源的风险。除尘系统采用负压除尘时，管道截面应取圆形，减少水平风管的长度，减少弯头数量，有效避免粉尘积聚。

2．不同防火分区的除尘系统互联互通

防火分区是指采用防火分隔措施划分出的、能在一定时间内防止火灾向同一建筑毗邻区域蔓延的空间单元。在建筑物内采取划分防火分区这一措施，可以有效地把火势控制在一定范围内，减少火灾损失，同时为人员安全疏散和消防扑救提供有利条件。如果不同防火分区的除尘系统互联互通，那么爆炸压力波和火焰将沿着风管蔓延，扩大火灾爆炸范围，造成更加严重的后果和损失。因此，爆炸性粉尘环境用除尘系统必须根据防火分区相对独立设置，各除尘系统管网间禁止互联互通，防止连锁爆炸。

3．加剧爆炸危险的介质共用一套除尘系统

该问题主要分为两类：

（1）相互接触发生放热反应产生自燃的粉尘物质共用一套除尘系统。例如，将铝粉的风管和铁粉的风管并入同一除尘系统风管，铁粉在空气中容易氧化生成铁锈，当铝粉和铁锈粉两种粉尘在风管内堆积时，堆积的粉尘会发生放热反应，反应热会破坏风管，造成风管泄漏，更严重时导致风管内发生爆炸。因此，铝粉和铁粉不能共用一套除尘系统。

（2）可燃性气体和可燃性粉尘共用一套除尘系统。例如，木材加工行业将喷漆车间清除油漆的通风管道和砂光机木粉除尘管道接入同一个主风管，导致主风管内形成可燃性气体和可燃性粉尘共存的环境，加大其发生燃烧爆炸的风险。因此，可燃性粉尘和可燃性气体不得共用一套除尘系统。

4．除尘系统未采用粉尘爆炸防护性措施

防护性措施的目的是当爆炸难以避免时，可采取相关措施把爆炸危害限制在可接受的程度内，主要措施包括：

（1）泄爆：当除尘系统内的爆炸压力尚未超过泄爆装置预设的开启压力时，泄爆装置会自动开启，向外界释放爆炸压力波和火焰，使除尘系统不致被破坏。在风管和除尘器上安装泄爆装置，可以降低爆炸对通风系统的破坏，同时可缩小爆炸压力波和火焰的传播范围。

（2）隔爆：为防止爆炸产生的压力波和火焰从爆炸点沿着连接管道传播到相互连接的其他部位，以免引发整个系统爆炸，造成更大损失。由于除尘系统风管通过不同的场所连接到除尘器，爆炸产生的压力波和火焰可以沿着风管传播，所以应在风管上安装隔爆装置，将压力波和火焰阻断在一定范围内，从而降低事故风险。

（3）抑爆：将装置内可燃性物质的爆炸扑灭在爆炸的初始阶段，从而避免形成过高爆炸压力的措施。在爆炸的初始阶段，利用安装在风管和除尘器上的抑爆装置，向发生爆炸的风管或除尘器内部喷射灭火剂，可在几毫秒之内将爆炸扑灭。

（4）惰化：惰化装置的原理是控制氧气的浓度，消除爆炸发生的条件。通过惰化装置向除尘器内充入惰性气体，降低氧含量。

（5）抗爆：为防止爆炸，可采用抗爆结构设计的除尘器。抗爆结构是指能够承受爆炸性混合物的最大爆炸压力而不致破坏的结构。采用抗爆结构的除尘器能够承受内部最大粉尘爆炸载荷。爆炸性粉尘环境用除尘器管道应安装火花探测熄灭装置、风压压差监测装置、温度监测装置，应采取一种或多种防护性措施，降低爆炸的危险程度，减少损失。

5．泄爆装置不符合标准和规范要求

泄爆装置作为最有效也最经济的防爆设备，普遍使用于除尘系统中。常见的问题包括：泄爆面积过小，不符合标准要求；泄爆口朝向生产厂房内部、建筑物的承重屋梁或建筑物的工艺通道等。

6．除尘器未安装与其同步运转的锁气卸灰装置

除尘器运行过程中，应及时把除尘器灰斗中的可燃性灰尘清理掉，否则，粉尘堆积会产生热量积累，容易使粉尘发生自燃。堆积的粉尘与空气形成爆炸性混合物，构成了粉尘爆炸二次爆炸的危险源，为安全埋下隐患。除尘器灰斗下部应设置锁气卸灰装置，以保证灰尘及时清理，减少除尘器漏风率，并可避免粉尘外溢形成粉尘云。铝、镁等金属材料粉尘和木材粉尘的干式粉尘控制系统应设有锁气卸粉设施。

7. 除尘系统内粉尘未按时清扫

除尘系统应按周期及时进行清扫，避免粉尘层堆积。吸尘罩、卸灰收集容器至少每班清理；除尘器的滤袋、灰斗、锁气卸灰装置、粉尘收集仓至少每周清扫一次；风管、风机、防爆装置、箱体内部至少每月清扫一次。清扫过程中要防止形成粉尘云，不使用产生火花的工具。

8. 未按设计标准设计

管道变径、三通、弯头等未按照相关设计标准设计，T型三通较多，管道盲端较多，导致局部阻力增大，在这些环节，沉积粉尘大量堆积后再次扬起，造成风流风速突变，将加剧管道中含尘气流的紊乱，达到粉尘爆炸极限。以铝、镁粉尘为例，《粉尘爆炸危险场所用除尘系统安全技术规范》（AQ 4273—2016）规定，铝、镁制品抛光、打磨加工的除尘器进风管，其设计风速按照风管内的粉尘浓度不大于爆炸下限的25% 计算，且不小于23 m/s。即使设计风速高于23 m/s，由于工厂的实际情况，变径、三道、弯头等数量偏多，可能导致实际风管的局部风速低于最低值，除尘效率下降，造成管道内粉尘堆积，爆炸风险增加。

一些除尘器布袋是非防静电材料、滤芯为非阻燃型。防静电应符合下列两项要求：①除尘器与进/出风管及卸灰装置的连接宜采用焊接，如果采用法兰连接则应按照防静电措施要求进行导电跨接。②粉尘爆炸危险环境区域内所有的金属设备、装置外壳、金属管道、支架、构件等均应等电位联结，设备保护接地应符合《爆炸和火灾危险环境电力装置设计规范》（GB 50058—2014）的要求。管道、法兰、风机、除尘器等所有部件均应设置静电跨接线，防止静电打火现象的发生。

另外，在使用维护方面：由于灰分板结等原因，除尘器内的灰尘越积越多，不能及时有效的清理；且在灰尘未清理前，除尘器常常作为暂时存放的场所；运行维护单位对积灰不畅及灰位渐高问题的严重性认识不足，处置不果断，通常不会因除尘器灰位过高而停炉。一边疏灰不畅，一边又源源不断地产生灰尘，致使电除尘器灰位越来越高，造成电除尘器钢支架的承载力不足。

设计与供货方面：除尘器一般分为钢支架和除尘器本体，除尘器本体用于过滤废气，钢支架用于支撑除尘器。早期的钢支架通常与除尘器本体一起由除尘器供应商提供，而钢支架作为土建结构，由设备供应商设计显得专业性不足，荷载考虑不全面等，从而造成钢支架安全裕度不够，虽可暂时支撑上部荷载，但不能满足土建行业的可靠性设计理念。当设备和基础的实际负荷增加时，将给机组带来安全隐患。

施工与安装方面：梁、柱的对接等强焊缝存在未熔透、夹渣、咬边等问题，使连接强度大降；角焊缝的焊缝高度不足或本应为连续焊，实际为点焊或断续焊，使连接强度不足。对于灰斗而言，在长期负重情况下，焊接部位脱焊区域逐渐增多，积灰仓承重能力逐渐下降，出现漏灰或掉斗情况。

改造环节：近年来，很多除尘器由原来的电除尘改为布袋除尘，根据《工业建筑可靠性鉴定标准》（GB 50144—2019），进行结构改造或扩建时，应进行可靠性鉴定，若改造时未进行鉴定而盲目改造，后期出现安全问题，改造单位及发包单位将负违反规范强制条款的责任。电除尘改为布袋除尘后，将带来荷载总重、结构体外形、荷载分布的变化，同时改造后会留下死角，增加积灰的可能，从而增加了结构安全的不确定性。

针对除尘设备，安装前，要充分了解此类设备有关的安全防护措施、设备安装安全要求等。安装时，选择具备安装资质的企业，选购正规厂家的产品，安装必需的安全防护措施，如除尘系统要安装火星监测自动报警设备和火星熄灭设备，屏蔽阀、铝镁等金属材料粉尘和木材粉尘的干式粉尘控制系统要设锁气卸粉设施等。对设备生产寿命进行分析，进而测算出相应的设备寿命，并对设备进行量化管理，有预见性和有计划地对设备进行维护检修和更新。在设备运行过程中，加强监控工作，在设备的二级维护过程中，根据区域，将各个设备分配到人。使用时，加强对人员的操作培训和安全教育培训，在设备转动部位等危险部位设置安全警示标志。设备投用后，须有专人维护保养等。

粉尘防爆的治本之策：首先要采用先进生产工艺、技术和原材料，从源头上防止粉尘产生；要设置局部可燃粉尘防爆排风除尘设施，并对尘源进行监控；产生粉尘的生产过程和设备应尽可能机械化和自动化，避免人工直接操作；生产现场要杜绝潜在火源，排除易积存粉尘的部位；设置报警系统；生产人员应定期参加安全培训，掌握粉尘防爆措施，并持证上岗；企业应制定有针对性的事故应急预案等。因此，爆炸性粉尘环境用除尘系统应根据其使用的环境要求，按照相应标准的规定，正确设计、安装、运行和维护，才能使除尘系统有效降低危险场所的粉尘浓度，且降低自身发生粉尘爆炸的风险。

三、除尘设施的安全管控

对于除尘设施中集气罩、风管、风机、除尘器（机械式、过滤式、湿式和静电式）等主要设备，应当从生产和使用全过程强化产品设计、制造、运行维护各个环节的监测、预报警及应急处置等安全措施。下面根据《粉尘爆炸危险场所用除尘系统安全技术规范》（AQ 4273—2016）、《镁铝制品机械加工粉尘防爆安全技术规范》（AQ 4272—2016）、《木材加工系统粉尘防爆安全技术规范》（AQ 4228—2012）、《粉尘防爆安全规程》（GB 15577—2018）、《粉尘爆炸危险场所用收尘器防爆导则》（GB/T 17919—2008）、《粉尘爆炸泄压指南》（GB/T 15605—2008）、《工贸企业粉尘防爆安全规定》等国家标准和相关规定，进一步介绍其各自的安全管控措施。

（一）集气罩的安全管控措施

（1）生产加工系统产生粉尘释放的作业工位，应设置吸尘罩或吸尘柜。

（2）吸尘罩或吸尘柜应按照《排风罩的分类及技术条件》（GB/T 16758—2008）的要求设计，吸尘口设计风速应符合《工业建筑供暖通风与空气调节设计规范》（GB 50019—2015）的要求，吸尘罩或吸尘柜应无积尘。

（3）对存在经由吸尘罩或吸尘柜吸入火花危险的风管，宜安装火花探测报警装置和火花熄灭装置。

（4）吸尘罩或吸尘柜采用钢质金属材料制造，若采用其他材料，则选用阻燃材料且采取防静电措施，不应选用铝质金属材料。

（二）风管的安全管控措施

除尘设备中的风管包括连接除尘器进风管的主风管与连接除尘器进风主风管的支风管。

主风管宜选用防爆装置。

主风管应采用钢质金属材料制造，若采用其他材料则应选用阻燃材料且采取防静电措施，不应选用铝质金属材料。连接除尘器的进风管应采用圆形横截面风管，若铝镁制品机械加工，采用湿式除尘工艺，作业工位吸尘罩或吸尘柜连接湿式除尘器的进风管长度小于 3 m，可采用矩形或方形横截面风管。

风管的设计强度符合下列要求：

（1）布置在厂房建筑物外部的风管，其设计强度应不小于除尘器的设计强度；设置了泄爆装置的进入厂房建筑物内部的风管，其设计强度应大于风管的设计风压，且不小于与之连接的生产加工系统风管的设计强度。

（2）与布置在厂房建筑物内部的除尘器连接的风管，其设计强度应不小于除尘器的设计强度。

（3）风管连接段采用金属构件紧固，并采用与风管横截面积相等的过渡连接，风管连接段的设计强度应大于风管的设计强度。

风管的风量及风速应满足风管内不出现粉尘堵塞、风管内壁不出现厚度大于 1 mm 积尘的要求。

风管风速按下列要求设计：

（1）铝镁制品抛光、打磨加工的除尘器进风管，其设计风速需按照风管内的粉尘浓度不大于爆炸下限的 25%计算，且不小于 23 m/s。

（2）木材加工系统的除尘器进风管，其设计风速需按照风管内的粉尘浓度不大于爆炸下限的 50%计算，且不小于 20 m/s。

（3）其他种类加工系统的除尘器进风管，其设计风速需按照风管内的粉尘浓度不大于爆炸下限的 50%计算。

风管内表面应光滑，钢质金属材料的风管应采取防锈措施，且其内表面不应使用铝涂料。

在水平风管每间隔 6 m 处，以及风管弯管夹角大于 45°的部位，宜设置清灰口，风管非清理状态时清灰口应封闭，其设计强度需大于风管的设计强度。

在风管弯管夹角大于 45°的部位，宜设置用于监视粉尘在管道内流动的观察窗，其设计强度需大于风管的设计强度。

连接与氧气混合会产生爆炸危险的金属粉料、燃料粉料或爆炸特性相同的粉料的加工系统风管，其设计强度应不小于与连接的生产加工系统风管的设计强度，与生产加工系统管道连接段应采用金属构件紧固，并采用与支风管横截面积相等的过渡连接，连接段的设计强度应不小于生产加工系统风管的设计强度。

（三）风机的安全管控措施

（1）除尘系统的风机叶片应采用导电、运行时不产生火花的材料制造。

（2）风机及叶片应安装紧固、运转正常，不产生碰撞、摩擦和异常杂音。

（四）除尘器的安全管控措施

1. 干式除尘器

（1）若生产中产生大量粉尘，可在除尘系统中采取旋风除尘器进行初级除尘，再经袋式过滤除尘器二次除尘的工艺。

（2）除尘器与进、出风管及卸灰装置的连接宜采用焊接，如果采用法兰连接，应按照防静电措施要求进行导电跨接。

（3）袋式外滤除尘器要求如下：

1）除尘器滤袋应采用阻燃及防静电滤料，滤袋抗静电特性应符合《粉尘爆炸危险场所用收尘器防爆导则》（GBT 17919—2008）的要求，与滤袋相连接的金属材质构件（如滤袋框架、花板、短管等）应按照《防止静电事故通用导则》（GB 12158—2006）的要求采取防静电措施。

2）除尘器应设置进、出风口风压差监测报警装置，除尘器安装或滤袋更换在不超过 8 h 的使用期内应记录除尘器的进、出口风压的监测数值，当进、出口风压力变化大于允许值的 20%时，监测装置应发出声光报警信号。

3）除尘器的进风口宜设置隔爆阀及温度监测报警装置，当温度高于 70℃时，隔爆阀应关闭，温度监测装置应发出声光报警信号。

4）除尘器灰斗内壁应光滑，矩形灰斗壁面之间的夹角做圆弧化处理，落料壁面与水平面的夹角大于 65°。

（4）按下列要求选择和设置清灰装置：

1）用于纤维或飞絮除尘的滤网应采用负压吸尘清灰方式。

2）袋式外滤除尘器的滤袋采用脉冲喷吹清灰方式。

3）袋式外滤除尘器的清灰参数（气流、气压、清灰周期、清灰时间间隔等）应按滤袋积尘残留厚度不大于 1 mm 设定。

4）袋式外滤除尘器设置清灰压力监测报警装置，当清灰压力低于设定值时应发出声光报警信号。

5）袋式外滤除尘器清灰装置的清灰气源应采用净化后的除水、脱油气体，导电性粉尘宜采用氮气、二氧化碳气体或其他惰性气体作为清灰气源。

（5）按下列要求设置锁气卸灰装置：

1）除尘器灰斗下部应设锁气卸灰装置，卸灰工作周期的设计应使灰斗内无粉尘堆积。

2）设置卸灰装置运行异常及故障停机的监控装置，出现运行异常及故障停机时应发出声光报警信号。

（6）按下列要求设置输灰装置：

1）输灰能力应大于除尘器灰斗卸灰量。

2）设置输灰装置运行异常及故障停机的监控装置，出现运行异常及故障停机状况时应发出声光报警信号。

3）宜采用气力输灰，不宜采用刮板输灰机与螺旋输灰机。

4）气力输灰安全要求：

——设计气力输灰管道的风量及风速应按管道内不出现粉尘堵塞及管道温度不高于 70℃计算；

——设置风压监测报警装置，当风压低于设计值时应发出声光报警信号；

——在水平输灰管每间隔 6 m 处，以及风管弯管夹角大于 45°的部位，应设置清灰口，非清理状态时清灰口应封闭，其设计强度应大于风管的设计强度；

——在风管弯管夹角大于 45°的部位，应设置监视粉尘在管道内流动的观察窗，其设计强度应大于风管的设计强度；

——管道长度大于 10 m 应设置防爆装置。

5）刮板输灰安全要求：

——采用封闭输灰方式，输灰运行时不应向刮板输灰机的外部释放粉尘；

——设计刮板输灰机的运行速度应按刮板输灰机内不出现粉尘堵塞计算；

——设置刮板输灰机运行速度监控报警装置，当运行速度偏离设定值时应发出声光报警信号；

——刮板应采用阻燃及防静电材质；

——在刮板输灰机的每间隔 6 m 处应设置清灰及检、维修的工作口，工作口在非清灰及检、维修时应封闭；

——设置监视刮板输灰机运行状态的观察窗；

——刮板输灰机输灰长度大于 10 m 应设置防爆装置。

6）螺旋输灰安全要求：

——采用封闭输灰方式，输灰运行时不应向螺旋输灰机的外部释放粉尘；

——设计螺旋输灰机的运行速度应按螺旋输灰机内不出现粉尘堵塞计算；

——设置螺旋输灰机运行速度监测报警装置，当运行速度偏离设定值时应发出声光报警信号；

——螺旋转轴的叶片应采用阻燃及防静电材质；

——在螺旋输灰机输灰的每间隔 6 m 处应设置清灰及检、维修的工作口，工作口在非清灰及检、维修时应封闭；

——设置监视螺旋输灰机运行状态的观察窗；

——螺旋输灰机输灰长度大于 10 m 应设置防爆装置。

7）输灰装置卸出的粉尘采用粉尘仓或筒仓收集安全要求：

——采用控制粉尘飘浮沉降措施及排气装置；

——应设置防爆装置；

——设置料位计、监视观察窗。

8）若除尘器每班的卸灰量小于 25 kg，可采用容器（桶）收集除尘器卸灰装置卸出的粉尘。收集遇湿发生自燃的金属粉尘容器（桶）应采用经防锈蚀表面处理的非铝质金属材料或防静电材料制成。

2．湿式除尘器

（1）除尘器与进、出风管的连接，宜采用焊接，如采用法兰连接，应按照防静电措施要求进行导电跨接。

（2）湿式除尘的设计用水量、水压，应能满足去除进入除尘器粉尘的要求。应设置水量、水压监测报警装置，当水量、水压低于设定值时应发出声、光报警信号。

（3）湿式除尘循环用水的储水池（箱）、水质过滤池（箱）及水质过滤装置不应密闭，应有通风气流。

（4）湿式除尘循环用水应进行粉尘、油污及杂质过滤，除尘器及循环用水管道内应无积尘留存。

（5）湿式除尘循环用水储水池（箱）的盛水量应满足设计用水量，水质应保持清洁，池（箱）内不应存在沉积泥浆。

（6）除尘器循环用水储水池（箱）、水质过滤池（箱）及水质过滤装置内不应结冰。

（7）设置在室外地面上的循环用水储水池及水质过滤池（箱）的周围应设置防护围栏。

（8）每班均需清理水质过滤池（箱）的泥浆，并将泥浆和废水及时进行无害化处理。

【粉尘治理设备设施事故案例】

案例一：2021 年 7 月 11 日 13 时。8 分，新疆某热电公司 2 号机组电除尘系统发生坍塌事故，3 个灰斗高空坠落，致 4 名作业人员烫伤，设备损失 512 万元。

该热电公司与 2012 年开工建设，2015 年 12 月，一号机组试运行，2016 年 2 月，二号机组试运行。2016 年 7 月 15 日，电袋除尘系统通过施工单位、监理单位、建设单位竣工验收。2021 年 2 月，公司通过招投标，2 × 135 MW 机组全厂设备日常检修维护项目外包给河南省某建设工程公司。

7 月 11 日化工分场环保工段主值张某 9 时 50 分接班，夜班人员交班时口头交代电除尘系统不太正常。张某到现场巡检，发现除尘系统压差过高，遂向当班值长杨某申请对 2 号除尘系统进行检查，杨某同意由张某向维保单位发出检修要求。

张某向河南博电环保维修班陈某提出检修要求，陈某电话通知项目经理穆某，并派维修班成员刘某办理维修许可票。12 时，陈某带领王某、徐某、王某某前往 2 号除尘机组进行检查，判断输灰管道堵塞没有得到解决。之后，穆某赶到 2 号除尘机组，指导陈某等人进行设备维修。

12 时 20 分左右，在会议室开会的董事长看到室外出现大量灰尘，安排袁某等 5 人到现场察看情况，袁某一行 5 人赶到 2 号除尘系统时，看到陈某等人已经在察看 2 号除尘系统，未发现明显泄漏点，袁某、张某上前询问陈某具体情况，钞某、武某、孙某 3 人察看现场后，决定返回会场继续开会，由袁某、张某和维修班组协商进行解决。陈某带王某对 2 号除尘系统采取人工振荡方式，试图解决输灰不畅的问题，敲击振荡后有大量灰尘落下，袁某带领陈某、徐某在 2 号除尘系统北侧进行洒水除尘和清扫，王某在 2 号除尘系统西侧进行清扫，张某和穆某在 2 号除尘系统南侧进行观察。

13 时 07 分许，张某因接打电话向西侧移动，王某听到异响后，迅速逃离，紧接着 2 号除尘灰仓发生灰斗掉落，大量约 120℃的高温灰尘瞬间扑向袁某、陈某、徐某、穆某等 4 人，造成 4 人不同程度烫伤。

此次事故是一起因除尘系统质量缺陷，且除尘灰仓满负荷运行，造成的一般安全生产责任事故。对电除尘设备进行分析鉴定，并结合现场勘验数据对 2 号电除尘的钢架原结构复核验算，验算后，得出 2 号电除尘坍塌原因：现有主体结构处于危险状态（局部危房），其结构本身无法满足设备超负荷且未能形成完整的受力传力体系，在使用中，当出现受力结构超承载力时，使本处于危险状态的 2 号除尘室出现失稳等状况，加快了灰斗坠落发生，导致钢结构厂房局部倒塌。

案例二：2022 年 2 月 15 日 22 时 48 分许，上海某发电公司 2 号发电机组布袋除尘器（A 侧）发生坍塌，导致 6 名正在现场进行消缺作业的人员死亡，直接经济损失约 3 831 万元。

该发电公司经营范围主要包括机组火力发电等。上海某电力公司持有该发电公司 51% 股份。

上海某机械厂经营范围主要包括矿山、冶金、环保设备的安装、维修等。是 2 号机组原电除尘器设计和制造单位，于 2017 年 11 月 20 日注销。

某生态环境工程公司经营范围主要包括生态环境保护、生态环境治理等。是 2 号机组原电除尘改造为布袋除尘系统的 EPC（设计、采购、施工、试运行）总承包单位。

苏州某电力工程咨询服务公司经营范围主要包括电力设计、电力设备调试运行、电力工程监理等。是 2 号机组除尘系统改造工程监理单位，于 2020 年 5 月 13 日注销。

上海某电力工程公司经营范围主要包括力成套设备及其附件的设计、安装、运行调试、检修等。负责外该发电公司厂区内生产及外围部分系统（含 2 号机组布袋除尘器）年度日常维护工作。

上海某建设公司经营范围主要包括电力设备安装、电力设施安装等。承担该发电公司厂区内 1～4 号机组（含 2 号机组布袋除尘器）的除灰除渣、制粉等系统设备维护工作。

2 号机组原来配备 2 台电除尘器，随主体工程于 1994 年 10 月 8 日开工建设，1996 年 6 月 28 日竣工投产。2012 年改造前，设备运行正常。

2012 年 9 月 16 日至 11 月 30 日，该发电公司将 2 号机组电除尘器改造为布袋除尘器。

2022 年 2 月 15 日 9 时 30 分，运行人员发现 2 号机组布袋除尘器（A 侧）编号为 1-2、1-3 的两个灰斗仓泵下方法兰漏灰，随即停止输灰系统运行，通知建设公司检修人员处理。11 时 40 分，建设公司检修人员对漏点用刀口布进行缠绕等方式临时处理，输灰系统继续运行。13 时，运行人员发现维修的两处漏点仍旧在漏灰，再次联系检修。14 时左右，发电公司检修部锅炉班组点检员张某某开具《工作票》，工作负责人为建设公司张某，工作班组成员共 8 人，对 2 号机组布袋除尘器（A 侧）的灰斗漏灰的情况进行消缺作业。16 时左右，浩天公司检修人员将部分灰斗两端法兰松开，输灰系统的风机突然启动，作业区域充满灰粉尘，现场无法作业。张某安排人员离开现场，自己到运行控制室要求运行人员停止风机，准备待现场灰粉尘消散后再作业。

17 时 30 分左右，张某带领秦某等共 8 人，再次来到 2 号机组布袋除尘器（A 侧）位置进行消缺作业。22 时 30 分左右，张某和秦某离开作业点去取螺栓，其余人员则在现场休息。22 时 48 分左右，2 号机组布袋除尘器（A 侧）发生坍塌，6 名作业人员被埋压。

经调查认定，2 号机组除尘器未经可靠性鉴定进行改造设计，改变了除尘器箱体内部结构和荷载分布，盲目提高设计灰荷载，导致原有承重结构受力发生变化。除尘器钢支架在长期运行过程中柱头发生塑性变形和累积损伤，承载力降低。在不均衡积灰荷载的影响下，部分柱头被压溃，使除尘器（A 侧）壳体重心偏移、失去平衡，引发连续性垮塌。这是事故的直接原因。

事故的间接原因如下:

（1）某环境工程公司未尽到改造工程总承包单位的安全职责。违反相关法律法规及标准规定，在未经可靠性鉴定的情况下开展改造设计；盲目将除尘器设计灰载荷提升至满灰斗以上 2m，加重了除尘器钢支架运行载荷；未严格履行《2 号炉布袋除尘器改造技术协议》中约定的“保证各单元烟气分配均匀”的要求；未对改造后设备运行安全风险进行提示。

（2）该发电公司对除尘器设备的隐患排查治理、日常运行维护不到位，对除尘器改造工程安全质量把关不严。未按照国家能源局和上级单位要求认真开展除尘器设备安全隐患排查整治，未能发现和消除除尘器设备安全隐患；除尘器设备运行及检修规程内容不完整、要求不明确、维护不到位，未能及时发现和处理灰斗积灰，未有效发挥灰位报警提示功能。

思考题

1．简述发生粉尘爆炸的要素。哪些粉尘可能发生爆炸风险？

2．除尘系统可采用的粉尘爆炸防护性措施有哪些？

3．简述爆炸性粉尘环境中使用的除尘系统常见的安全隐患。

4．简述干式除尘器的防爆要点。

5．简述湿式除尘器的防爆要点。

第五章　脱硫脱硝装置的风险辨识与安全管控

我国是煤炭消耗大户，也是烟尘、二氧化硫（SO_2）、氮氧化物（NO_x）的排放大户。SO_2和NO_x也是造成酸雨和光化学烟雾等污染现象的主因，对生态环境和人体健康产生着严重影响。脱硫技术和脱硝技术，即脱除烟气中硫氧化物和NO_x的技术，是燃煤大气污染物治理的重要手段。近年来，随着煤炭资源的大量消耗及雾霾天气的频发，国家对环保的要求越来越严格，对烟气中SO_2、NO_x的排放量实行了更为严格的控制。

脱硫脱硝设备发生爆炸的风险相对较小，这是因为其产生的NO_x、硫氧化物处于氧化态，燃爆风险较小。然而，风险还是不可不防。

2020 年 9 月 8 日上午 9 时许，襄汾某焦化有限公司烟气脱硫风机突发停机异常，现场 2 名职工在巡查时因烟道爆裂受伤，送医后抢救无效死亡。事故原因是，不明原因导致风机停机，焦炉加热煤气系统中的助燃空气无法正常供给，加热煤气不能充分燃烧，致使废气中含有一定量的氢气（H_2）、一氧化碳（CO）等易燃易爆介质，在风机停运后打开烟道翻板的过程中，空气串入废气系统，引发爆燃事故。

2022 年 2 月 6 日，马鞍山某炼铁总厂球团带式焙烧机的脱硫脱硝系统一灰斗，因脱硫灰料位过高、质量过重，导致灰斗内部横拉杆断开，灰斗底部突然开裂，脱硫灰大量涌出，造成 4 人死亡、1 人重伤、1 人轻伤。3 月 14 日凌晨，山东某建设集团有限公司负责建设运营的内蒙古包钢 500 万吨球团脱硫项目，在检维修作业时发生火灾，造成 7 人死亡。经调查认定，该起事故的直接原因是在事故 D 灰斗底部堵塞且顶部严重漏灰的情况下，中冶某公司相关人员违章指挥、违反操作规程作业，盲目开大返料调节阀，使脱硫系统内的大量脱硫灰短时间集聚在事故 D 灰斗内，检修人员在事故 D 灰斗顶部严重漏灰的情况下，冒险进行事故灰斗清堵作业，最终，事故 D 灰斗内的脱硫灰超出灰斗极限承载力，灰斗发生崩裂。

化工设备的强度，除了选材计算，关键还在于焊接质量的保证。一方面是设计过程中对焊接形式的选择和焊缝尺寸的精确计算，另一方面是施工过程中对焊接质量的严格把关。尽管在设备设计阶段采取了冗余设计，选取了一定的安全系数，但物料超载超出了设备能承受的极限，导致了坍塌事故的发生，见图 5-1。

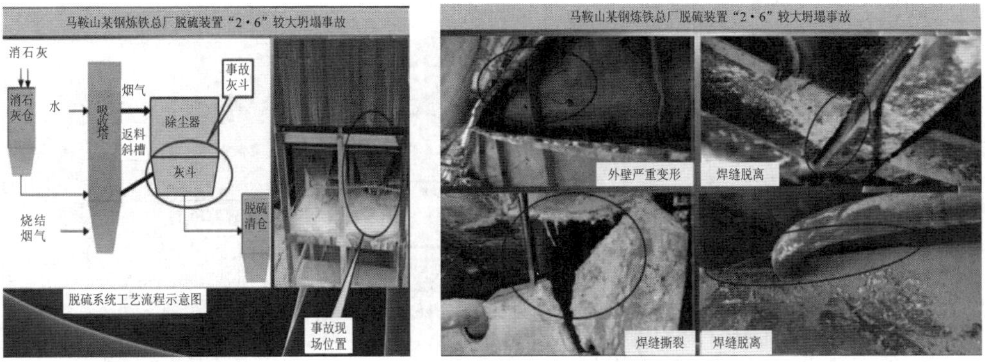

图 5-1　马鞍山某炼铁总厂脱硫装置“2·6”较大坍塌事故现场图和焊接事故图

2022 年 3 月 14 日，内蒙古某稀土钢板材有限责任公司球团带式焙烧机脱硫脱硝提标改造项目在检修作业期间发生一起较大火灾事故。项目部检维修作业人员在烟道垂直段内部进行导流板热切割动火作业时，切割金属熔渣掉落到烟道内的导流板或支撑物上，经折射飞溅至除雾器，引发初起火灾；除雾器着火后未能及时扑灭，火势蔓延，引燃了升温箱和烟道内涂刷的玻璃鳞片防护层。火灾烟气窜入脱硫塔，脱硫塔下部 1～3 层喷淋层作业空间环境复杂，逃生通道不畅，作业人员无法快速撤离。造成正在塔内 1～3 层喷淋层作业的 7 人全部中毒窒息死亡。由于其制定的临时补充方案未充分考虑脱硫脱硝系统烟气管道内壁和底部有大量易燃材料的情况，仅提出配备灭火器、引接消防水等常规事后补救措施，未将使用漏斗防溅装置收集切割熔渣、打磨清除动火点周围易燃物、物理隔离动火点下方易燃物等必要措施纳入其中，且实际执行不到位。特别是在未与同一管道系统内另外两处作业点有效隔离的情况下进行动火作业，最终引发火灾，造成相邻作业面人员死亡。事故现场图如图 5-2 所示。

在炼钢的工艺流程中，烧结球团工艺是炼钢流程初始的一个重要环节。所谓的烧结球团工艺就是将各种粉状的铁矿石原料，配以适量的燃料和熔剂，加入适量水，经混合和造球后，在烧结设备上使物料发生一系列物理化学变化，烧结成块的过程。粉末状铁矿石在烧结和造球过程中，会产生大量 SO_2 和 NO_x，这些硫化物和 NO_x 是主要的大气污染物，除了造成大气的一次污染，还会通过光化学反应生成二次污染物，产生酸雨、光化学烟雾等。因此，炼钢行业的烧结环节自然成了环保部门的重点治理对象。为降低钢铁行业的污染物排放水平，生态环境部等 5 部门发布了《关于推进实施钢铁行业超低排放的意见》（环大气〔2019〕35 号），其中明确规定烧结烟气中 SO_2 和 NO_x 的排放质量浓度不得高于 35 mg/m^3 和 50 mg/m^3。故钢铁企业必须采用脱硫脱硝装置来降低硫化物和 NO_x 的排放量。

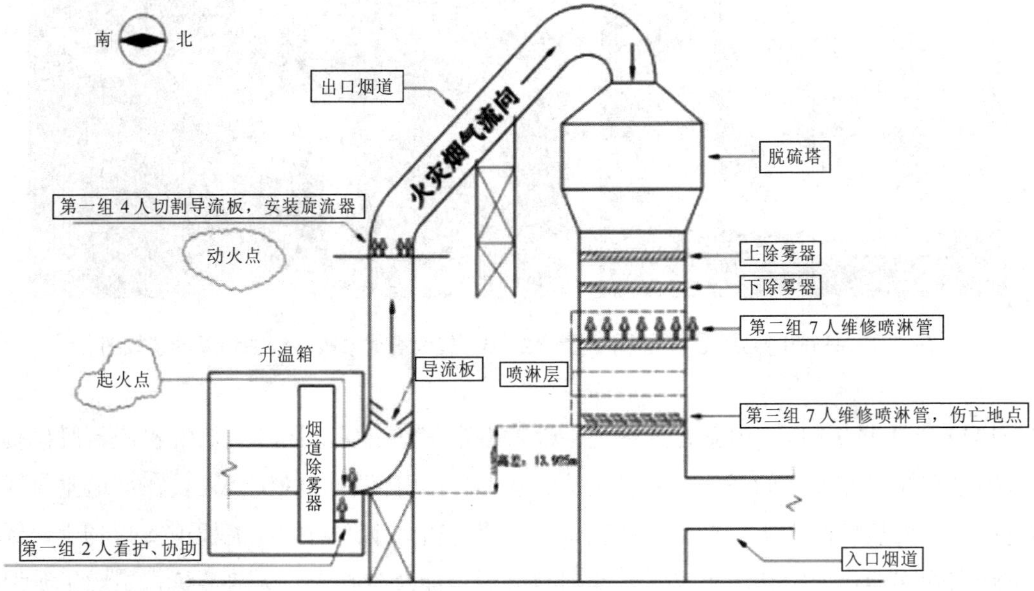

图 5-2　内蒙古包钢钢联有限公司脱硫脱硝项目“3·14”火灾事故现场图

燃煤电厂的脱硫脱硝系统是确保其安全稳定运行的重要辅助设备。煤炭燃烧产生的硫化物、硝化物超标问题时有发生，这类有害物的排放不仅降低了空气质量，加剧了我国的雾霾和酸雨问题，也严重影响着周围居民的身体健康。因此，实施脱硫脱硝技术，减少 SO_2 及 NO_x 的排放是至关重要的。全国各地的厂矿安装脱硫脱硝设备是为了减少有毒气体排放，但是，这些设备在运行中也存在安全风险，不加防范就会酿成惨重事故。下面具体介绍脱硫脱硝技术和装置，以及在实际运行中可能遇到的安全风险。

第一节　典型脱硫脱硝技术和装置

一、脱硫技术和装置

脱硫技术主要用于减少燃烧过程中产生的 SO_2 的排放。该技术通过一系列过程去除烟气中的硫分，降低对环境的负面影响。常见的脱硫技术包括燃烧前、燃烧中和燃烧后脱硫。燃烧前脱硫是在燃料燃烧前通过物理或化学方法去除其中的硫分。燃烧中脱硫是在燃烧过程中添加物质与硫化物反应，生成固体残渣或可回收的硫化物。而燃烧后脱硫则是在烟气排放后进行处理，通常采用湿法脱硫技术，利用吸收剂吸收烟气中的 SO_2，再将其转化为稳定的硫化合物或单质硫。燃烧后脱硫技术，又称烟气脱硫（flue gas desulfurization，FGD），目前广泛应用于电厂锅炉和工业锅炉的脱硫环节。

在 FGD 技术中，按脱硫剂的种类，可划分为以下五种方法：以石灰石（$CaCO_3$）为基础的钙法，以氧化镁（MgO）为基础的镁法，以亚硫酸钠（Na_2SO_3）为基础的钠法，以氨气（NH_3）为基础的氨法，以有机碱为基础的有机碱法。世界上普遍使用的商业化技术是钙法，所占比例在 90%以上。按脱硫产物的用途，可分为抛弃法和回收法两种。

按吸收剂及脱硫产物在脱硫过程中的干湿状态，又可将脱硫技术分为湿法、干法和半干（半湿）法。湿法 FGD 技术是用含有吸收剂的溶液或浆液在湿状态下脱硫和处理脱硫产物，具有脱硫反应速度快、设施简单、脱硫效率高等优点，但存在腐蚀严重、运行维护费用高及易造成二次污染等问题。干法 FGD 技术的脱硫吸收和产物处理均在干状态下进行，具有无污水废酸排出、设施腐蚀程度较轻，烟气净化过程中无明显降温、净化后烟温高、利于烟囱排气扩散、二次污染少等优点，但存在脱硫效率低，反应速度较慢、设施庞大等缺陷。半干法 FGD 技术是指脱硫剂在干燥状态下脱硫、在湿状态下再生（如水洗活性炭再生流程），或者在湿状态下脱硫、在干状态下处理脱硫产物（如喷雾干燥法）的烟气脱硫技术。特别是在湿状态下脱硫、在干状态下处理脱硫产物的半干法，兼具湿法脱硫反应速度快、脱硫效率高以及干法无污水废酸排出、脱硫后产物易于处理的优点，受到人们的广泛关注。

（一）石灰石-石膏法烟气脱硫

石灰石-石膏法脱硫工艺是目前全球应用最广泛的脱硫技术。日本、德国、美国的火力发电厂的烟气脱硫装置约 90%采用此工艺，其工艺流程如图 5-3 所示。该工艺的工作原理：将石灰石粉加水制成浆液，作为吸收剂泵入吸收塔，与烟气充分接触混合，烟气中的 SO_2 与浆液中的 $CaCO_3$ 以及从塔下部鼓入的空气进行氧化反应，生成硫酸钙（$CaSO_4$），$CaSO_4$ 达到一定饱和度后，结晶形成石膏。由吸收塔排出的石膏浆液需经浓缩、脱水处理，使其含水量小于 10%。处理后的石膏用输送机送至石膏贮仓堆放脱硫后的烟气经过除雾器除去雾滴，再经过换热器加热升温，最后由烟囱排入大气。此工艺的一个重要特点是其吸收塔内的吸收剂浆液通过循环泵反复循环，与烟气持续接触，吸收剂利用率很高，钙硫比较低，脱硫效率可大于 95%。

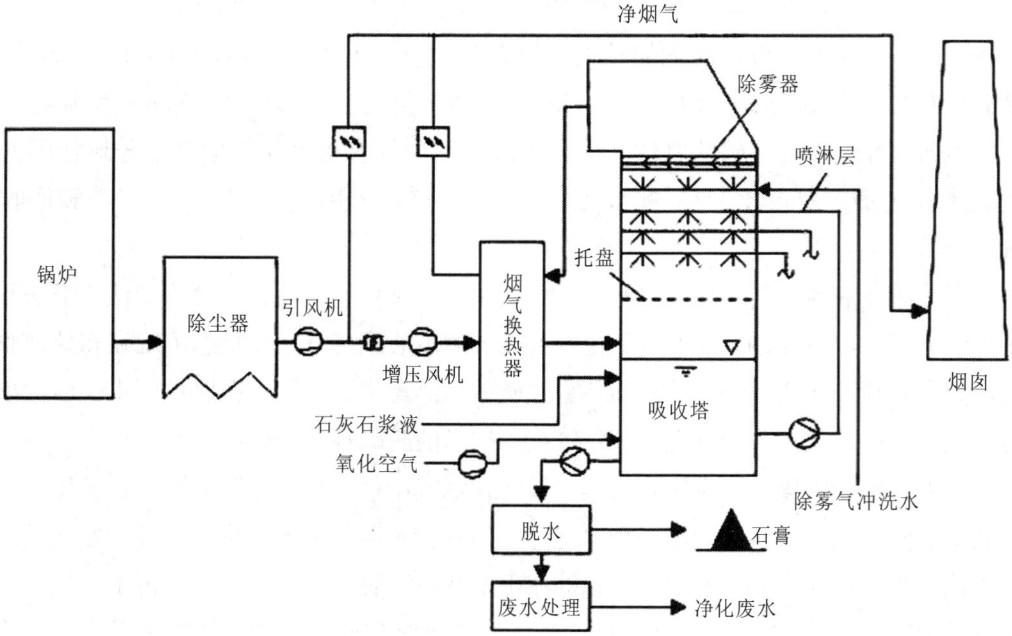

图 5-3 石灰石-石膏法工艺流程

（二）喷雾干燥法脱硫

喷雾干燥法脱硫工艺以石灰为脱硫吸收剂，石灰经消化处理加水制成消石灰乳，消石灰乳由泵打入位于吸收塔内的雾化装置，在那里被雾化成细小液滴的吸收剂与烟气混合接触，与烟气中的 SO_2 发生化学反应生成亚硫酸钙（$CaSO_3$），从而实现 SO_2 的脱除。其工艺流程如图 5-4 所示。与此同时，吸收剂带入的水分迅速蒸发，烟气温度随之降低。脱硫反应的产物和未被利用的吸收剂以干燥的颗粒物形式随烟气离开吸收塔，进入除尘器被收集下来。脱硫后的烟气经除尘器除尘后排放。为提高脱硫吸收剂的利用率，一般将部分除尘器收集物加入制浆系统进行循环利用。该工艺有两种不同的雾化形式可供选择：旋转喷雾轮雾化和气液两相流雾化。喷雾干燥法脱硫技术成熟可靠，工艺流程较为简单，系统稳定性高，脱硫率可达到 85%及以上。该工艺在美国及西欧一些国家得到了应用，占据了约 8%的市场份额。脱硫灰渣可用作制砖、筑路的材料，但在实际操作中，大部分灰渣仍被抛弃至灰场或回填到废旧矿坑中。

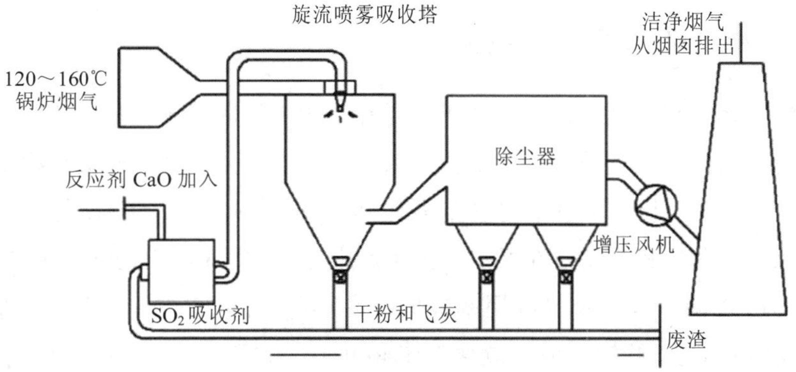

图 5-4 喷雾干燥法脱硫

（三）氨法脱硫

氨法脱硫技术自 20 世纪 70 年代问世以来，因其高效性和环保性而迅速发展，并不断经历改进升级。目前，氨法脱硫工艺已成为一种广泛应用于工业尾气处理领域的成熟技术。该工艺的原理是，利用氨水作为吸收剂吸收含 SO_2 的烟气，从而去除 SO_2。吸收 SO_2 以后的吸收液，通过不同的处理方法得到不同的副产物，包括亚硫酸铵晶体、硫酸铵[$(NH_4)_2SO_4$]晶体和高浓度硫酸。

20 世纪 90 年代，氨法脱硫工艺得到了进一步发展。美国 GE 公司（前 Marsulex 公司）基于最初的 Walther 工艺，又开发出新的 GE 氨法脱硫工艺，工艺流程如图 5-5 所示。GE 工艺相较之前的工艺，最大的不同在于设置了预洗涤塔。预洗涤塔的作用是对烟气进行降温和二次除尘，使得降温后的烟气接近露点，这样就保证了烟气脱硫的效率。

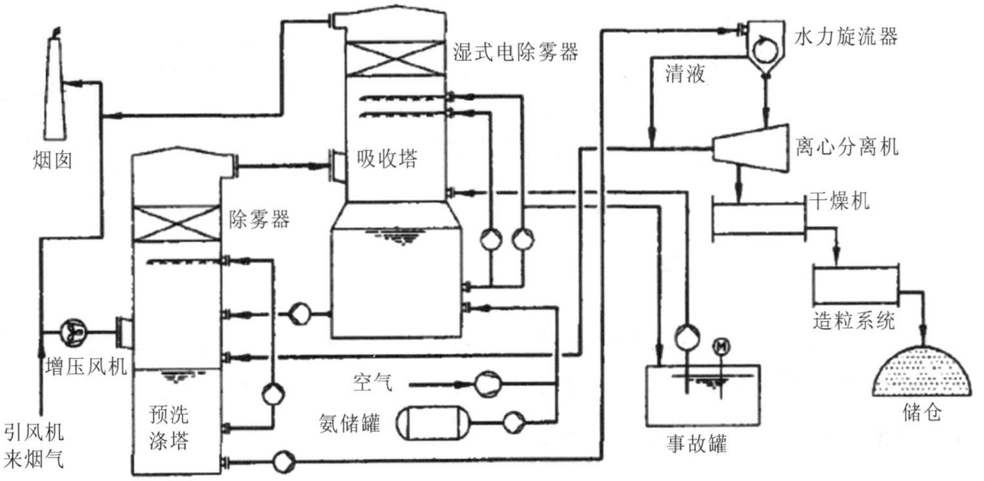

图 5-5 GE 氨法脱硫工艺流程

（四）炉内喷钙尾部增湿烟气脱硫

炉内喷钙加尾部烟气增湿活化脱硫工艺是在炉内喷钙脱硫工艺的基础上，在锅炉尾部增设了增湿段，以提高脱硫效率。该工艺多以石灰石粉为吸收剂，石灰石粉由气力喷入炉膛在 850～1 150℃温度区，石灰石分解为氧化钙（CaO）和 CO_2，CaO 与烟气中的 SO_2 反应生成 $CaSO_3$，工艺流程如图 5-6 所示。由于反应在气固两相之间进行，受到传质过程的影响，反应速度较慢，吸收剂的利用率较低。在尾部增湿活化反应器中，增湿水以雾状喷入，与未反应的 CaO 接触生成氢氧化钙[$Ca(OH)_2$]，进而与烟气中的 SO_2 反应。当钙硫比控制在 2.0～2.5 时，系统脱硫率可达到 65%～80%。增湿水的加入使烟气温度下降，通常需要控制出口烟气的温度高于露点温度 10～15℃，这样，增湿水由于烟温加热被迅速蒸发，未反应的吸收剂和反应产物呈干燥态随烟气排出，被除尘器收集下来。该脱硫工艺在芬兰、美国、加拿大、法国等国家得到应用。采用这一脱硫技术的最大单机容量已达 30 万 kW。

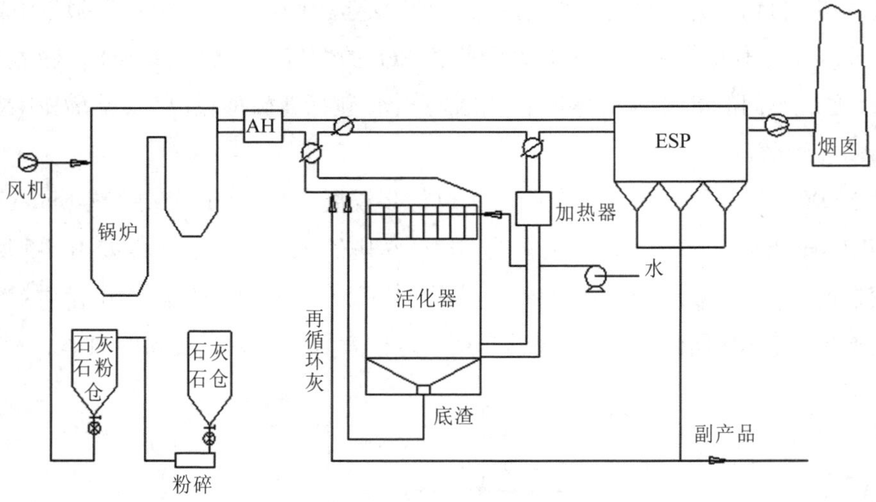

图 5-6 炉内喷钙尾部增湿烟气脱硫流程

（五）烟气循环流化床脱硫

烟气循环流化床脱硫工艺由吸收剂制备、吸收塔、脱硫灰再循环、除尘器及控制系统等组成。该工艺一般采用干态消石灰粉作为吸收剂，也可采用其他对 SO_2 有吸收反应能力的干粉或浆液。其工艺流程如图 5-7 所示。

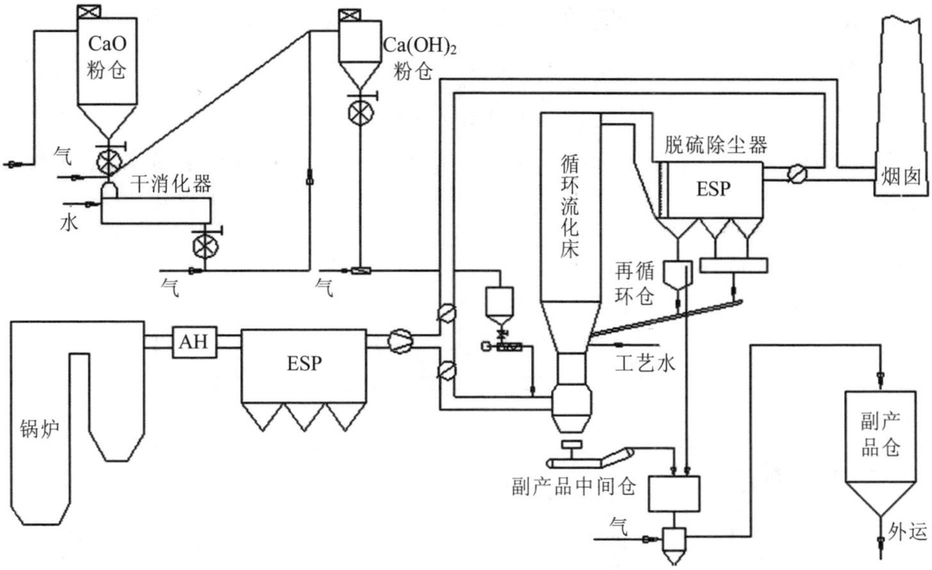

图 5-7　循环流化床半干法脱硫工艺

由锅炉排出的未经处理的烟气从吸收塔（流化床）底部进入。吸收塔底部为一个文丘里装置，烟气流经文丘里管后速度加快，并在此与非常细小的吸收剂粉末混合，在颗粒之间、气体与颗粒之间剧烈摩擦，形成流化床。通过喷入均匀水雾降低烟气温度，吸收剂与烟气中的 SO_2 反应生成 $CaSO_3$ 和 $CaSO_4$。脱硫后携带大量固体颗粒的烟气从吸收塔顶部排出，进入再循环除尘器进行颗粒分离，被分离出来的颗粒经中间灰仓返回吸收塔，由于固体颗粒反复循环达百次之多，故吸收剂利用率较高。

此工艺所产生的副产物呈干粉状，其化学成分与喷雾干燥法脱硫工艺的副产物类似，主要由飞灰、$CaSO_3$、$CaSO_4$ 和未反应完的吸收剂 $Ca(OH)_2$ 等组成，这些副产物适用于废矿井回填、道路基础建设等。

在典型的烟气循环流化床脱硫工艺中，当燃煤含硫量约为 2%，钙硫比不大于 1.3 时，脱硫效率可达 90%以上，排烟温度约为 70℃。此工艺已在国外应用于 10 万～20 万 kW 等级的机组。由于其占地面积小、投资较省，尤其适合老机组进行烟气脱硫处理。

（六）海水脱硫

海水脱硫工艺是利用海水的天然碱度来去除烟气中 SO_2，此方法经济且具有环境友好性。在脱硫吸收塔内，大量海水喷淋洗涤进入吸收塔内的燃煤烟气，烟气中的 SO_2 被海水吸收而去除，净化后的烟气经除雾器除雾、经烟气换热器加热后排放。吸收了 SO_2 后的海水与大量未脱硫的海水混合后，经曝气池曝气处理，使其中的亚硫酸根（SO_3^{2-}）氧化成稳定的硫酸根（SO_4^{2-}），并使海水的 pH 与 COD 调整达到排放标准后排放大海。该工艺流程如图 5-8 所示。海水脱硫技术一般适用于沿海地区、扩散条件较好、用海水作为冷却水、燃用低硫煤的电厂。在挪威，这项技术已被广泛用于炼铝厂、炼油厂等工业炉窑的烟气脱硫，已有 20 多套脱硫装置投入运行。近年来，该技术在电厂的应用取得了较快的进展。然而，该技术的最大问题是烟气脱硫后可能产生的重金属沉积和对海洋环境的影响需要长时间的观察与评估才能得出结论。因此，在对环境质量比较敏感和环保标准较高的区域，应用海水脱硫技术时需慎重考虑。

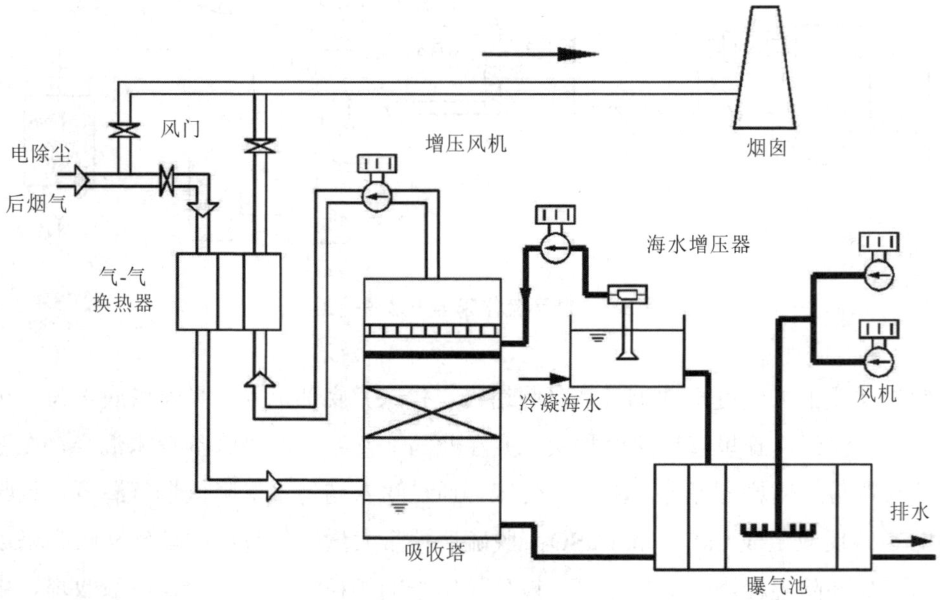

图 5-8 海水脱硫工艺流程

（七）电子束法脱硫

电子束法脱硫工艺流程（图 5-9）由排烟预除尘、烟气冷却、氨的充入、电子束照射和副产品捕集等工序所组成。锅炉排出的烟气，经过除尘器的粗滤处理后进入冷却塔，在冷却塔内，烟气会被喷射的冷却水降温至适合脱硫脱硝处理的温度（约 70℃）。烟气的露点通常约为 50℃，被喷射呈雾状的冷却水在冷却塔内完全蒸发，因此不产生废水。冷却后的烟气流进反应器，在反应器进口处，将一定的氨水、压缩空气和软水混合喷入，氨的加入量取决于 SO_x 浓度和 NO_x 的浓度。烟气接受电子束照射后，SO_x 和 NO_x 在自由基的作用下生成硫酸（H_2SO_4）和硝酸（HNO_3）。然后，硫酸和硝酸与共存的氨进行中和反应，生成粉状微粒［硫酸铵$(NH_4)_2SO_4$ 与硝酸铵（NH_4NO_3）的混合粉体］。这些微粒一部分沉淀到反应器底部，通过输送机排出，其余的被副产品除尘器分离和捕集，经过造粒处理后被送到副产品仓库储藏。净化后的烟气经脱硫风机由烟囱排放至大气中。

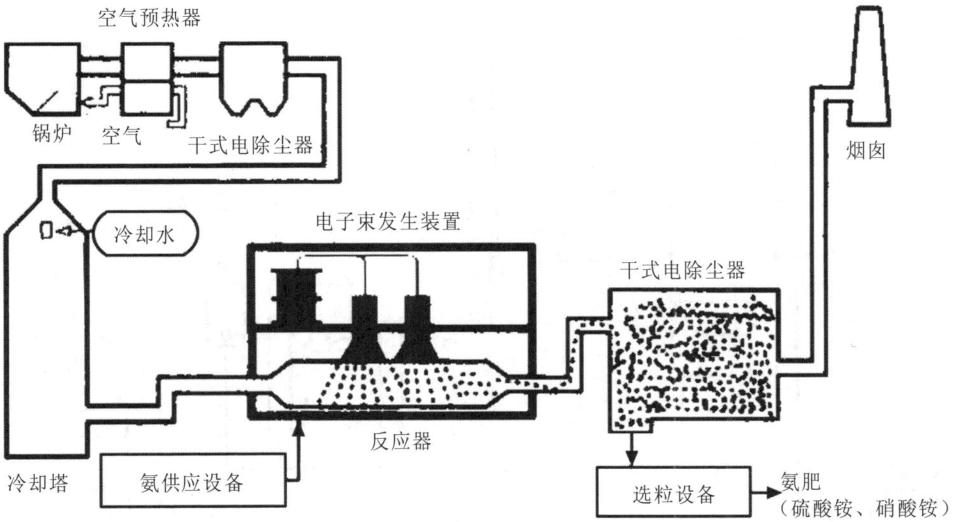

图 5-9 电子束法脱硫工艺流程

（八）氨水洗涤法脱硫

氨水洗涤法脱硫工艺以氨水为吸收剂，副产硫酸铵化肥。锅炉排出的烟气经烟气换热器冷却至 90～100℃，然后进入预洗涤器进行洗涤，以除去氯化氢（HCI）和氟化氢（HF），洗涤后的烟气经过液滴分离器除去水滴，进入前置洗涤器。在前置洗涤器中，氨水从塔顶喷淋下来洗涤烟气，烟气中的 SO_2 被洗涤、吸收、除去，洗涤后的烟气经液滴分离器除去携带的水滴，进入脱硫洗涤器。在脱硫洗涤器中，烟气继续接受洗涤，并通过洗涤塔顶的除雾器除去雾滴，进入脱硫洗涤器。再经烟气换热器加热后从烟囱排放，如图 5-10 所示。洗涤工艺中产生的浓度约 30%的硫酸铵溶液排出洗涤塔，可以送到化肥厂进一步处理或直接作为液体氮肥出售，也可以把这种溶液进一步浓缩、蒸发、干燥，加工成颗粒、晶体或块状化肥出售。

二、脱硝技术和装置

脱硝技术主要分为三个阶段：燃烧前、燃烧中和燃烧后，具体技术包括：

（1）燃烧前脱硝：加氢脱硝；洗选。

（2）燃烧中脱硝：低温燃烧；低氧燃烧；FBC 燃烧技术；采用低 NO_x 燃烧器；煤粉浓淡分离；烟气再循环技术。

（3）燃烧后脱硝：选择性非催化还原脱硝；选择性催化还原脱硝；活性炭吸附；电子束脱硝技术。

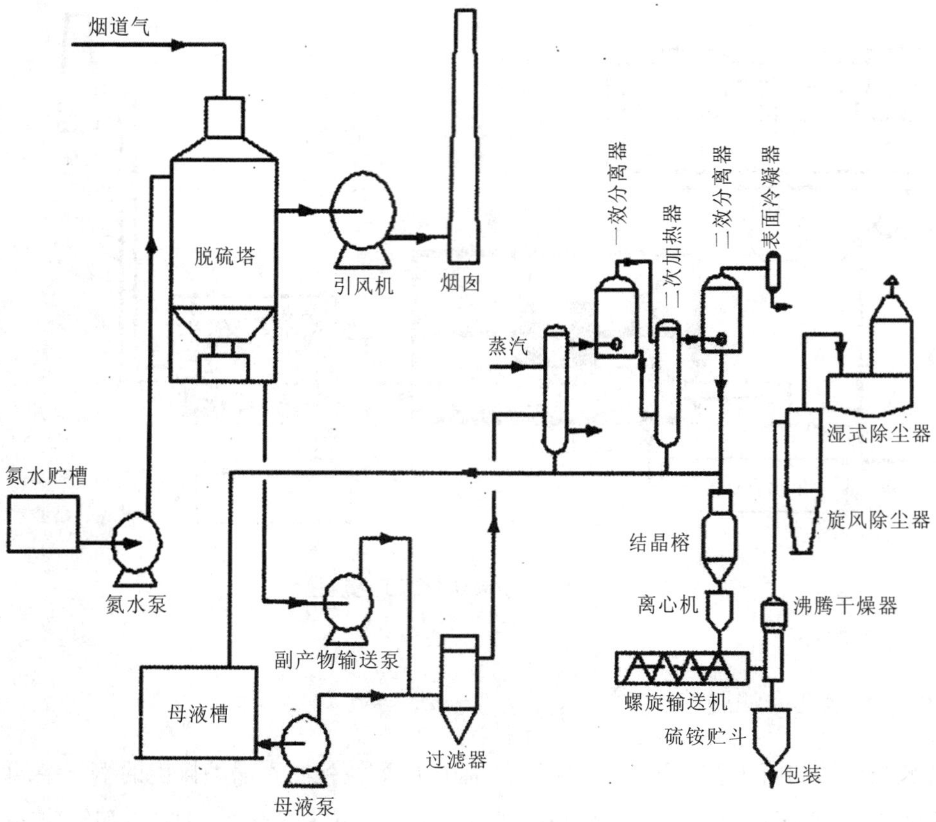

图 5-10　氨水洗涤法脱硫工艺流程

（一）选择性催化还原（SCR）脱硝

选择性催化还原（SCR）脱硝工艺是利用催化剂，在一定温度（270～400℃）下，使烟气中的 NO_x 与来自还原剂供应系统的氨气混合后发生选择性催化还原反应，生成无害的氮气（N_2）和 H_2O，从而减少 NO_x 的排放量，减轻烟气对环境的污染。SCR 反应过程中使用的还原剂为液氨、氨水（25%NH_3）或者尿素。SCR 脱硝工艺系统由多个子系统组成，包括液氨储运系统（液氨为还原剂）、氨气制备和供应系统、氨/空气混合系统、氨喷射系统、烟气系统、SCR 反应器系统和氨气应急处理系统等。

选择性催化还原（SCR）技术是目前最成熟的烟气脱硝技术之一（图 5-11）。它是一种炉后脱硝方法，最早由日本于 20 世纪 60—70 年代后期完成商业运行。SCR 技术的特点是利用还原剂（NH_3，尿素）在金属催化剂作用下，选择性地与 NO_x 反应，生成 N_2 和 H_2O，而不是被 O_2 氧化，故称为"选择性"。目前世界上流行的 SCR 工艺主要分为氨法 SCR 和尿素法 SCR 两种。这两种方法都是利用氨对 NO_x 的还原功能，在催化剂的作用下将 NO_x

（主要是 NO）还原为对大气没有多少影响的 N_2 和 H_2O。在这两种工艺中，NH_3 是主要的还原剂。

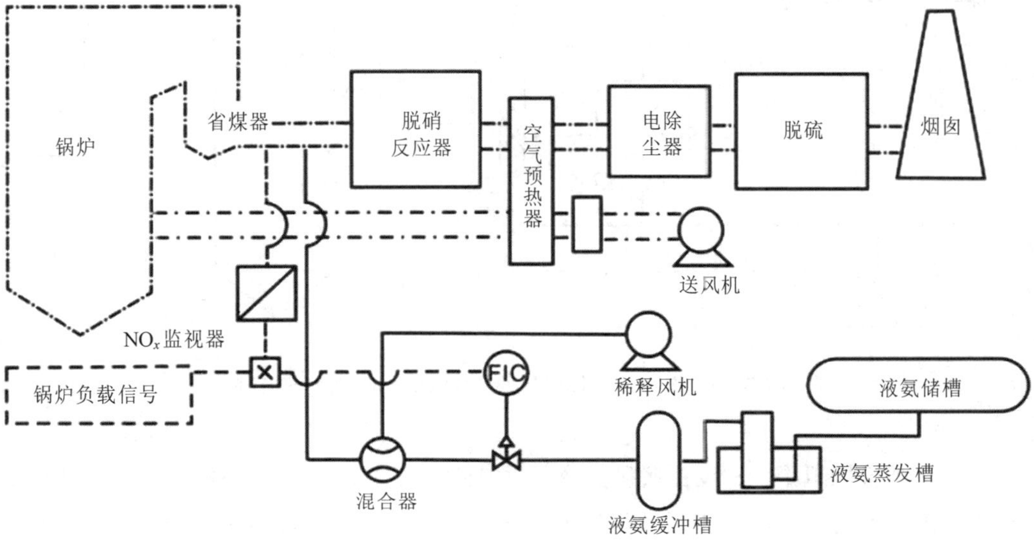

图 5-11　选择性催化还原（SCR）脱硝工艺流程

目前，在 SCR 技术中，使用的催化剂大多以二氧化钛（TiO_2）为载体，以五氧化二钒（V_2O_5）或五氧化二钒与三氧化钨（V_2O_5-WO_3）或五氧化二钒与三氧化钼（V_2O_5-MoO_3）为活性成分，制成蜂窝式、板式或波纹式三种类型。应用于烟气脱硝中的 SCR 催化剂可分为高温催化剂（345～590℃）、中温催化剂（260～380℃）和低温催化剂（80～300℃）。不同的催化剂对应着最适宜的反应温度。如果反应温度偏低，催化剂的活性会降低，导致脱硝效率下降，且如果催化剂持续在低温下运行，会发生永久性损坏；如果反应温度过高，NH_3 容易被氧化，NO_x 生成量增加，还会引起催化剂材料的相变，导致催化剂的活性退化。目前，国内外 SCR 系统大多采用的是高温催化剂，其反应温度区间为 315～400℃。这种催化剂因其较高的脱硝效率和稳定性而成为 SCR 系统的主流选择。

（二）选择性非催化还原（SNCR）脱硝

SNCR 方法主要是将含氨的还原剂（尿素、氨水或液氨）喷入温度为 850～1 100℃的烟气中，促使其发生还原反应，脱除 NO_x，生成 N_2 和 H_2O。由于在一定温度范围及有 O_2 的情况下，含氮还原剂对 NO_x 的还原具有选择性，同时在反应中不需要催化剂，因此称为选择性非催化还原，如图 5-12 所示。SNCR 系统的主要设施均采用模块化设计，便于安装、维护和管理，主要由还原剂储存与输送模块、稀释水模块、混合计量模块、喷射模块组成。

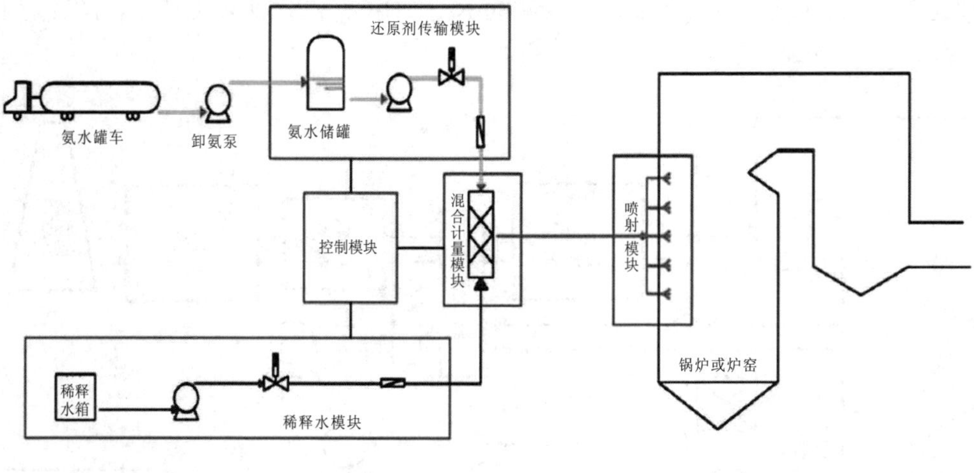

图 5-12　选择性非催化还原（SNCR）脱硝工艺流程

在大型燃煤机组中，SNCR 脱硝效率可达 25%～40%，而在小型机组中可达 80%。由于该技术的效率受锅炉结构和尺寸的影响很大，多用作低氮燃烧技术的补充处理手段。其工程造价低、布置简易、占地面积小，适合老电厂的改造，同时也可在新电厂的建设中根据锅炉设计配合使用。

（三）SNCR-SCR 联合工艺脱硝

SNCR/SCR 联合工艺是将 SNCR 技术与 SCR 技术联合应用。在炉膛上部 850～1 100℃的高温区，使用尿素等还原剂，通过计量分配和输送装置，将还原剂精确分配到每个喷枪，经喷枪喷入炉膛，实现 NO_x 的脱除。过量逃逸的氨随烟气进入装有少量催化剂的 SCR 脱硝反应器，实现二次脱硝，如图 5-13 所示。SNCR/SCR 混合法脱硝系统主要由还原剂存储与制备、输送、计量分配、喷射系统、烟气系统、SCR 脱硝催化剂及反应器、电气控制系统等部分组成。

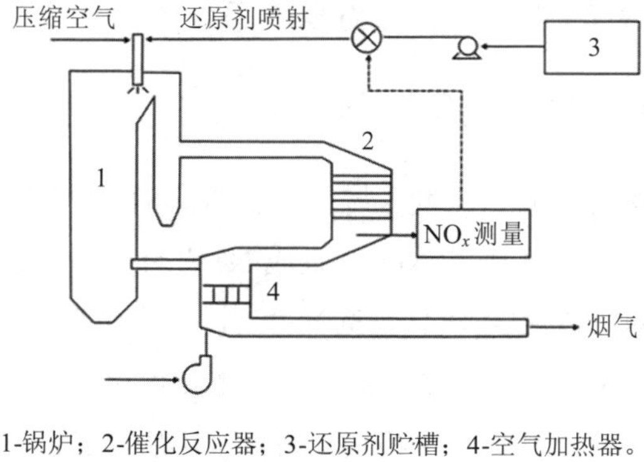

1-锅炉；2-催化反应器；3-还原剂贮槽；4-空气加热器。

图 5-13　SNCR/SCR 联合工艺脱硝流程

三、脱硫脱硝一体化技术和装置

脱硫脱硝一体化工艺是指将脱硫脱硝技术合并在同一个设施中进行。许多发达国家已研发出多种烟气脱硫脱硝一体化装置，但工业化应用的较少，大部分尚处于中间试验阶段。这些技术分为两大类：联合脱硫脱硝（Combined SO_2/NO_x Removal）技术和同时脱硫脱硝（Simultaneous SO_2/NO_x Removal）技术。联合脱硫脱硝技术是分别脱除 SO_2 和 NO_x 的两种工艺流程，采用氨作为还原剂。而同时脱硫脱硝技术则是在一个过程内用一种反应剂同时脱除烟气中的 SO_2 和 NO_x。

（一）联合脱硫脱硝

1. 炭质材料吸附法

炭质吸附材料主要是指活性焦和活性炭。活性焦与活性炭制法相似，但活性焦的突出特点是比表面积小、强度高，且细孔结构独特，与活性炭相比具有更好的脱硫脱硝性能。烟气中的 SO_2 在活性焦的吸附催化作用下生成硫酸，NO_x 则在加氨的条件下经活性焦的催化还原生成 H_2O 和 N_2。该工艺主要由吸附、解吸和再生三部分组成。烟气首先进入活性焦吸收塔的第Ⅰ段脱除 SO_2，然后流经吸收塔的第Ⅱ段，喷入氨以除去 NO_x。其工艺流程如图 5-14 所示。

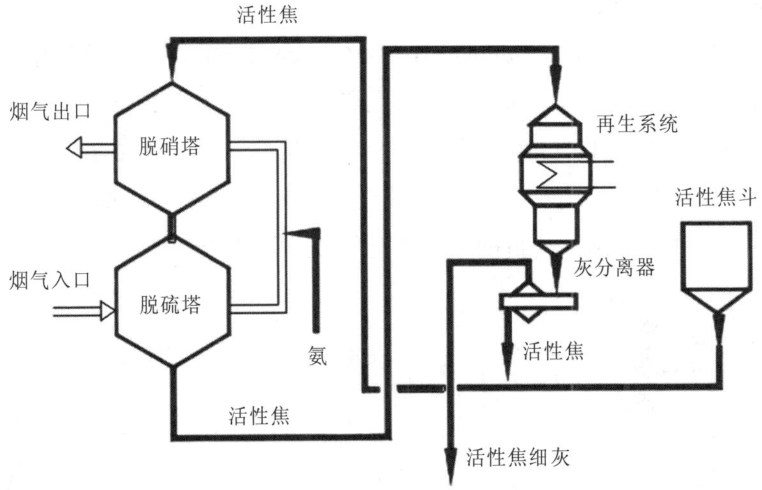

图 5-14　炭质材料（活性焦）吸附法工艺流程

2. 电子束法

电子束法（electron beam with ammonia，EBA）是一种集物理与化学原理于一体的脱硫脱硝技术。其基本原理是利用高能电子束辐照烟气，使之产生多种活性基团来氧化烟气

中的 SO_2 和 NO_x，生成硝酸（HNO_3）和硫酸（H_2SO_4），最后与加入烟气中的 NH_3 反应生成硝酸铵（NH_4NO_3）和硫酸铵[$(NH_4)_2SO_4$]。其工艺流程如图 5-15 所示。

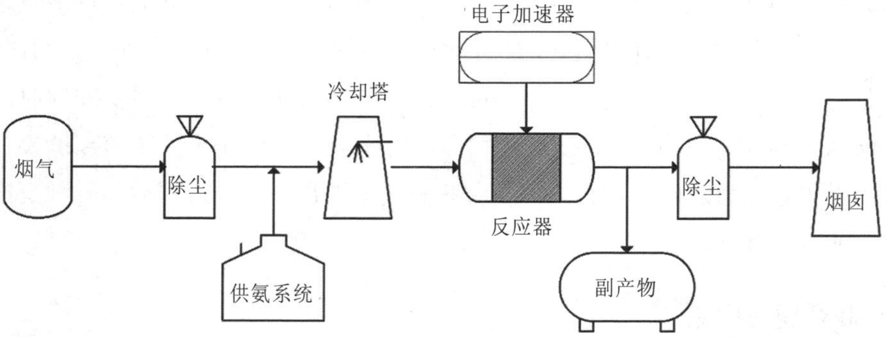

图 5-15 电子束法脱硫脱硝工艺流程

该方法在国外已进行大量研究。运行数据表明，SO_2 的脱除率超过 95%，NO_x 的脱除效率也达到了 80%～85%。由此看来，EBA 可同时获得较高的脱硫脱硝效率，而且工艺简单，操作方便，对于不同煤种和烟气量的变化有较强的适应性，副产物硫酸铵和硝酸铵可用作化肥，在运行中无废水排放。但该技术需要庞大的 X 射线防护设施和昂贵的电子加速器，系统运行和维护工作量大，另外还存在氨泄漏等问题。

3. 脉冲电晕等离子体法

脉冲电晕等离子体法（pulse-induced plasma chemical process，PPCP）是由 Lee 等在 1986 年基于电子束法的特性首先提出的。该方法脱硫脱硝的原理基本与 EBA 法相同，区别在于高能电子的来源不同，EBA 法是利用电子加速器获得高能电子，PPCP 法则是利用高压脉冲电源放电获得活化电子，来打断烟气气体分子的化学键而生成自由基等活性物质，从而达到脱除 SO_2 和 NO_x 的目的。其工艺流程如图 5-16 所示。

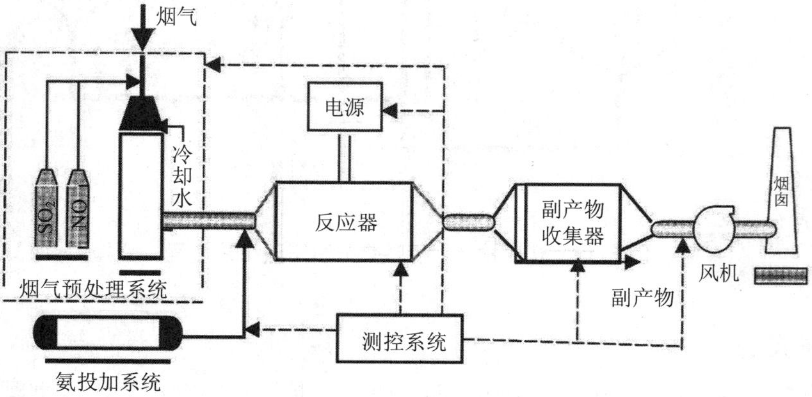

图 5-16 脉冲电晕等离子体法脱硫脱硝工艺流程

国内外学者对 PPCP 法进行了大量的实验研究，结果表明，该法的脱硫脱硝效率均可达到 80%及以上。另外，氨与脉冲电晕的协同效应能显著提高 SO_2 的脱除率。同时，PPCP 法还具有一定的除尘功效。可见，脉冲电晕等离子体法是一种集脱硫脱硝和粉尘收集于一体的烟气治理方法。但和电子束法同样，该法面临着能耗较高、氨泄漏等问题，仍需要深入研究加以解决。

（二）同时脱硫脱硝

1. NO_xSO 技术

NO_xSO 技术是一种干式吸附再生技术，以担载在 γ-Al_2O_3 圆球（ϕ1.6 mm）上的钠盐为吸附剂，可同时去除烟气中的 SO_2 和 NO_x。处理过程包括吸收、再生等步骤。具体操作流程是：除尘后的烟气进入吸收器，在此 SO_2 和 NO_x 同时被吸附剂脱除，净化后的烟气排入烟囱。吸附剂达到一定的吸收饱和度后，被输送至再生器内进行再生处理并经冷却后返回吸收器重复使用。其工艺流程如图 5-17 所示。

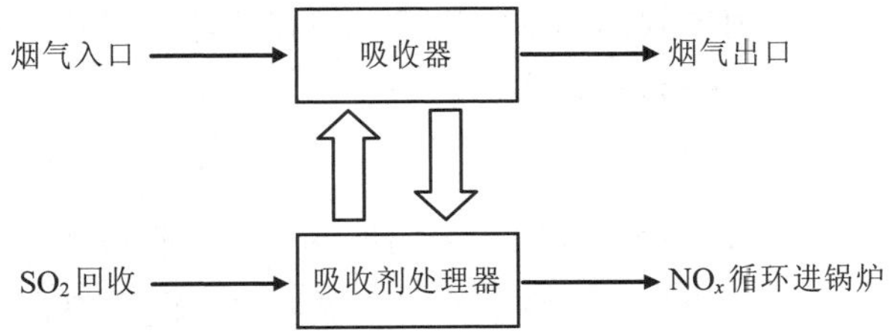

图 5-17　NO_xSO 工艺流程

2. 络合吸收法

某些金属螯合物添加剂[如 Fe(Ⅱ)·EDTA]会与 NO 结合，形成亚硝酰亚铁螯合物。目前，这种方法广泛应用于联合湿法工艺中，在湿或烟气脱硫（WFGD）中添加金属螯合物，以达到脱除 SO_2 和 NO_x 的目的。但此方法存在溶液中的 Fe^{2+} 易被氧化，且再生工艺复杂等问题，不利于大规模推广应用。为了克服此缺点，Chang 等提出用含—SH 基团的亚铁络合物作为吸收液，从而开辟了一条新的同时脱硫脱硝途径。该方法是利用具有强还原性的半胱氨酸亚铁溶液吸收、还原烟气中的 SO_2 和 NO_x，并将其转移到液相，SO_2 和 NO_x 最后分别以 SO_3^{2-}、SO_4^{2-} 和 N_2 的形式去除。

3. 烟气循环流化床技术

传统的烟气循环流化床（CFB）脱硫脱硝技术由 Lurgi GmbH 公司开发。虽然脱除工艺是在循环流化床体内完成的，但实质还是分开进行的，吸收剂不能做到既脱硫又脱硝。针对这一问题，华北电力大学环境学院赵毅等发明了一种“富氧型高活性吸收剂”，并已申请专利。该吸收剂采用粉煤灰、消石灰和添加剂等原料制成，放入具有独特内外循环结构的烟气循环流化床中进行脱硫脱硝研究，吸收剂与烟气中的 SO_2 反应生成 $CaSO_3$ 和 $CaSO_4$，与 NO_x 反应生成 $Ca(NO_3)_2$，与单质汞（Hg）反应生成 $HgCl_2$ 或 HgO，并被固体颗粒吸附，成功实现同时脱除烟气中 SO_x、NO_x 和 Hg 的目的。

目前，对于燃烧之后的烟气进行脱除技术是未来工业化发展的方向，其工艺可分为湿法和干法两种。

（1）干法同时脱硫脱硝

干法工艺包括碱性喷雾干燥、吸收剂喷射法、固相吸收及再生法等。

ER 法是我国常用的碱式喷雾干燥法。其原理是利用氨气和电子加速器在反应器内产生活性离子和基团，将烟气中的 SO_2 和 NO 氧化形成 SO_3 和 NO_2，然后和 NH_3 或尿素反应生成相应的硫酸铵和硝酸铵。该工艺有较高的脱硫脱硝效率，大多数情况下脱硫达到 90%左右，脱硝可达到 70%左右。但是其存在的主要问题是装备的成本、运行以及维修费用比较昂贵，且需对强射线进行防辐射屏蔽等。

NO_xSO 法是干式吸附再生法，使用浸渍过碳酸钠的 γ-Al_2O_3 圆球作为吸附剂对烟气进行同时脱硫脱硝，此方法的脱硫效率为 90%左右，脱硝效率为 70%～90%，但存在的主要问题是吸附剂的需求量较大、设备占地较大、成本高、设备动力消耗较大等。

活性炭脱硫脱硝法也属于干式吸收再生工艺。该工艺流程是，首先进行吸附，然后是解析，最后通过硫回收完成整个处理过程。当锅炉烟气进入吸收塔，SO_2 在吸收塔第一段被脱除，脱硫率在 97%左右，NO_x 在吸收塔第二段被脱去，脱硝率在 80%左右。但是该技术目前存在的主要问题是活性炭价格较高、脱硫效率较低、易造成二次污染等。

（2）湿法同时脱硫脱硝

湿法同时脱硫脱硝技术包括氯酸氧化法、湿式络合吸收法、尿素净化法等。氯酸氧化法主要的流程是，烟气首先通过含有氯酸的碱式吸收塔，然后在氧化吸收塔被氧化吸收。该工艺脱除效率比较高，但存在氯酸的吸收剂比较难制取、设备的腐蚀性较强、易产生废酸等造成二次污染等问题。

湿式络合吸收法一般将钒或铁作为催化剂。在这种方法中，不易溶于水的 NO 被金属螯合物（如亚铁螯合物络合剂）迅速反应，形成亚硝酰络合物，从而加快 NO 吸收速率以及吸收容量，实现同时脱硫脱硝。但该工艺存在的关键问题在于螯合物的循环利用难度大，这关系到未来是否能够工业化。

尿素净化法利用尿素的强还原性质，在酸性条件下将 NO_x 还原成氮气，脱除效率与 NO_x 的浓度成正比，适合处理纯氮氧化物。该工艺脱除效果较好，但存在的主要问题是运行成本较高、处理能力低、尿素的需求浓度较高等，在工业上很难推广应用。

亚氯酸钠（$NaClO_2$）是较常见的化学物质，呈颗粒状或结晶性粉末，易溶于水，具有强氧化性，也可作为漂白剂，$NaClO_2$ 溶液的脱硫脱硝机理主要是其强氧化性，且亚氯酸根粒子和二氧化氯（ClO_2）在酸性条件下氧化性更加强。整个脱硫脱硝过程，$NaClO_2$ 主要起氧化作用，将 SO_2 和 NO 氧化成最高价态，再被液相吸收生成相应的酸或盐。

脱硫氧化总反应如下：

$$2SO_2 + NaClO_2 + 2H_2O \longrightarrow 2H_2SO_4 + NaCl$$

脱硝氧化总反应如下：

$$4NO + 3NaClO_2 + 2H_2O \longrightarrow 4HNO_3 + 3NaCl$$

当前的脱硫脱硝技术发展已较为成熟，能够在很大程度上调节和改善环境质量。结合实际改良需求，可以选择适宜的技术手段。按照脱除剂及反应产物的状态，可以有针对性地进行后续改良，综合运用湿法、干法和半干法这三大类技术手段，实现较好的脱硫脱硝改良效果。

美国腐蚀工程师协会 NACE STAG P72 与中国腐蚀与防护学会石油化工腐蚀与安全专业委员在 2018 年联合开展了一次企业调研，共调研了 19 家企业的 29 套烟气脱硫脱硝装置。调研结果显示：脱硫技术以贝尔格的 EDV 脱硫和双循环湍冲文丘里除尘脱硫技术为主（图 5-18）；脱硝技术以选择性催化还原法（SCR）和臭氧低温氧化（LOTOX）为主（图 5-19）。主要组合方案为 EDV 湿法脱硫+臭氧低温氧化脱硝、EDV 湿法脱硫+SCR 脱硝、双循环新型湍冲文丘里除尘脱硫+SCR 脱硝（图 5-20）。

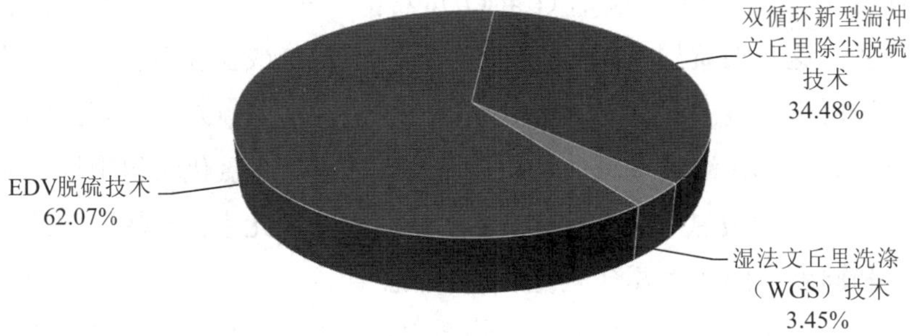

图 5-18　脱硫技术

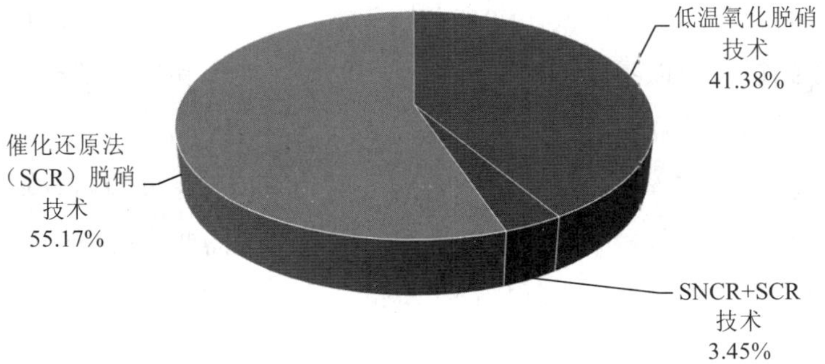

图 5-19　脱硝技术

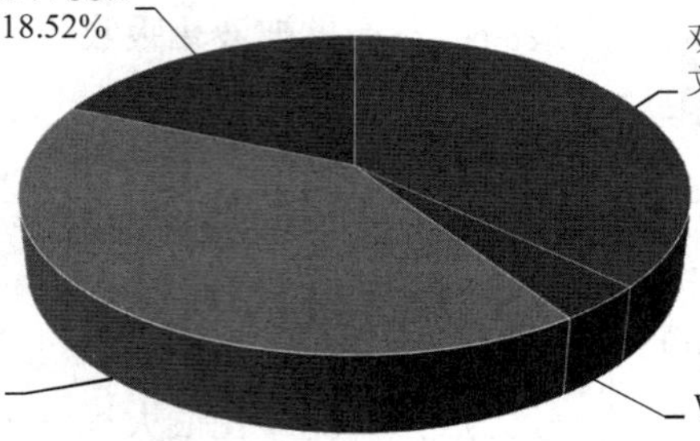

图 5-20　脱硫脱硝组合

第二节　脱硫脱硝装置的风险辨识

一、化学品和有毒物质的风险

在脱硫脱硝过程中，使用的化学品主要包括脱硫剂和脱硝剂。脱硫剂主要用于脱去烟气中的硫氧化物（SO_x），常用的有石灰石（$CaCO_3$）、石膏（$CaSO_4\cdot 2H_2O$）、磷铵复合肥$(NH_4)_2PO_4$等无机盐类物质。这些物质与硫氧化物反应后生成硫酸盐或亚硫酸盐，从而去除硫元素。脱硝剂主要用于脱去烟气中的 NO_x，常用的有氨水（$NH_3\cdot H_2O$）、亚硝酸钠（$NaNO_2$）等有机胺类物质，或 NaOH 溶液等碱性物质，以及碳酸氢铵、氯化铵等中性化肥类物质。这些物质与 NO_x 反应后生成氮气或氮的化合物，从而去除氮元素。这些化学品本身也可能存在一定的风险和问题，因此需要合理使用并加强监管。

在脱硫脱硝过程中，可能涉及的有毒物质主要包括：①SO_x。在燃烧过程中，硫元素与氧结合生成 SO_x，如 SO_2 和 SO_3；这些物质对人体和环境都有害，可能导致酸雨和空气污染。②NO_x。燃烧过程中也会产生 NO_x，如 NO 和 NO_2；这些物质对人体健康和环境也有害，可能导致光化学烟雾和酸雨。③重金属元素。一些重金属元素，如铅、镉、砷等，也可能在脱硫脱硝过程中以不同形式出现，这些物质对人体和环境都有害，可能引发各种健康问题。

因此，在脱硫脱硝过程中，需要采取有效的措施来控制这些有毒物质的排放，例如，使用低硫燃料、安装除尘器和脱硫脱硝装置等。同时，还需要对排放的废气进行监测和控制，确保其符合国家和地方的生态环境保护标准。

（一）石灰石

火电厂的脱硫装置中常使用石灰石作为脱硫剂。在石灰石的储存和输送过程中，存在潮湿和粉尘引起的安全风险。受潮会导致石灰石的性能下降，影响脱硫效果；石灰石粉尘易燃易爆，如果处理不当，可能引发火灾或爆炸事故。为了控制这些风险，火电厂应定期检查石灰石储存容器的密封性，确保其干燥并避免粉尘的堆积。同时，需要配备专业的消防设备，并对员工进行安全教育培训。

（二）氨水、氨气

氨在脱硫脱硝工艺中使用广泛。使用氨水或液氨作为吸收剂，能有效去除烟气中的 SO_2，并形成可作农用肥的硫酸铵，实现资源化。

氨水和氨气在处理得当的情况下，能够高效完成脱硫脱硝任务，但氨水和氨气都具有生物毒性和爆炸危险，大型燃煤电厂脱硝用液氨的储存需严格管控，以防泄漏造成人员伤亡及严重的环境危害。

（三）焦炉煤气、高炉煤气、氮气等气体

焦炉煤气和高炉煤气为系统原始物，主要用于氨水加热。涉及的主要设备设施为煤气管道、加热交换室，存在火灾爆炸和中毒风险。

氮气既是系统原始物也是脱硝工艺的终产物，主要用于隔离系统环境和调节系统温度，涉及的主要设备设施为吸附塔，其中存在窒息风险。

SO_2、SO_3 在脱硫脱硝中是中间产物，脱硫脱硝后的活性炭吸附的 SO_2、SO_3 烟气析出进入制酸工艺，涉及主要设备设施为吸附塔、解析塔、制酸工艺转化器和制酸工艺吸收塔，存在中毒、酸灼伤风险。

（四）强酸、强碱和催化剂

浓硫酸是制酸工艺的终产物，涉及主要设备设施为制酸工艺吸收塔，存在酸灼伤风险。

烧碱为系统原始物，主要用于制酸工艺废水的中和反应，涉及主要设备设施为废液池，存在碱灼伤风险。

五氧化二钒为系统原始物，在制酸工艺起到催化剂的作月，促使 SO_2 转化为 SO_3，涉及主要设备设施为制酸工艺转化器，存在中毒风险。

二、危险因素分析

脱硫脱硝过程在生产过程中主要的火灾、爆炸危险点及危险因素分析如下。

（一）火灾、爆炸

（1）氨水储槽：氨水储槽内存放大量氨水，一旦出现氨水高温挥发，就可能发生燃爆事故及中毒事故，对周边岗位及周边居民造成严重影响。

（2）燃烧废弃物处理：脱硫脱硝技术通常涉及燃烧废弃物的处理，如废弃物燃烧不完全或燃烧过程中产生的气体和固体物质（如硫化物、氮氧化物、氢气、一氧化碳等），在高温下可能发生化学反应，产生火灾和爆炸风险。

（3）操作条件：实施过程中需要高温、高压或高湿度的条件，如果设备或操作不当，可能会导致火灾或爆炸。

（二）中毒和窒息

（1）氨水储槽作业：如果作业人员安全意识淡薄、防护不到位，长期接触和吸入氨蒸气，有可能发生慢性中毒事故；储罐、管线泄漏时，氨蒸气大量蒸发，在检修作业中大量吸入，就会发生急性中毒事故，甚至危及生命。

（2）烟气管道检修：烟气管道中滞留大量毒性气体 NO_2，在检修作业中大量吸入，可能发生急性中毒事故，甚至危及生命。

（三）触电

脱硫及脱硝系统的滤液水池、集水泵池、废水池等区域，内壁防腐层主要由树脂或玻璃鳞片等绝缘材料构成。当这些区域中充满酸性或碱性溶液时，绝缘材料与酸碱性溶液结合，会形成类似液体电解质电容的结构。如果潜水泵部件在这些水池中发生漏电，由于水池内壁的绝缘特性，漏电电流会很小，不足以触发开关保护装置跳闸，但会为水池中的溶液充电。当人员进入这些水池工作时，就可能发生触电事故。

（四）机械伤害

机械伤害是指机械设备运动（静止）部件、工具、加工件直接与人体接触引起的夹击、碰撞、剪切、卷入、绞、碾、割、刺等伤害，不包括车辆和起重机械引起的伤害。此类事故可能由以下因素引起：

（1）防护措施缺失：运转的机械设备和机械转动部分未设置防护罩或栏杆，也未采取防护措施。

（2）违章操作：操作者违章操作，或受到违章指挥。

（3）设备设计缺陷：机械设备制造质量不合格或设计本身存在缺陷，可能导致操作人员伤害。

（4）安全防护装置损坏：传动设备、供水泵类、机械设备的外露旋转零部件安全防护装置缺乏或损坏，检修时取下安全防护装置及连锁装置等没有及时恢复，有发生人员伤害危险。

（5）开关布局不合理：设备启动操作电源开关布局不合理，一种是遇有紧急情况不便立即停车；一种是联动机械设备开关布设在一起，设备需要启动时极易造成误开机引发事故。

（6）巡回检查与维修不足：在生产运行中巡回检查、维修、更换部件、加油、清扫、跨越设备时，安全设施不完善，可能导致衣物等被绞入转动设备。

（7）安全防护距离不足：机械设备的安全防护距离不能满足要求，违章穿越或跨越设备，对设备进行不断电检查、检修都有造成机械伤害的危险。

（8）违反安全规定：违章操作，任意进入机械运行危险区域；穿戴不符合安全规定的劳动保护进行操作。

机械伤害事故存在的主要部位有：各种泵的外露部分；运转设备外露旋转作业场所等。

（五）高温灼烫和冻伤

脱硫脱硝装置中的高温设备如过热蒸汽管道、脱硝区的高温烟道及 SCR 反应器、余热锅炉等，均需有保湿隔热措施。若这些设备保湿不足，附近作业的人员就有可能受到高温危害。

长期在高温环境下从事生产劳动，会给人体带来一系列的危害。人体调节机制受影响，轻者影响劳动能力，重者可引起中暑。水盐代谢失衡可导致血液浓缩、尿液浓缩、尿量减少，严重时引起循环衰竭和热痉挛。此外，高温作业工人高血压发病率较高，且随着工龄的增加而增加。抑制中枢神经系统，使工人在操作过程中注意力分散，肌肉工作内能力降低，从而导致工伤事故。

操作不当或其他故障导致脱硫脱硝装置中的高温介质外泄，从而造成人员烫伤。操作人员一旦接触外露的高温设备和管线也将造成高温烫伤。

灼烫事故存在的主要部位有高温烟道、SCR 反应器、蒸汽管道等。

此外，低温环境下氨水可能会冻结，接触氨水会导致皮肤和黏膜冻伤。因此，在低温环境中作业时，也需要采取适当的防护措施。

（六）高处坠落

根据《高处作业分级》的规定，凡是坠落高度高于基准面 2 m 以上（含 2 m）有可能坠落的高处进行的作业均称为高处作业。脱硝区 SCR 反应器的钢架标高在几十米以上，设备均高位安装，操作工人需要定时巡视检查，或者进行阀门变换操作，化验工也需要定时到各取样口取样，这些工作都需要上钢梯、走平台、跨越管线，处于高处作业状态，因此存在着高处坠落的危险。高处坠落事故存在的主要部位有：高于 2 m 的作业平台上；斜梯、直梯及地坑；高处检修作业时。

（七）物体打击

在装置运行或检修中，如果操作人员没有按操作规程操作，可能发生物体打击的危险。设备安装不合格，如应固定的零部件固定不牢，安全防护装置不完善，均会增加物体打击的危险。机械设备未装设防护罩、防护屏、挡板等固定或半固定防护装置，在人员接近机械运动部件时容易造成物体打击伤害。在检修作业中，小型机械零部件、各类工具等不慎坠落，也容易造成物体打击伤害。另外，作业人员劳动保护装备穿戴不齐，也有发生物体打击伤害的危险。物体打击事故存在的主要部位有风机、除尘器、设备安装和检修区域。

（八）起重伤害

起重伤害是指在各种起重作业（包括起重机的安装、检修、试验）中发生的挤压、坠落、物体打击和触电等事故。

起重伤害的风险可能源自于起重设备的制造缺陷、起重机故障、无专人指挥或指挥不当、天车工操作失误及违章操作，这些因素都可能导致人员伤亡和设备损坏。

（1）起重设备应选购具有生产许可证厂家生产的产品，安装单位应持有省级特种设备安装资格证，并在安装完毕后进行检验，检验合格方能投入使用。否则，由于起重机机械性能制造缺陷或安全装置不完善，生产作业中可能造成起重伤害事故。

（2）起重设备作业前的安全检查不到位，可能发生吊钩防松装置失灵、钢丝绳超载或损伤、限位器或其他安全装置失灵等问题未被及时发现。此外，吊装作业中若捆绑吊装物不牢固、吊装物上（下）有人或浮置物，也会增加起重伤害的风险。

（3）起重机机体与固定物、建筑物之间的挤压也是起重伤害的一种形式。例如，桥式起重机的端梁与周围建筑物的立柱、墙之间由于空间较小，容易成为司机视野的死角，或是司机缺乏观察，可能造成起重伤害。起重机与固定物之间至少要有 0.5 m 的间距，并保证作业时禁止维修人员检查和操作人员通过。

（4）吊物或吊具坠落是起重伤害中常见的一种，可能由于吊装物绑挂方法不当、司机操作不当，吊具、索具选择不当，起升、超载限制器失灵等原因引起。

（5）在同一工作场所，多台起重机设备同时作业时，若联系信号不清晰，容易发生碰撞，从而造成起重伤害；

（6）起重机司机属于特种作业人员，必须经过培训并考核合格，持有操作证才能上岗操作。起重设备作业和指挥人员未经培训或违章指挥，操作人员违章操作等，有造成起重伤害事故的危险。

起重伤害事故存在的主要部位有：设备安装、检修、更换台车、检修台车以及搬运大件设备和备件等起重作业场所。

（九）车辆伤害

车辆伤害指企业机动车辆在行驶中引起的人体坠落、物体倒塌或下落挤压导致的伤亡事故，但不包括起重设备提升、牵引车辆事故，以及车辆调车、违章倒车、带故障行驶、无证驾驶、车上物料严重超装、超载等情况所引起的事故。

脱硫脱硝使用的还原剂氨水主要由氨水槽车运送至氨水储槽。车辆在作业区穿行时，因违章驾驶、违章指挥等，均有可能造成人身和车辆伤害事故。

车辆伤害事故的主要原因包括：

（1）机动车辆技术状况不良，如制动失灵、转向失灵、灯光、音响等信号损坏、失灵，均可能造成起车辆伤害事故。

（2）厂区作业环境不良，如堆物占用道路、交通信号标志缺乏、货运密集、道路过于拥挤等，也可能造成起车辆伤害事故。

（3）车辆载物不稳，货物超高、超宽，车辆超速，无证驾驶，违章作业，同样可能造成起车辆伤害事故。

车辆伤害事故存在的主要部位有氨水运输车辆、检修车辆。

第三节　脱硫脱硝装置的安全管控

一、工艺安全管控

脱硫脱硝工艺涉及化学反应和有害物质的处置，因此工艺安全管控至关重要。在设计阶段，应充分考虑工艺流程的安全性、稳定性和可靠性，优化工艺参数控制。在生产过程中，应定期检查工艺设备、管道和阀门等，确保其处于良好状态。同时，要严格执行工艺操作规程，避免因操作失误引发安全事故。

二、设备安全管控

设备是脱硫脱硝工艺的核心组成部分，其安全运行直接关系到整个系统的稳定性和安全性。因此，应定期对设备进行检查、维护和保养，及时发现并处理设备故障和隐患。同时，要确保设备的接地、防雷、防静电等安全设施完好、有效，防止因设备故障引发安全事故。

三、运行安全管控

脱硫脱硝系统的运行涉及多个环节和流程，运行安全管控不可或缺。应定期对系统进行全面检查，确保系统运行稳定、安全可靠。同时，要制定健全的运行管理制度和操作规程，加强值班和巡检工作，及时发现并处理异常情况。此外，应定期对系统进行优化和调整，提高系统效率和安全性。

四、人员安全管控

人员是脱硫脱硝系统运行管理的主体，其安全意识和操作技能对系统的安全性和稳定性有直接影响。因此，应加强员工安全培训和教育，提高安全意识和技能水平。要制定健全的人员管理制度和操作规程，规范员工行为，防止因操作失误引发安全事故。同时，应加强应急演练和演练效果的评估，提高员工应对突发事件的能力。

五、事故预防与应急处理

脱硫脱硝系统在运行过程中可能会出现各种异常情况甚至事故，事故预防与应急处理至关重要。应建立健全的事故预防与应急处理机制，制定应急预案，并定期进行演练和评估。同时，要加强对员工的应急培训，提高员工的应急意识和能力，以便在事故发生时迅速启动应急预案，采取有效措施防止事故扩大，降低事故损失。

六、安全检查与风险评估

安全检查与风险评估是脱硫脱硝系统安全管控的重要环节。定期对系统进行检查和风险评估，可以及时发现并处理全隐患。检查应覆盖工艺、设备、运行、人员等所有方面，对发现的问题和隐患应及时整改，确保系统安全可靠运行。

七、安全培训与教育

安全培训与教育是提高员工安全意识和操作技能的重要手段。应定期开展安全培训与教育，使员工了解脱硫脱硝系统的基本知识、安全操作规程和应急处理方法。要加强对新员工的安全培训和教育，确保其具备必要的安全意识和技能。此外，应鼓励员工积极参加外部培训和学习交流活动，提高个人技能和综合素质。

八、安全管理与监督

安全管理与监督是确保脱硫脱硝系统安全管控的有效手段。应建立有效的安全管理监督机制，明确各级管理人员和操作人员的安全职责。要加强日常监督和巡检，对发现的安全问题和隐患及时处理。对于违反安全管理规定的行为，应严肃处理，以强化安全管理纪律。通过有效的管理与监督，确保脱硫脱硝系统的安全稳定运行。

第四节 脱硫脱硝装置系统常见安全事故危险源

随着我国烟气脱硫脱硝技术的引进与应用，我们意识到在相关安全生产知识和经验方面还存在不足，同时脱硫脱硝系统本身也存在一些问题，需要持续改进，识别系统的风险源，做到事前控制、源头控制。本节将总结脱硫脱硝装置系统中易发生安全事故的危险源。

一、吸收塔入口未安装喷淋降温系统

吸收塔是脱硫脱硝一体化中的重要建筑结构。在检修过程中，吸收塔的内壁通常设有防腐层，防腐材料多为玻璃鳞片，在进行塔体修复焊接作业时极易引起火灾。因此，在烟道进口安装喷淋降温系统是预防火灾的有效措施。

二、脱硫脱硝液氨储罐泄漏

液氨作为脱硫脱硝介质近年来在工业中得到广泛应用。在电厂脱硝工艺中，液氨汽化后的氨气作为还原剂，在 300～400℃的工作温度下，借助反应器内的催化剂，将烟气中的 NO_x 还原为无害的氮气和水，从而达到净化烟气的目的。然而，液氨泄漏也会带来严重后果。

1．泄漏特点

（1）易汽化扩散。在泄漏初期，由于液氨的蒸发，加之汽化后体积迅速膨胀，易形成大面积染毒区和燃烧爆炸区。因此，需及时对危害范围内的人员进行疏散，并采取禁绝火源措施。

（2）易中毒伤亡。氨气为有毒、有刺激性和恶臭味的气体，容易挥发，氨泄漏至大气中，扩散到一定范围，易造成急性中毒和灼伤。每立方米空气中最高允许浓度为 30 mg/m^3，当空气中氨的含量达到 0.5%～0.6%，30 min 内即可造成人员中毒。

（3）易燃烧爆炸。氨是一种可燃气体，当空气中氨的含量达 16.1%～25%时，遇火源就会引起爆炸，爆炸下限为 16.1%。

2．泄漏原因

（1）液氨储罐破损，一般都是由于腐蚀引起。

（2）液氨储罐的阀门密封不严。

（3）连接的软管破损泄漏。

（4）各接头及压力表的安装处密封不严等。

3. 泄漏处置

液氨储罐泄漏的处理难度较大，液态氨迅速汽化，具有刺激性臭味，对皮肤具有腐蚀和刺激作用，人员无法接近迅速进行应急处理。氨都是通过加压或冷却，由气态变为液态储存在容器内的，由于储存方式不同、容器内压力不同、发生泄漏的部位和裂口大小等各不相同，采取堵漏、输转等措施时，技术要求高。泄漏处置时要注意禁绝火源，氨区的防火防爆尤为重要，同时要防止冻伤和人员吸入性中毒。

4. 预防措施

（1）液氨罐密封面制造缺陷以及安装过程中导致的人为损坏都是造成氨罐泄漏的重要因素，这就需要从设备设施验收、安装质量验收、开工前设备试压等方面控制好质量，减少氨泄漏的发生。

（2）液氨储罐四周需安装工业水喷淋管线及喷嘴，当罐体温度过高时，自动淋水装置启动，对罐体自动喷淋降温；当有微量氨气泄漏时，也可启动自动喷淋装置，对氨气进行吸收，控制氨气污染。

三、活性炭法脱硫脱硝系统“炭中毒”

活性炭法脱硫脱硝因其净化效率高、不产生二次污染、能够协同处理多种污染物等优点被广泛应用于烧结烟气处理中，但该工艺运行过程中存在活性炭易“中毒”风险，极易发生安全事故。活性炭“中毒”是指烧结烟气中携带的大量 KCl 和 NaCl，黏附于电除尘电场的极板和极线上，大幅削弱了电除尘对粉尘的捕集能力，并且超过了电除尘各电场对 KCl 和 NaCl 的负载能力，使得大量的 KCl 和 NaCl 随烧结烟气进入活性炭微孔，活性炭微孔一旦被堵塞，会使脱硫脱硝净化塔内的透气性变差，烧结废气难以通过各床层的活性炭，造成所谓的活性炭“中毒”。由于烧结烟气自身带有热量，一般温度为 120～145℃，在透气性恶化后，局部温度会急剧上升，最终达到活性炭的着火点，从而威胁整个净化塔的安全。国内已有数家钢铁企业因活性炭“中毒”导致脱硫脱硝塔起火，引发了严重的安全和生产事故。

四、烟气脱硫脱硝装置的腐蚀

烟气脱硫脱硝装置的腐蚀主要为酸性物质（如 SO_x、NO_x 等）的化学腐蚀和局部的冲刷腐蚀。不同的工艺路线，其腐蚀部位和出现的腐蚀问题有所不同。例如，EDV 脱硫技术的腐蚀问题集中在脱硫塔的进料、水珠分离器附近和虾米腰附近；湍冲文丘里除尘脱硫技术在综合塔消泡段及其上部易受腐蚀；低温氧化脱硝工艺应注意臭氧加注管线的腐蚀；SCR 脱硝工艺则应关注氨逃逸及锅炉省煤器的腐蚀。

腐蚀原因之一是塔底循环浆液含有颗粒物，这些浆液经循环泵送往浆液换热器进行换热降温后，一部分送去脱硫废水单元过滤催化剂，另一部分返回激冷塔作为激冷洗涤水和逆喷水。在激冷冲洗烟气除尘的过程中，循环浆液吸收了烟气中部分的 SO_2，形成 H_2SO_3，并脱除了烟气中可能存在的 SO_3，所以该循环浆液的 pH 很低，酸性很强，具有强烈的腐蚀性。

另外，烟气中含有的氯化氢和硫化氢也会导致露点腐蚀。催化裂化再生烟气中含有 SO_2、NO_x、CO、氯离子及催化剂颗粒，经与水反应浓缩，形成较高浓度的硫酸、硝酸、盐酸、碳酸、氯离子溶液，pH 可达 1～2，呈强酸性。氯离子浓度可达 10^{-3} mol/L；催化剂颗粒的主要成分是氧化铝，硬度高，易产生磨蚀。因此，金属材料的腐蚀主要是酸的化学腐蚀、氯离子腐蚀及其组合作用。

脱硫脱硝系统装置的腐蚀问题表现在不同部位：

脱硫塔：运行中可能出现衬里脱落导致管线堵塞，或筒体因腐蚀而穿孔的问题，以及烟囱的腐蚀。

泵动设备：一些企业所用机泵的材质等级较低，容易被腐蚀。例如，将氯化铝作为絮凝剂，在溶液中的氯离子会对不锈钢部件造成腐蚀，使叶轮不断减薄，导致管道泄漏。

锅炉：在运行过程中，炉壁表面可能产生裂缝并出现腐蚀穿孔，导致烟气大量泄漏，使排烟的温度快速升高。例如，一家企业采用 SCR 技术进行脱硝，用氨水作为还原剂，将其喷入温度在 300～400℃的烟道中，受催化剂持续作用后，氨气和 NO_x 发生反应，生成无害的水与氮气。因氨气的喷量较大，与烟气当中的过氧化硫发生反应，生成大量的硫酸氢铵（NH_4HSO_4），导致省煤器中形成大量铵盐结垢。结垢后，余热锅炉的运行效率降低，排烟温度明显升高，且黏结于内壁的硫酸氢铵还会加剧炉管腐蚀，缩短锅炉的整体使用寿命。

五、焦炉烟道气脱硫脱硝装置烟气外溢

焦炉烟道气脱硫脱硝装置的作用是将焦炉烟道气中的 SO_2 和 NO_x 含量降至国家环保政策规定的标准后排放，实现途径是通过引风机抽取烟道气，经过单元设施处理后排放。在引风机抽出烟道气的过程中，需要在烟道上开孔，并在引风口与烟囱之间增设切断阀，以控制烟气的抽出。此外，要在引风口设置调节阀，用于调节分烟道的吸力，同时增加分烟道吸力的报警与联锁装置，以保证焦炉加热交换系统的压力稳定。

为预防脱硫脱硝系统故障导致的烟气外溢和潜在的爆炸风险，可采取以下措施：

（1）插板阀提升装置的安全设计。包钢焦炉的烟道插板阀采用重锤式设计，可以实现快速开启。

（2）引风机与插板阀的联锁机制。当脱硫脱硝系统的引风机出现故障停机时，烟道插板阀的重锤锁钩会自动打开，重锤下落，打开插板阀，焦炉烟气由此进入脱硫脱硝系统转

入烟囱直接排入大气。

（3）焦炉自动停止加热的联锁机制。当脱硫脱硝系统的引风机出现故障停机，且插板阀未能有效提起时，焦炉吸力会迅速下降，此时，若焦炉继续加热，大量未完全燃烧的煤气进入焦炉地下室、烟道以及脱硫脱硝系统中，后果不堪设想。因此，包钢焦炉烟气脱硫脱硝系统设置了焦炉自动停止加热的联锁机制。

（4）焦炉烟囱始终处于热备状态。焦炉烟囱是利用热废气与冷空气的密度差异，使热废气被压出烟囱，从而形成焦炉内的气体流动。硫脱硝系统中的 SCR 脱硝工艺需要加热炉来保证烟气的脱硝入口温度在 180～350℃，脱硝后烟气出口温度可达 180℃以上，因此，焦炉烟囱始终处于热备状态，当脱硫脱硝系统故障、焦炉烟气通过烟囱直排大气时，能够保证加热系统有足够的吸力。

六、未及时清理灰斗内灰尘

未及时清理灰斗内的灰尘可能导致一系列问题，特别是对于与粉尘相关的设备和工作场所。

（1）安全隐患：灰斗内积聚的灰尘可能与空气形成可燃混合物，一旦达到一定浓度，可能引发爆炸或火灾。特别是在易燃粉尘（如木屑、金属粉尘等）较多的环境中，火灾风险更高。

（2）健康影响：吸入过量的粉尘，可能对工作人员的健康产生影响。一些粉尘可能是呼吸道刺激物，导致呼吸道疾病。某些粉尘可能含有有害物质，可能引发慢性健康问题。

（3）设备效率下降：灰尘在设备内堆积可能导致设备运行不畅，影响正常的生产和工作效率。例如，在空调、通风设备、过滤器等设备中，灰尘的堆积可能降低其性能，增加能源消耗，甚至导致设备故障。

（4）环境污染：未处理的粉尘可能扩散至空气或水体中，对周围环境造成污染，从而引起环保问题，并可能导致合规风险。

为避免上述问题的发生，有必要采取以下措施：

（1）定期清理：制订定期清理灰斗的计划并执行。根据粉尘产生的速率、设备类型和环境条件调整清理频率。

（2）使用合适的清理设备：选择合适的清理工具和设备，提升清理效率和安全性。

（3）提供个人防护装备（PPE）：为清理工作人员提供必要的个人防护装备，例如，口罩、护目镜、手套等，以降低其暴露于粉尘的风险。

（4）监测设备状态：定期检查设备的状态，确保灰斗及其排放系统正常运行。如有异常，及时采取修复措施。

通过实施这些措施，可以有效预防和减少灰尘积聚引发的各种问题，确保设备的正常运行和工作环境的安全。

七、低温省煤器温度设置不合理

低温省煤器温度设置不合理，会因烟气温度过低导致腐蚀问题。故而需将低温省煤器出口烟温控制在设计值范围内，避免过度换热而导致烟气温度低于酸露点，从而减少对低温省煤器及下游设备的腐蚀风险。

八、浆液 pH 不合理

考虑到除雾器冲洗受限的情况，建议将溶液的 pH 严格控制在 5.8 以内，避免除雾器结垢和堵塞。虽然大多数脱硫系统安装了气流均布装置或托盘，但在低负荷下，托盘有时不能发挥气流均布的作用，导致局部区域的浆液被烘干，在该区域形成结垢和堵塞；若机组切换到高负荷，则导致系统阻力大幅增加。因此，保持浆液 pH 在 5.8 以内，有利于保证半水亚硫酸钙在浆液中的溶解度，减少在托盘上的沉积。

九、浆液品质恶化

若机组在 20%的额定负荷下长期运行，未燃尽的燃油及煤粉则会在吸收塔内大量积累，导致吸收塔浆液品质恶化，甚至可能导致中毒，带来脱硫效率下降、石膏品质下降、浆液无法满足突然增负荷的要求等不良后果。

因此，必须采取措施防止浆液品质恶化，确保脱硫系统的稳定运行。

十、潜水泵部件发生漏电

在脱硫脱硝系统的操作过程中，存在触电事故的风险。触电事故的发生过程大致如此：脱硫脱硝系统的滤液水池、集水泵池、废水池等内壁均涂有防腐层，这些防腐层多为树脂或玻璃鳞片等绝缘材料。同时，上述水池中多为酸性或碱性溶液，绝缘材料构成的池壁和酸碱性溶液极易形成类似液体电解质的电容结构。如果潜水泵部件发生漏电，由于水池内壁为绝缘材料，漏电电流较小，不足以使开关保护动作跳闸。然而，漏电电流会给池中溶液充电，一旦人员进入水池，就会发生触电事故。

从事故统计分析来看，在脱硫脱硝系统的施工过程中频频发生的火灾事故，根本原因通常是人为因素，如管理不当。直接诱因则是工程使用的易燃防腐材料及施工方式。

在工程项目的选材上，需要综合考虑性能、施工工艺、造价等多方面因素。当前，在建设脱硫塔时，使用的防腐材料多为玻璃鳞片树脂涂料，脱硫塔顶部则常用 PP 材质的除雾器，这些都是易燃物质，任何明火、静电都有可能导致火灾甚至爆炸。

施工过程中，多在地面完成防腐后进行吊装焊接，焊接时，局部高温或焊渣掉入塔内可能会引起火灾。如果塔体焊接完成后再进行防腐，将会限制通风、排尘、照明、涂层干燥等工作，且防腐涂料挥发出的溶剂、稀释剂也会产生爆炸危险。此外，塔体内部更是难做到彻底防腐。赶工期、交叉作业、施工现场管理不善等问题也增加了火灾事故发生的概率。

针对人为因素导致的事故，必须加强管理，从人员培训、消防硬件设施投入、规范的管理机制、系统工艺的安全控制等方面，采取系统的管控措施。特别是人员培训至关重要。施工区应实行全封闭隔离，施工人员正确着装，吸收塔和烟道内加强通风，吸收塔周围严禁动火，电焊作业前必须清理施工现场，从严从细安全管理。

通过以上分析可知，脱硫脱硝设备的操作和维护等因素会影响设备的故障发生率。因此，应在保证设备制造及安装质量的前提下，对设备在实际运行中出现的问题进行深入分析，不断总结问题产生的原因及解决对策，以确保设备能够长时间的稳定、安全运行。

【脱硫脱硝设备设施事故案例】

案例一：2022 年 3 月 14 日，内蒙古某钢板材公司在进行球团带式焙烧机脱硫脱硝提标改造项目的检修作业时发生一起较大火灾事故，造成 7 人死亡。

山东某建设集团经营范围为环保咨询服务、对外承包工程、技术服务咨询、燃煤烟气脱硫脱硝装备制造和销售、建筑工程设计、各类工程建设活动、建筑劳务分包等，具有相关专业的承包和设计甲级资质。

该钢板材公司经营范围为金属冶炼及副产品、冶金技术开发咨询服务等。

2019 年 4 月，根据《关于推进实施钢铁行业超低排放的意见》(环大气〔2019〕35 号)，由于该钢板材公司 500 万 t 球团带式烧结机主引段和鼓干段的烟气脱硫除氟装置均为“机头电除尘+石灰石–石膏湿法脱硫”，没有脱硝装置，达不到超低排放要求，故引进山东国舜公司对原有脱硫除氟装置进行提标改造。

脱硫设备主要由脱硫塔、出口烟气管道和烟气升温箱三部分组成。脱硫塔内部结构复杂，包括多个喷淋层、除雾器和其他部件。脱硫塔内部除雾器由玻璃钢材质制成，烟气管道为碳钢材质。

2022 年 3 月 13 日晚 7 时，项目部夜班进行检维修作业，现场共 21 人：作业人员 19 人，分为三组；管理人员 2 人（司某、谢某）负责现场巡检。第一组 6 人负责烟道垂直段内的热切割作业，第二组 7 人负责脱硫塔内部第 4 层喷淋层的清堵、安装工作，第三组 7 人负责脱硫塔内部第 1～3 层喷淋头的清堵工作。事故发生时司某在办公室。3 月 14 日 1 时 40 分许，第一组在烟道垂直段内进行导流板热切割作业时，热切割所产生的金属熔渣掉落到烟道下部设置的导流板或支撑物上，折射飞溅到烟道水平段内设置的除雾器约 3.5 m 高度处，引燃了除雾器。动火监护人员刘某发现火情后，进行了初起火灾扑救，潘某、司某相继参与了灭火，后火势蔓延速度太快，引燃了升温箱和烟道内涂刷的玻璃鳞片防护层，

3人见火势无法控制，随即撤离着火点。1时50分许，吊车司机海某使用吊车吊篮将烟道垂直段上部进行作业的第一组4名人员撤离到地面。1时52分许，第二组7名人员及时从脱硫塔逃生，并沿脱硫塔塔身外挂钢梯撤离到地面。但脱硫塔内部第 1～3 层作业的第三组7名人员，未能及时撤出，导致全部中毒窒息死亡。

事故的直接原因是项目部检维修作业人员在烟道垂直段内部进行导流板热切割动火作业过程中，所产生的切割金属熔渣掉落到烟道内设置的导流板或支撑物上，折射飞溅至除雾器上引发初起火灾；除雾器着火后未能及时扑灭，火灾扩大引燃了升温箱和烟道内涂刷的玻璃鳞片防护层。火灾烟气窜入脱硫塔内，脱硫塔下部 1～3 层喷淋层作业空间环境复杂，逃生通道不畅，作业人员无法快速撤离。造成正在塔内 1～3 层喷淋层作业的 7 人全部中毒窒息死亡。

事故的间接原因包括：

（1）某建设集团：一是安全生产规章制度不健全，安全管理不到位。安全管理混乱，高处、动火和有限空间等危险作业和检维修等安全生产规章制度不健全、不落实，对项目部安全检查失管失控。项目部安全管理人员配备不足，24小时连续工作仅配备1名安全员。在进行高处、有限空间、动火等危险作业时，未履行审批手续且没有落实安全防范措施。在检维修过程中，对临时增加的施工内容未及时补充编制安全施工方案。

二是安全教育培训制度不健全，教育培训不到位。未对从业人员进行入厂三级安全教育培训，导致现场作业人员缺乏对突发生产安全事故的预判和处置能力。未对从事动火和有限空间作业的现场负责人、监护人员和作业人员进行专项安全培训。在恶劣天气进行高处有限空间动火作业，焊接与热切割作业人员袁某未经考核，无特种作业资格，高处作业人员黄某、袁某、杨某未经考核，无特种作业资格。

三是安全风险辨识防控能力不足，隐患排查不彻底。项目部未对检维修施工现场交叉作业安全风险进行辨识，未充分考虑除雾器和出口烟道玻璃鳞片防护层火灾风险，动火作业区域未采取防止切割熔渣飞溅的必要防护措施，灭火设施准备不充分，夜班临时指派未经过专项培训的人员担任动火作业监护人员。有限空间安全疏散通道设置不合理。

四是劳动组织不合理，违规使用劳务派遣人员。项目部违反劳动保障法律法规和设计要求，采用两班两倒制，延长劳动者工作时间，造成作业人员疲劳上岗。未按《劳务派遣暂行规定》中用工范围和用工比例要求，超额使用劳务派遣工，且劳务派遣人员缺乏安全知识培训。

（2）某钢板材公司：一是安全生产责任落实不到位。未依法履行建设项目安全设施设计审验程序。对 BOT 模式相关各方在安全生产权利、义务和责任方面职责界定不清，将安全责任以协议的形式转嫁给山东国舜公司，没有认真履行本企业安全生产主体责任，缺少对受委托单位安全生产工作的统一协调和管理。

二是对山东国舜公司安全生产管理缺位。对进场作业人员安全教育培训、特种作业人员资格审查流于形式，相关工作制度不落实。对项目建设和开始运营期间长期存在的组织机构不健全、安全管理人员配备不足等问题，未及时予以纠正和从严管理。

三是对山东国舜公司安全生产检查不到位。未按《特许经营协议》要求，对山东国舜公司安全防范措施和执行本单位安全生产管理制度情况进行检查，对存在的问题和隐患没有及时发现和督促整改。对山东国舜公司危险作业规章制度不健全、不审批、不培训、不落实等检查不到位。

（3）该钢板材公司安全生产主体责任落实不到位，对 BOT 模式安全管理工作研究不够，认识不清，对控股子公司安全管理指导、监督不到位，未严格贯彻落实安全生产法律法规，公司内部事故信息报送制度与有关法律法规相冲突。

案例二：2022 年 2 月 6 日 10 时 16 分许，马鞍山某钢铁公司炼铁总厂（南区）带式焙烧机工程脱硫装置除尘器灰斗发生一起较大坍塌事故，造成 4 人死亡，2 人受伤，直接经济损失 706.5 万元。

2020 年 8 月，该钢铁公司在发展改革委备案了“球团产线升级改造——炼铁总厂（南区）带式焙烧机工程”项目（以下简称带焙工程），该项目位于炼铁总厂烧结二分厂东区。

该项目的工程设计、采购、施工（EPC）总承包单位为某工程设计研究院，监理单位为某建设监理公司，安全预评价单位为某勘察设计公司。脱硫脱硝项目为该工程的环保配套设施，该项目的设计、施工、安装调试等分包给某设计研究院，该设计院再将脱硫脱硝设备的详细设计、制造供货、安装、调试、人员培训等分包给某环保科技公司，该项目的钢结构和设备安装分包给安徽某环保设备公司，PLC 及配套网络设备分包给浙江某自动化设备公司，设备的安装调试、人员培训工作分包给江苏某环保科技公司，包括流化槽在内的返料斜槽系统供货分包给南京某环保科技公司。

该脱硫脱硝项目于 2021 年 3 月 20 日开工建设，同年 11 月 30 日完成交工验收并进入试生产阶段。截至事故发生时，该工程未进行安全设施竣工验收。2021 年 11 月 8 日，该钢铁公司和某技术服务公司签订了工序（工作量）委托合同，2022 年 1 月 1 日，双方又签订了环保设施托管运营合同，由该技术服务公司负责脱硫脱硝项目的运营和设备设施的维护、维修。

炼铁总厂带式焙烧机 EPC 工程脱硫脱硝项目采用循环流化床半干法（CFB）脱硫 + 选择性催化还原法（SCR）脱硝技术，对带式焙烧机主烟气进行脱硫脱硝。

事故发生时，脱硫装置除尘器 D 灰斗正在运行中。2022 年 2 月 6 日 7 时许，技术服务公司员工发现灰斗流化风机电流持续下降，随后采取了加大消石灰进料的措施。交接班期间，班长林某被告知要注意吸收塔床层和电流变化。在灰斗漏灰的问题被发现后，现场人员和检修人员前往查看并决定进行清堵作业。在清堵过程中，灰斗发生崩裂，造成人员伤亡和财产损失。

调查认定，该起事故的直接原因是在事故D灰斗底部堵塞且顶部严重漏灰的情况下，技术服务公司相关人员违章指挥、违反操作规程作业，盲目开大返料调节阀，使脱硫系统内的大量脱硫灰短时间集聚在事故D灰斗内。最终超出了灰斗的极限承载力。检修人员在明知事故D灰斗顶部严重漏灰的情况下，冒险作业，也是事故发生的重要原因。

间接原因有：在建设过程中，相关参建单位质量管理不到位，在施工管理过程中对特种作业人员资格审核把关不严，事故D灰斗部分位置焊接存在缺陷；业主单位在项目托管运营过程中对外包单位疏于管理，隐患排查治理不及时、不到位；地方政府相关部门履行安全监管职责不到位。

思考题

1. 氨法烟气脱硫过程中主要涉及的化学品和有毒物质有哪些？其危险性如何？
2. 简述SNCR脱硝工艺中存在的主要危险有害因素。
3. 脱硫脱硝装置的安全管控主要包括哪几方面内容？
4. 列举几项脱硫脱硝装置的常见安全事故危险源，并提出针对性的管控措施。

第六章　固体废物处理设施的风险辨识与安全管控

固体废物（以下简称固废）种类繁多，按照其来源和性质，大体可分为工业废弃物、农业废弃物、生活废弃物以及其他特定行业的固体废物等几大类。工业废弃物包括采矿废石、冶炼废渣、各种煤矸石、炉渣及金属切削碎块、建筑用砖瓦石块等；农业废弃物包括农作物的秸秆、牲畜粪便等；生活废弃物即生活垃圾。此外，还有化学工业固废、石油工业固废、矿业固废、粮食和食品工业固废等。

固废对环境和人类健康的危害是多方面的，具体表现在：

（1）对土地资源的占用和污染：固废的堆放需要占用大量土地，特别是随着我国城市化和工业化的发展，固废的产量不断增加，对土地资源的压力也越来越大。此外，固废中的有害物质会渗入土壤，导致土壤污染，影响农作物的生长和食品安全。

（2）对水资源的污染：固废在堆放和处理过程中，会产生大量渗滤液和废水，如果这些污染物未经处理或处理不达标就排入水体，会对地表水和地下水造成严重污染，影响水资源的利用。

（3）对大气环境的污染：固废在处理和运输过程中，会产生大量的粉尘和有害气体，如硫化物、氮化物等，这些污染物会污染大气，对人体健康造成危害。

（4）对生态环境的破坏：固废的产生和处理会对生态环境产生直接和间接的影响，如破坏土壤结构、影响植物生长、降低生物多样性等。

（5）对人体健康的危害：固废中的有害物质可通过空气、水和土壤等途径进入人体，对人体健康造成危害，如引发各种疾病和不适症状。

因此，需要采取有效的措施来减少固废的产生、加强固废的处理和处置、提高资源化利用水平，从而减少固废对环境和人类健康的危害。

第一节　典型固废处理工艺及设施

一、固废处理工艺

典型的固废处理工艺主要包括以下几个关键步骤。

（一）预处理

预处理是固废处理工艺的第一步，主要目的是为后续处理提供方便。预处理包括破碎、筛分、混合、脱水等操作。破碎是为了减小固废的尺寸，便于后续处理；筛分则是将固废按粒度进行分类；混合是为了使固废成分更加均匀；脱水则是去除固废中的水分。

（二）物理处理

物理处理是指通过物理方法改变固废的形态、结构和物理性质，使之稳定化、安全化。常见的物理处理方法包括压实、破碎、分选和固化等。压实是为了减小固废的体积，降低运输和处置成本；破碎是将大块固废破碎成小块；分选是根据固废的物理性质进行分离；固化则是通过添加固化剂将有害固废转化为稳定、无害的固化体。

（三）化学处理

化学处理是通过化学反应将有害物质转化为无害或低危害物质的过程。常见的化学处理方法包括中和、氧化还原、沉淀等。中和是通过酸碱中和反应调节废水的酸性或碱性；氧化还原是通过氧化剂或还原剂将有害物质转化为无害物质；沉淀则是通过化学反应使有害物质转化为沉淀物，然后分离去除。

（四）生物处理

生物处理是利用微生物分解有机物的能力，将有机物转化为稳定的腐殖质或无机盐。常见的生物处理方法包括好氧堆肥、厌氧发酵和生物滤池等。好氧堆肥是在有氧条件下，利用好氧微生物将有机物转化为稳定的腐殖质；厌氧发酵是利用厌氧微生物将有机物转化为甲烷和二氧化碳等气体；生物滤池则是利用微生物对废水进行处理。

（五）固化/稳定化

固化/稳定化是指将有害固废固定在密实的固化体中，使有害物质与环境隔离，达到安全化的目的。常见的固化/稳定化方法包括水泥固化、石灰固化、沥青固化等。水泥固化是将有害固废与水泥混合搅拌后硬化成固化体；石灰固化是将有害固废与石灰混合搅拌后硬化成固化体；沥青固化则是将有害固废与沥青混合搅拌后硬化成固化体。

（六）资源化利用

资源化利用是将固废转化为有用的产品或原料，实现资源的循环利用。常见的资源化利用方法包括制造建筑材料、生产肥料和饲料、提取有价金属等。制造建筑材料是将固废用于生产混凝土、砖块等建筑材料；生产肥料和饲料是将有机固废用于生产肥料和饲料；提取有价金属则是从工业固废中提取有价值的金属元素。

（七）填埋处置

填埋处置是将经过处理的固废或危险废物送往指定的地点进行填埋处置，以达到安全化的目的。填埋场需采取有效的防渗漏、防腐、防扬散等措施，以确保固废不会对环境和人体健康造成危害。同时，填埋场还需要进行定期监测和维护，确保其安全运行。

二、固废处理设施

（一）固废收集系统

固废收集系统是固废处理设施的基础部分，主要负责将各类固废收集并运送至处理设施。收集系统通常包括收集车辆、收集容器、中转站等，以确保固废能够及时、安全地被运输至处理设施。

（二）预处理设施

预处理设施是对收集来的固废进行初步处理的场所，包括分选、除杂、破碎等操作。预处理的目的是将固废中的有用成分和无用成分进行分离，以便进行后续的专门处理。

1．分选

分选设备的主要作用是从固废中分离出有价值的组分，以提高其资源化利用率。常见的分选设备包括磁选机、浮选机、重力分选机等。这些设备利用固废的不同物理性质（如磁性、密度、导电性等）进行分离，从而将有价值的组分与无用组分分开。

2．破碎

破碎设备的主要作用是将收集来的大块固废破碎成小块，便于后续处理。常见的破碎设备包括颚式破碎机、锤式破碎机、球磨机等。这些设备通过施加冲击力或摩擦力将固废破碎，减小其尺寸，以提高后续处理的效率。

3．压实

固废的压实处理是通过专有设备将固废进行压缩，减小其体积，便于储存、运输和资源化利用。压实设备的主要作用是通过施加压力，使固废变得更加紧密，降低其空隙率，从而减小体积、提高密度。

固废压实设备有多种类型，根据其工作原理和应用范围，可分为以下几种类型：

（1）平板压实机：将废物放在平整的板面上，施加压力进行压实。这种设备通常适用于小规模的废物处理和实验室环境。

（2）螺杆压实机：通过旋转螺杆将废物送入压实腔，并施加压力进行压实。这种设备通常适用于处理各种不同类型的固废，包括塑料、纸张、木材等。

（3）轮胎压实机：通过旋转轮胎将废物送入压实腔，并施加压力进行压实。这种设备通常适用于处理大量松散的固废，如建筑垃圾、矿渣等。

（4）振动压实机：通过振动将废物送入压实腔，并施加压力进行压实。这种设备通常适用于处理石块、砾石等硬质固废。

这些压实设备可以单独使用，也可以根据需要组合使用，以达到更好的处理效果。在选择固废压实设备时，需要考虑废物的类型、处理规模、处理效率和经济成本等因素。

（三）资源回收设备

资源回收设备用于从固废中提取有价值的物质，如金属、纸张、塑料等。通过资源回收，不仅能够减少固废的数量，还能实现资源的可持续利用。

（四）焚烧和热处理设施

焚烧和热处理设施是利用高温对固废进行处理的场所，能够有效减少固废的体积并破坏有毒有害物质的化学结构，从而达到减量化和无害化的目的。焚烧设施通常配备有焚烧炉、余热回收设备等部件。

1. 焚烧炉

焚烧炉是固废焚烧处理的核心设备，其作用是将经过预处理的固废进行高温氧化燃烧，实现减量化和无害化。根据不同的处理需求和废物特性，可以选择不同类型的焚烧炉，如机械炉排焚烧炉、流化床焚烧炉、回转窑焚烧炉等。

2. 余热回收设备

余热回收设备用于回收焚烧过程中产生的余热，以提高能源的利用率。余热回收设备通常包括余热锅炉、蒸汽发生器等，可以将焚烧产生的热量转化为蒸汽或电能，为工厂提供动力或为其他工艺过程提供能源。

3. 除尘设备

除尘设备用于捕集和去除烟气中的粉尘和有害气体，以降低对环境和设备的损害。除尘设备包括静电除尘器、布袋除尘器、湿式除尘器等，可以根据烟气特性和处理要求选择合适的除尘设备。

4. 二次污染物控制装置

二次污染物控制装置用于处理烟气中的有害气体和挥发性有机物，以减少对环境的污染。二次污染物控制装置包括脱硫装置、脱硝装置、有机物回收装置等，通过化学或物理方法对有害气体进行净化或回收。

5. 灰渣处理系统

灰渣处理系统用于收集、处理和处置焚烧产生的灰渣，确保其安全、环保地被处置或再利用。灰渣处理系统包括灰斗、灰渣输送设备、固化设备等，可以将灰渣进行稳定化处理或制成建筑材料等有用产品。

（五）堆肥和厌氧消化设施

堆肥和厌氧消化是两种常见的固废处理方法，它们能够将有机废物转化为有价值的资源，如肥料和生物能源。

1. 消化罐

消化罐是厌氧消化过程的核心设备，用于提供微生物生长和代谢所需的适宜环境。根据不同的温度需求和废物特性，消化罐可分为中温消化罐、高温消化罐等类型。

2. 沼气收集系统

沼气收集系统用于收集厌氧消化过程中产生的沼气，以供后续的利用或处置。沼气收集系统包括沼气管路、沼气压缩机等组件，通过将沼气输送到储存或利用设施中，实现能源的回收利用。

3. 沼气处理与储存

沼气处理与储存设施用于对沼气进行净化、压缩和储存，以满足市场的需求。沼气处理与储存设施包括脱硫装置、脱碳装置、压缩机组、储气罐等，确保沼气在被利用之前达到所需的纯度和压力。

4. 剩余物处理

剩余物处理设施用于处理厌氧消化后产生的剩余物，包括脱水设备、堆肥设备等。这些设施可以将剩余物进行适当处理，使其转化为可再利用的资源或被安全处置。

（六）填埋设施

对于不适合其他处理方法的固废，通常会被运送至填埋场进行安全填埋。填埋场的设计和运营需满足一定的环境标准，以防止对地下水和土壤造成污染。

1. 填埋场基础建设

填埋场基础建设是固废填埋设施的重要组成部分，包括场地平整、道路建设、填埋库区划分等，目的是为填埋作业提供适宜的场地和环境。

2. 防渗系统

防渗系统是填埋场的关键设施之一，用于防止填埋物中污染物的渗漏和扩散。防渗系统包括高强度防渗材料、防渗结构等，以保障填埋场的安全运行并保护环境。典型防渗系统结构如图 6-1 所示。

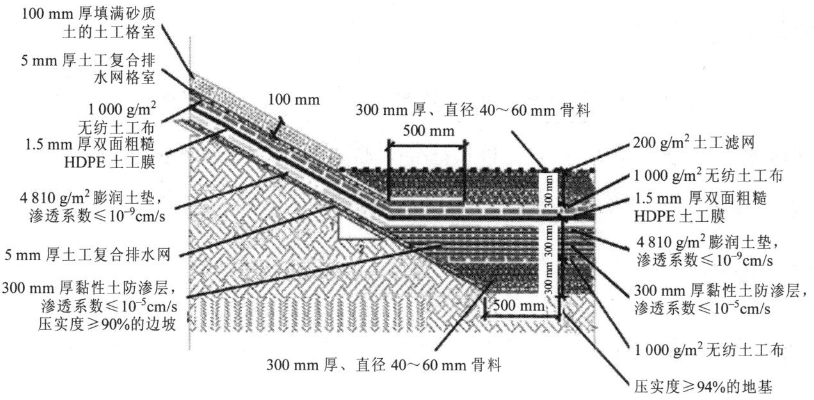

图 6-1 垃圾填埋场防渗结构断面和材料组成结构

3. 排水系统

排水系统用于将填埋场内的雨水和其他废水及时排出，以降低水负荷对填埋场的影响。排水系统包括排水沟、排水管道、集水池等，应合理设计、布局和维护，以确保排水顺畅。

4. 填埋料处理设备

填埋料处理设备用于处理进入填埋场的固废，如破碎、压实和分选废物，以满足填埋作业的要求。处理设备包括破碎设备、压实设备、分选设备等。

5. 覆盖材料

覆盖材料用于将覆盖填埋物表面，以减少臭气外泄、抑制扬尘和防止雨水进入。覆盖材料包括土层、覆盖砂、覆盖膜等，应根据填埋物的性质和当地气候条件选择合适的覆盖材料。

6. 监测设备

监测设备用于实时监测填埋场内的环境参数，如气体浓度、水位、温度等，以便及时发现异常情况并采取相应措施，保障填埋场的安全运行。

7. 气体导排设备

气体导排设备用于将填埋场内的有害气体导出，以降低其对环境和操作人员的危害。导排设备包括排气管道、排风口、抽气泵等，应合理布局和维护，以确保气体导排效率。

8. 雨污分流系统

雨污分流系统用于将填埋场内的雨水和其他废水进行分流处理，以降低水负荷和提高污水处理效率。分流系统包括分流井、分流管道等组件，应合理设计、布局和维护，以确保分流效果。

（七）监测与控制系统

监测与控制系统负责对整个固废处理设施的运行情况进行实时监测和控制，确保其稳定运行并符合环保标准。该系统通常包括各种传感器、控制仪表和自动化设备，用于监测关键参数，如温度、压力、流量、污染物浓度等，并通过自动化控制减少人为错误，提高处理效率。

（八）配套设施

除了上述主要设施，固废处理设施还需要一系列配套设施的支持，如员工办公区、休息区、维修车间等。这些设施为员工提供良好的工作环境和生活空间，同时为设施的日常维护和应急检修提供必要条件。

第二节　填埋设施的风险辨识与安全管控

填埋设施作为固废处理的重要方式之一，其建设和运营过程中存在多种安全风险。

一、火灾和爆炸风险

在垃圾填埋过程中，有机物分解产生的沼气（甲烷和二氧化碳混合气体）积聚到一定浓度，若遇到火源或电气设备故障，可能发生沼气爆炸事故。

主要安全管控措施包括：

（1）采用合理的填埋场设计，配备沼气收集系统，确保沼气能够被有效地收集。同时，部署实时气体监测系统，定期检测沼气浓度，确保其在安全范围内。

（2）定期巡检填埋场，防止外部火源进入，并使用监控技术及时发现填埋场内部的火源。禁止投放易燃物品，减少火源的可能来源。

（3）制定详细的火灾应急预案，包括应急职责、通信程序、撤离程序等。定期进行火灾应急演练，提高工作人员应对火灾的紧急处理能力。

（4）将收集到的沼气用于发电或作为燃气，以减少沼气积聚，降低火灾和爆炸风险。对于无法利用的沼气，可考虑采用火炬燃烧系统安全地燃烧掉。

（5）对填埋场工作人员进行定期的安全培训，确保他们了解预防和应对火灾爆炸的措施。向周边社区和公众传达有关风险信息，提高公众的安全意识。

（6）在可能产生火花的设备上使用防爆设备，减少外部因素对填埋场的火灾风险。定期检查和维护设备，确保其正常运行和安全使用。

（7）安装温度监测系统，监测填埋场内温度变化，预警可能发生火灾的地点。持续监测填埋场内沼气和其他气体的浓度，确保其在可控范围内。

二、渗滤液泄漏和污染风险

渗滤液是指垃圾填埋过程中产生的含有机物和无机物的液体。若填埋场的防渗措施不到位，渗滤液可能泄漏到周边土壤或地下水体中，引发环境污染问题。此外，填埋场可能产生恶臭、烟尘等污染物，对周边环境及居民生活造成影响。

为有效管理渗滤液和污染风险，应采取以下主要安全管控措施：

（1）采用合理的防渗层，如高密度聚乙烯（HDPE）膜，以阻止渗滤液渗透到地下。定期检查防渗层的完整性，及时修复任何可能导致泄漏的破损或缺陷。

（2）构建有效的渗滤液收集系统，包括横向和纵向的收集管道，以便快速收集和处理渗滤液。安装实时监测系统，跟踪渗滤液的产生和流向，及时发现泄漏问题。

（3）建设渗滤液处理设施，采用合适的技术处理含有害物质的渗滤液。确保渗滤液处理设施符合当地和国家环境法规的要求，防止二次污染。

（4）定期巡检渗滤液收集管道和系统，保持其畅通，防止渗漏和堵塞。及时修复管网中的漏点和破损，防止未经处理的渗滤液渗入地下。

（5）进行地下水监测，评估填埋场对周边地下水的影响。进行水文地质研究，了解地下水流向和地质特征，为渗滤液运移提供科学依据。

（6）定期进行环境风险评估，评估填埋场对周边环境的潜在影响。根据评估结果，采取必要的预防措施，降低渗滤液泄漏和污染的潜在风险。

（7）与周边社区建立透明的沟通机制，向公众提供渗滤液管理和处理的信息。鼓励社区参与，接受公众的意见和监督，确保公众对渗滤液管理有充分了解和认知。

三、坍塌风险

填埋场坍塌事故可能发生在边坡区域和雨季时段。坍塌可能导致设备损坏、人员伤亡和环境污染。

为确保安全，应实施以下主要安全管控措施：

（1）进行全面的地质勘察，深入了解填埋场的地下结构、土壤特性及地下水情况。基于地质勘察结果制定科学合理的工程设计，确保填埋场结构的稳固性。

（2）定期检查和维护填埋场的防渗层和覆盖层，确保其完整性，防止水分渗透引起土壤软化。及时修复防渗层或覆盖层的破损，确保其有效地抵亢压力。

（3）部署填埋场监测系统，定期监测地下水位、沼气产生和渗滤液生成等情况。进行定期巡视，及时发现并处理可能导致坍塌的迹象，如滑坡、沉陷等。

（4）采用合适的填埋坡度和边坡设计，确保填埋场的稳定性。定期评估填埋场坡度和边坡的稳定性，并采取必要的措施预防坍塌。

（5）设置填埋区域的安全距离，确保各填埋区域之间有足够的间隔，防止坍塌扩散。合理划分填埋场区域，防止填埋场整体性失稳。

（6）严格控制填埋场的工作面，遵循合适的填埋操作规程，防止工作面坍塌。实施有效的工作面管理措施，包括限制填埋高度、采用适当的均压填埋方法等。

（7）对填埋场工作人员进行定期的坍塌风险培训，提高他们对坍塌风险的认识和应对能力。强调员工对安全操作的重要性，促使他们遵守安全规定和程序。

（8）制定完善的坍塌紧急预案，包括紧急撤离程序和救援计划。定期进行坍塌紧急演练，提高员工应对坍塌事件的紧急处理能力。

四、疾病传播

垃圾填埋场可能成为细菌、病毒等病原体的滋生地。若管理不善，可能引发疾病传播，对周边居民的健康造成威胁。以下是一些主要的安全管控措施：

（1）采用科学的废弃物分类和处理方法，确保危险废弃物和医疗废弃物得到安全处理，防止病原体传播。严格执行医疗废弃物的处理规程，包括正确的收集、包装、运输和最终处置。

（2）为垃圾填埋场工作人员提供必要的个人防护装备，如口罩、手套等，防止直接接触废弃物。定期进行健康检查，确保工作人员身体健康，并及时发现、隔离患病人员，防止疾病传播。

（3）实施有效的害虫和动物控制措施，防止带有病原体的害虫和啮齿动物进入填埋场。保持填埋场周边环境卫生，减少吸引害虫和动物的条件。

（4）建立环境监测系统，对填埋场周边的空气、水源等进行监测，及时发现环境污染和病原体扩散的迹象。在填埋场周边设立卫生防护区域，限制人员和动物的进入，以减少交叉感染的风险。

（5）定期对填埋场工作人员进行健康和卫生培训，提高他们对疾病传播风险的认识和应对能力。向周边社区和公众提供关于填埋场疾病传播风险的信息，加强公众卫生教育。

（6）探索和应用新的废弃物处理技术，如高温处理、气化等，以更有效地灭活病原体和降低健康风险。将科技创新引入废弃物管理，提高废弃物处理的安全性和环保性。

（7）建立填埋场周边的卫生监测体系，定期监测周边居民的健康状况，及时发现和处理与填埋场有关的健康问题。

五、设备故障

垃圾填埋场的设备故障可能导致生产停滞和安全事故。设备故障通常由设备老化、维护不当等原因引起。应定期对设备进行检查和维护，确保设备的安全稳定运行。

第三节　焚烧设施的风险辨识与安全管控

焚烧设施作为固废处理的重要方式之一，在其建设和运营过程中存在多种潜在风险。典型垃圾焚烧设施如图 6-2 所示。

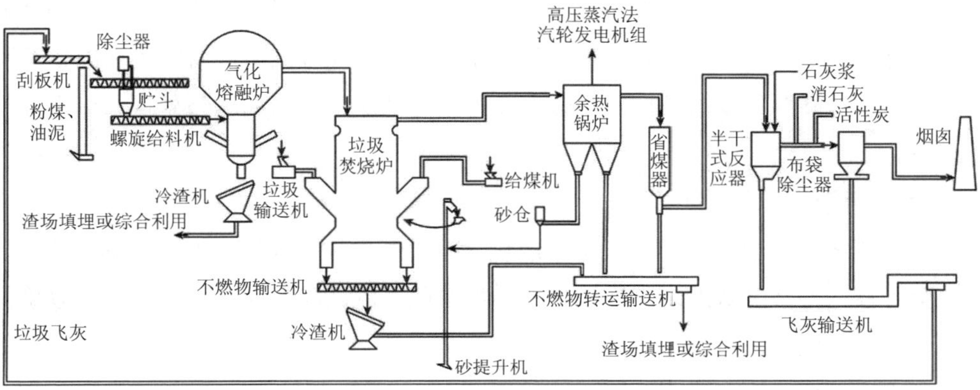

图 6-2　垃圾焚烧设施示意图

一、设备故障风险

垃圾焚烧设施的常见设备故障风险及其相应的安全管控措施简述如下：

（1）炉膛或热交换器故障可能导致焚烧过程不稳定，影响能源回收效率。需定期检查和维护炉膛、热交换器，监测温度和压力，确保设备正常运行。

（2）废气处理设备故障，如烟气净化设备失效，可能导致有害气体和颗粒物排放超标，对环境和人体健康造成影响。需定期检查净化设备，保证其运行正常；配备实时监测系统，及时发现异常并采取紧急措施。

（3）在废物处理过程中使用的化学品泄漏事故，可能对操作人员和环境的安全造成威胁。必须严格管理化学品，定期检查储存设备，制订应急响应计划，对员工进行培训。

（4）垃圾处理系统的堵塞可能导致焚烧过程中断，增加操作风险。应采用合适的废物预处理方法，如分选和粉碎，减少堵塞风险。

（5）设备运行温度异常可能导致焚烧不充分或过热，影响焚烧效果和设备寿命。需定期监测设备运行温度，并设定温度报警阈值，确保设备在安全范围内运行。

（6）电气系统故障可能引发火灾或设备停机。应定期检查电气系统，进行预防性维护，确保电气设备的正常运行。

（7）废渣处理系统故障可能导致废渣质量不合格，影响其后续处理和处置。应定期检查废渣处理设备，确保其正常运行和处理效果。

（8）监控和控制系统故障可能导致对设备运行状态的失控，增加安全风险。可为设备配备备用监控和控制系统，并定期进行系统测试，确保系统的可靠性。

二、环境污染风险

垃圾焚烧设施可能产生废气、废水和固废的环境污染问题。废气中可能含有硫化物、NO_x、重金属等有害物质，废水可能含有酸性、重金属等污染物，而固废可能含有有害物质和病原体。为降低环境污染风险，应采取有效的环保措施，如废气处理、废水处理和固废处理等。

1. 大气污染

风险：燃烧过程中排放的废气中可能包含有害气体和颗粒物，对大气质量造成影响。

安全管控：安装高效的烟气净化设备，如脱硫、脱硝和颗粒物净化设备，以确保废气排放符合生态环境保护标准。

2. 水体污染

风险：废渣中可能含有有害物质，如果不得当处理，可能导致水体污染。

安全管控：采用安全可控的废渣处理技术，如稳定化处理，确保其对水体不造成污染。

3. 土壤污染

风险：废渣中的有害物质可能渗透到土壤中，引起土壤污染。

安全管控：定期进行废渣质量监测，确保其符合相关标准；采用合理的废渣处置方法，防止渗透污染。

4. 噪声和振动污染

风险：设备运行和垃圾处理可能产生噪声和振动，对周边居民造成不适。

安全管控：采用隔声和减震设备，制定噪声和振动控制措施，以减少对周边环境的影响。

5. 气候变化

风险：废弃物焚烧释放 CO_2 等温室气体，对气候变化产生一定的影响。

安全管控：提高能源回收效率，减少对温室气体排放的依赖；鼓励可再生能源的使用，减缓对气候的不良影响。

6. 有害物质释放

风险：废弃物中可能含有有害物质，焚烧过程中有可能释放到环境中。

安全管控：采用科学合理的废物分类和处理方法，提高有害物质的回收率，减少对环境的负面影响。

7. 沼气排放

风险：垃圾焚烧过程中产生的沼气如果未经收集和利用，可能对大气质量产生负面影响。

安全管控：建立沼气收集系统，将沼气有效收集并用于能源生产，减少温室气体排放。

三、火灾和爆炸风险

垃圾焚烧过程中可能产生易燃易爆气体和粉尘，如甲烷、氢气等。当这些气体和粉尘在密闭或半密闭的区域中积累到一定浓度时，遇到火源或静电火花等激发能量，可能发生火灾爆炸事故。为降低火灾爆炸风险，应加强安全监控和报警系统，严格控制火源和激发能量。

1. 存在可燃物质

风险：垃圾中可能包含大量的可燃物质，如塑料、纸张等，易于引发火灾。

安全管控：强化垃圾分类，减少可燃物质的投放；定期清理垃圾处理区域，确保无积存可燃物。

2. 设备故障或操作失误

风险：设备故障或操作失误可能导致高温、火花等情况，引发火灾。

安全管控：建立设备监测系统，定期进行设备检查和维护；提供员工培训，确保正确操作设备。

3. 化学品泄漏

风险：垃圾焚烧设施使用化学品进行废气处理，化学品泄漏可能引发火灾或化学反应。

安全管控：严格控制和储存化学品，制订应急响应计划，进行员工培训。

4. 沼气积聚

风险：在垃圾焚烧过程中产生的沼气可能积聚并形成可燃气体，引发爆炸。

安全管控：建立沼气收集系统，有效收集和利用沼气，减少其积聚风险。

5. 废渣堆积和自燃

风险：废渣堆积可能导致自燃，引发火灾。

安全管控：控制废渣堆积的高度和密度，采用适当的堆放和处理方式，防止自燃。

6. 高温和压力

风险：设备在运行过程中可能产生高温和高压，增加爆炸风险。

安全管控：定期检查设备的温度和压力，确保其在安全范围内运行。

四、操作人员安全风险

垃圾焚烧设施的操作涉及高温、高压和高风险的作业环境，对操作人员的技能和素质要求较高。操作人员可能面临烫伤、窒息、中毒等安全风险。为确保操作过程中的安全，应加强操作人员的培训和教育，提高其安全意识和应急处理能力。

主要风险和管控措施包括：

1. 高温环境

风险：在焚烧炉附近工作可能暴露于高温环境，容易导致中暑和热应激。

安全管控：提供适当的个人防护装备，如隔热服、防护手套和帽子；定期进行员工健康检查，提高防暑意识。

2. 化学品暴露

风险：操作人员可能接触到废气处理中使用的化学品，存在化学品暴露的风险。

安全管控：提供适当的防护装备，如防护面具、防护服等；实施正确的化学品管理措施，包括储存、使用和处理。

3. 机械设备操作风险

风险：操作焚烧设备和相关机械设备时，存在夹伤、碰撞等机械操作风险。

安全管控：提供全面的设备操作培训，确保员工熟悉设备操作规程；设置明确的安全警示标志，加强机械设备的安全保护措施。

4. 噪声和振动风险

风险：设备运行和垃圾处理可能产生噪声和振动，对操作人员的听力和身体健康造成影响。

安全管控：提供隔声和减振设备，制定噪声和振动控制措施，确保操作人员的工作环境符合健康和安全标准。

5. 有毒气体和粉尘风险

风险：垃圾焚烧过程中产生的有毒气体和粉尘可能对操作人员的呼吸系统造成损害。

安全管控：为操作人员提供必要的呼吸防护装备，定期进行空气质量监测，确保作业区域空气质量符合安全标准。

6. 心理健康风险

风险：长期在高压环境下工作可能对操作人员的心理健康产生负面影响。

安全管控：提供心理健康支持和培训，鼓励员工寻求心理辅导；建立健康的工作环境和压力管理机制。

五、邻近区域影响风险

垃圾焚烧设施可能对周边区域产生影响，如烟尘污染、异味和噪声等。这些影响可能干扰周边居民的生活，污染环境。应采取有效的环保措施和控制技术，降低对周边区域的影响，并与周边居民保持良好的沟通和协调。

六、废弃物来源风险

垃圾焚烧设施的废弃物来源可能存在不确定性，如成分复杂、含水量高、热值低等。

这些因素可能影响设施的正常运行和生产效率，增加污染物排放的风险。应加强废弃物的分类和预处理工作，提高废弃物的品质和稳定性，降低对设施的影响。

七、监管不力风险

垃圾焚烧设施的监管涉及多个部门和法规要求，如生态环境、市场监督部门等。监管不力可能导致设施运行不规范、污染物超标等问题。应加强与监管部门的沟通和协调，确保设施符合相关法规和标准要求，降低监管不力风险。

八、社会接受度风险

垃圾焚烧设施的建设和运营可能受到周边居民和社会舆论的关注和质疑。设施对环境的影响、健康风险等因素可能影响社会接受度。应加强信息公开和公众参与工作，提高设施的透明度和公信力，降低社会接受度风险。

九、公众健康影响风险

垃圾焚烧设施可能产生有害气体和颗粒物等污染物，对周边居民的健康造成潜在影响。长期接触这些污染物可能导致呼吸系统疾病、心血管疾病等健康问题。应采取有效的环保措施和控制技术，降低污染物排放量，同时加强健康监测和预警，保障周边居民的健康。

【固废处理安全事故案例】

案例一：2022 年 6 月 16 日 18 时 56 分，兰州某科技公司固体废料处理车间（污泥处理工段）发生爆炸事故，造成 6 人死亡、8 人受伤，直接经济损失 4 190.45 万元。

该公司成立于 2020 年，主要产品为草铵膦、甲基亚磷酸二乙酯和苯达松。

山东某环保工程公司于 2020 年 9 月起设计并建设了该科技公司废水处理系统，包含水处理工段、脱盐工段和污泥处理工段 3 个工段。

事故发生车间为污水处理站固体废料处理车间，在管理中称该车间为环保治理车间污泥处理工段（以下简称固废车间污泥工段）。事故发生时，该车间正在使用离心母液真空干燥工艺处理固废。

两次爆炸造成固废车间（污泥工段）完全炸毁，车间内干燥机机体本身解体，其中，干燥机转轴最大残件飞行达 140 m，干燥机堵头飞行达 380 m，大量碎片分布在距爆炸中心 300 m 范围内。周边附近的建（构）筑物、设备设施严重受损，距爆炸中心 250 m 以内大部分门窗玻璃破损，最远 500 m 左右的个别门窗玻璃受损。按照《爆破安全规程》（GB 6722—2014）测算，本次爆炸 TNT 当量约为 425.60 kg。

事故发生的直接原因如下：6 月 10 日，该科技公司固废车间（污泥工段）内干燥机出现故障维修后，并未恢复正常，6 月 15 日 15 时又发生故障。事故发生当天，母液固废经过干燥机内真空干燥，达到放料状态后，但干燥机未能正常出料。当班人员在干燥机未停车、持续加热的情况下，对卸料阀进行维修，导致母液固废在干燥机内加热时间延长约 4 小时。干燥机持续加热，内部热量难以散发、持续累积，导致母液固废所含的氯酸钠与有机物的反应放热，并进一步引起有机物的分解放热，外部加热和内部反应分解放热共同引起干燥机内部温度与压力均急剧上升，发生第 1 次爆炸，爆炸使干燥机破碎解体，并在周边数米内形成局部空间的高温、高压状态，并伴随有火光、强烈冲击波及高温金属碎片的产生，以上局部空间内的爆炸综合效应随即殉爆临时堆存在干燥机东侧约 5 m 的 8 袋干燥后的含有氯酸钠、有机物和盐的母液固废中的部分物料，引发第 2 次爆炸。

事故调查认定，该科技公司在污水处理工艺、安全风险辨识防控、安全生产责任制和教育培训等方面存在问题，间接导致了本次事故的发生。

（1）污水处理工艺未按要求设计、建设。该公司违反《中华人民共和国环境保护法》第四十一条有关“三同时”的规定，母液干燥工艺及装置系统未与主体工程同时设计、同时建设、同时投入使用，未对产污节点及处理措施进行可行性、运行可靠性分析，也未对母液固废进行危险特性鉴别和认定。此外，违反《国家危险废物名录（2021 年版）》第六条规定，私自使用未经设计的真空干燥工艺对危险性极高的母液固废进行加热处理，为事故发生埋下隐患。

（2）随意添加氧化物导致风险加剧。甘肃滨农公司生产草铵膦及其甲基亚磷酸二乙酯中间体的过程中会产生含有高浓有机磷等有机物成分的生产污水，为降低企业外排污水中总磷等含量，达到园区污水处理厂要求的生产污水纳管排放标准，在未对母液固废危险特性分析的情况下，采用未经设计和风险辨识的方法投加氯酸钠等药剂，也未制定氯酸钠的添加标准、添加频次，也未按规定对污水中氯酸钠等主要指标进行检测，仅依据污水量和污水气味确定添加量，导致整个污水处理系统氯酸钠含量富集，为事故发生埋下隐患。

（3）操作规程缺乏异常情况处理内容。该公司的《干燥机（烘干机）安全操作规程》中，没有异常工况处置及应急操作相关内容，这也导致事故当天卸料过程中出现，操作工无法正确应对异常情况，造成物料长时间加热，最终导致事故发生。

（4）设备维修管理存在缺陷。该科技公司未严格执行变更设备管理制度，环保工程公司技术总监张某瑞、山东滨农公司工程管理部主任张某强和时任甘肃滨农公司经理助理李某 3 人商议后，在未对母液固废危险特性进行分析的情况下，擅自安装使用母液固废离心干燥装置系统。在对干燥机出现故障时，未履行报告审批手续，边生产边维修，干燥机冷凝器更换后未进行调试验收，违规组织开车，导致设备“带病”运行，造成事故隐患。

（5）安全生产教育和培训工作不落实。该科技公司未对从业人员进行必要的安全生产知识、安全生产规章制度、安全操作规程、安全操作技能、事故应急处理措施的培训。污泥间新增干燥机设备后，安全生产技能培训滞后，导致操作人员处理异常情况能力差。

（6）安全生产管理混乱。该科技公司对下属各部门、车间及岗位的安全生产工作疏于管理，安全生产规章制度执行及考核流于形式，对固废车间（污泥工段）存在的事故隐患漏管理失控。

案例二：2020 年 7 月 17 日 13 时 03 分，宁波某固废处置公司，在废物处置过程中发生一起火灾事故，造成 12 人受伤。

事故发生在固废一期焚烧车间，该车间建筑面积 1 000 m^2（不含卸货平台 500 m^2），为单层钢筋混凝土结构建筑，北侧为焚烧窑进料口及破碎口，南侧五个料坑。事故发生时，该车间正在进行某智联公司委托处置废物的破碎及焚烧作业。

2020 年 7 月 17 日上午，某物流公司受某智联公司委托，安排 5 辆集装箱货车，将涉事废物运往北仑固废进行销毁。经海关监管人员开封查验和现场确认后，开始卸货作业。化验人员对废物进行取样分析，抽取其中一瓶塑料外包装样本，在卸货现场试火箱内进行简易检验，结果为不燃，经在三期焚烧车间试破碎未见异常。随后，废物在一期焚烧车间开始破碎及焚烧作业。

10 时 30 分许，化验人员在作业现场听见废物破碎时发出轻微爆破声响，经察看发现涉事废物中有一瓶样本为可燃物。化验人员将该情况告知在作业现场人员，要求在破碎过程中加蒸汽作业。并将该情况通过微信向有关负责人汇报。一期焚烧车间的破碎焚烧作业带蒸汽保护持续进行。

不幸的是，13 时 03 分，一期焚烧车间焚烧窑进料口出现明火，并沿着平台表面向破碎口方向扩散，在接近破碎口处火焰迅速扩大，并蔓延至料坑破碎出料口附近，之后在破碎出料口附近料坑内发生剧烈爆炸，并波及整个作业空间。

事故调查发现，事故的直接原因：1 号废物内含易燃气体二甲醚，在破碎过程中泄压释放，与空气混合，在 1 期焚烧车间料坑内大量积聚，并随进料抓斗扩散至焚烧窑进料口周边。因焚烧窑与进料口未隔离，导致窑内明火引燃进料口部位的易燃气体，在进料口漏斗内首先形成小范围的爆燃，随后火焰沿平台上沉积的气体形成较为缓慢的传播，在传播过程中燃烧速度加快，最终在料坑内出料口附近形成爆燃，并迅速转变为爆轰。

事故间接原因如下：

（1）该固废处置公司未依法正确履行安全生产主体责任，安全设备未正常运行。事发时，一期焚烧车间焚烧窑进料口的闸板处于打开状态，为火焰蔓延至进料漏斗区域提供了贯通空间。可燃气体探测器未正常发出报警信号。

作业流程及相关工作制度未正确执行，涉事废物到达固废处置场所后，客服部在未见化验室配伍单且未仔细核对废物品类的情况下，即安排卸货及破碎焚烧作业；安环部的现场化验人员未严格执行现场取样分析制度，仅对涉事废物中的一个品类进行简易抽样分析后，便开始处置作业，未仔细比照化验单中的废物品类与现场废物是否一致，导致涉事废物中数量最多、危险性最大的1号废物未经化验便进入破碎焚烧作业流程。

作业现场安全管理不到位，在破碎处置过程中发现情况异常时，安环部现场化验人员未及时中止作业，而是盲目决定启动蒸汽保护后继续作业，导致可燃气体在作业过程中大量释放积聚；破碎作业现场无安全管理人员进行现场监护，未落实相关消防安全措施。

（2）固废业务流程存在重大漏洞，该固废处置公司分管客服部的副总经理季某违反送样化验规定，未经企业调查程序，擅自代产废单位送样，且减少样本品类，导致安环部门对涉事废物的危险特性和安全风险未予正确充分辨识；客服部在收到产废单位填报的《企业调查表》和《待销毁清单》后，未予核实比对，未能如实掌握涉事废物的实际品类和具体数量，导致1号废物在未经化验的情况下被接收并进入破碎焚烧流程。

合同会签程序存在重大漏洞。《处置合同》文本在提交会签时，并未随附安环部化验室的化验单，会签程序流于形式，相关人员审核把关不严，致使《处置合同》最终签订生效，且约定处置价格明显异常。

（3）外协单位未督促作业员工正确穿戴安全防护装备，导致事故伤害加重。

（4）宁波某控股公司对其下属全资子公司——该固废处置公司履行安全生产主体责任情况的监督管理不力。

（5）当地生态环境主管部门履行固废收集、贮存、处置监督管理职责不力，未有效指导、督促该固废处置公司在固废处置过程中依法正确履行安全生产主体责任。

（6）当地应急管理主管部门作为安全生产综合监督管理部门，履行职责不到位。

思考题

1．填埋设施处置固体废弃物，可能存在哪些主要风险？

2．针对填埋设施处置固体废弃物过程中存在的坍塌风险，简述可采用的管控措施。

3．焚烧设施处置固体废弃物，可能存在哪些主要风险？

4．针对焚烧设施处置固体废弃物过程中存在的火灾和爆炸风险，简述可采用的管控措施。

第七章　其他环保设施的风险辨识与安全管控

第一节　噪声与振动控制设施的风险辨识与安全管控

生态环境部公布的《2023 年中国噪声污染防治报告》显示，2022 年全国噪声与振动污染防治行业总产值约为 116 亿元。噪声与振动控制行业的发展已形成一定规模，其技术和市场热点需求集中在高速铁路、城市轨道交通等领域的消声、隔声和隔振等方面。随着《中华人民共和国噪声污染防治法》的实施，各地方监察力度加大，中小型环保项目和功能性隔声窗等建筑隔声防护产品需求呈现增长趋势。因此，噪声与振动控制设施的安全风险需要引起关注。

一、噪声控制的基本原理

（一）噪声控制的一般方法

声学系统一般由声源、传播途径和接受者三个环节组成。噪声控制即从这三个环节着手，分别采取相应的措施。

（1）从声源处抑制噪声。降低噪声源的激发力，减小系统各环节对激发力的响应，改进设施结构及操作程序，改变操作工艺方法，提高加工精度和装配质量等，都是有效的噪声控制方法。

（2）在噪声传播途径上降低噪声。将声源远离人们集中的地方，依靠噪声在距离上的衰减达到减噪的目的。此外，还可以在声源与人之间设置隔声屏，或利用天然屏障如树林、土坡、建筑物等来遮挡噪声的传播。常用的技术措施有吸声、隔声、消声等。

（3）个体防护。在某些情况下，噪声特别强烈，即使采用上述措施后仍不能达到要求，或者工作过程中不可避免地有噪声时，就需要采取个体防护装备，如佩戴耳塞、耳罩、防声头盔等。

总之，噪声控制是一门工程应用技术，涉及许多理论问题和大量的工程技术问题。评价噪声治理措施的优劣，除了考虑其效果，还应考虑其是否经济合理。噪声控制设计应坚持科学性、先进性和经济性的原则。

（二）噪声控制的步骤

在实际工作中，噪声控制主要分两类情况，一类是现有企业达不到《工业企业噪声卫生标准》的规定，需要采取补救措施来控制噪声；另一类是新建、扩建、改建而尚未建成的企业，需要事先考虑噪声污染的控制。显然，后一类情况回旋余地大，更容易确定合理的噪声控制方案，实际效果也更好。噪声控制一般按如下程序进行（图 7-1）。

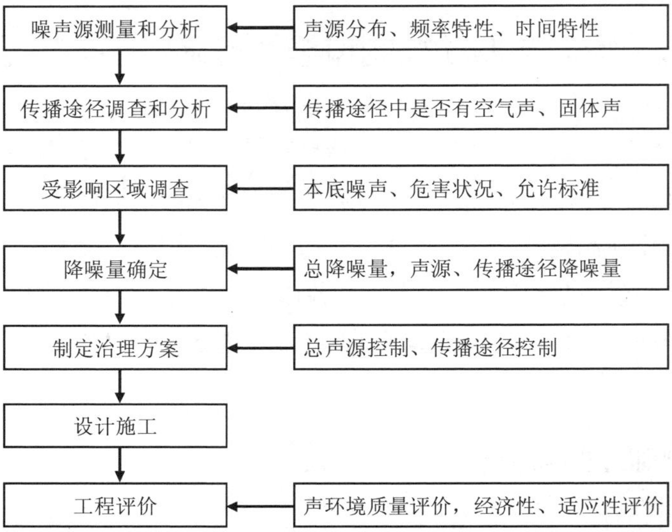

图 7-1 噪声控制步骤

（1）调查噪声现场。实地调查主要噪声源及其产生原因，了解噪声传播的途径，并对噪声环境中的作业人员进行调查和噪声测量。根据测量结果，绘制出噪声分布图，可采取数字标注或等声级曲线表示。

（2）确定降噪量。将噪声现场的测量数据与噪声标准（包括国家标准、部颁标准、地方或企业标准）进行比较，确定所需降低噪声的数值（包括噪声级和各频带声压级所需降低的分贝数）。

（3）确定控制方案。深入了解生产设施运行工作情况充分考虑供水、供电等问题，特别是通风、散热、采光、防尘、防腐蚀以及污染环境等因素。措施确定后，对声学效果进行估算，必要时进行实验，取得经验后再进行大面积治理。要力求稳妥，避免盲目性。在设计时应综合考虑，充分利用资源，并进行投资核算，力求较高的经济效益。

（4）降噪效果的鉴定与评价。及时进行降噪效果的技术鉴定或工程验收工作。如未能达到预期效果，应查找原因，并根据实际情况补加新的控制措施。

二、振动控制的基本原理

振动可能造成工程结构损坏、寿命缩短，降低机器和仪器仪表的工作效率、工作质量和工作精度，对人体也会产生很大的危害。长期暴露在振动环境下的人员可能会出现多方面的病症。因此，必须对振动加以控制。振动控制过程与噪声控制类似，但更为复杂。

1. 控制振动源

消除或减弱振源是最彻底、最有效的办法。这可以通过改善机器的平衡性能、改变扰动力的作用方向、增加机组的质量、在机器上装设动力吸振器等措施实现。

共振是振动的一种特殊状态，当振动机械所受到的扰动力频率与设施固有频率相一致时，可能导致设施剧烈振动。在工程中，必须采取措施控制共振。

2. 隔振措施

隔振能够使振动传输不出去，从而消除振动的不良影响。通常是在振源与受控对象之间串加一个子系统来实现隔振，用以减小受控对象对振源激励的响应。这是一个应用非常广泛的减振技术。具体有以下几种方法来实现隔振。

（1）采用大型基础，这是最常用和最基本的办法。

（2）安装隔振元件，通常在振动设施下安装隔振器，如隔振弹簧、橡胶垫等，使设施和基础之间的刚性连接变成弹性支撑。

（3）构建防振沟。在机械振动基础的四周挖掘沟槽，里面填以松软物质（如木屑、沙子等），用来隔断振动的传递。

3. 阻尼减振

阻尼减振是在受控对象上附加阻尼器或阻尼元件，通过消耗能量减小振动响应，也常用外加阻尼材料的办法来增大阻尼。阻尼可使沿结构传递的振动能量衰减，还可减弱共振频率附近的振动。阻尼材料具有内损耗和内摩擦特性，如沥青、软橡胶以及其他高分子涂料。

三、声屏障的安全设计

声屏障作为一种常用的隔音设施，在发挥其隔音降噪的功能的同时，其安全性也不容忽视。这就要求在声屏障设计和施工时严格遵循相关安全规范。

1. 一般规定

根据《公路声屏障紧急疏散出口设置要求》（JT/T 1236—2019）的规定，在设计时，当公路声屏障连续长度≥1 000 m 时，应至少每隔 500 m 设置 1 处逃生口。公路声屏障逃生口可采用逃生门、逃生通道等形式。逃生门宜采用轻量化设计，并可由一人通过推压方式迅速开启。逃生门净高度应不小于 1.8 m，净宽度应不小于 0.9 m。

逃生口两侧 150 m 处面向公路一侧应设置逃生口位置指示标志。在逃生口所处公路一侧应设明显的指示标识。逃生口外应具备人员逃生的安全通行条件。逃生门应不需要任何工具或钥匙就能轻松向外推开。逃生门上应有开启方式的标识且应自动关闭并锁住。对于采用逃生通道的逃生口，应有逃生方向的明显指示，逃生通道上不应有影响人员疏散的障碍物。

声屏障离道路应有一定的安全距离，如离路缘石 1 m 以上，以保证行车安全。如果具有顶部结构，顶部结构向道路侧延伸的宽度最好不超过 0.4 m。

在高架桥上建设的声屏障设计时应考虑高架桥的承载力，确保高架桥有能力承受架设声屏障的额外荷载。

除此之外，还需要考虑声屏障受到车辆撞击时的保护措施，声屏障需设置车辆撞击抑制系统，如安装无张力波纹防撞栏或混凝土纵向护栏。当需要在桥面、高架等路段装设声屏障时，在设计上应考虑到行车天桥上的声屏障一旦被车辆撞击而坠落在汽车通道或行人路上的风险。声屏障构筑物不能阻塞紧急通道或妨碍消防工作。

2. 声屏障的设计要求

声屏障的设计需要考虑降噪性能、力学性能、物理性能、安装维护等方面的要求。

（1）降噪性能。我国声屏障面板降噪系数 NRC 要求大于 0.7，声屏障单元板的计权隔音量 $R_w \geqslant 25$ dB。同时，在高湿多雨的环境中，其吸声性能不受影响。声屏障主要由钢结构柱和隔音板组成，立柱是声屏障的主要受力部件，通过螺栓或焊接固定在碰撞墙或轨道边缘的嵌入钢板上；隔音板是主要的隔声部件，通过高强度绷带弹簧夹固定在 H 形柱槽中形成音障。声屏障的设计还应考虑高架桥、城市轻轨、地铁风荷载、交通车辆的安全冲击和全天候的露天防腐，确保其外观美观大方、制造精巧、运输方便、安装方便、使用寿命长，适用于高架桥、高速公路和城市轻轨、地铁的防噪应用。声屏障基础应按设计要求施工伸缩缝，每隔 20～30 m 设置一个伸缩缝。施工中应结合现场地形确定具体伸缩缝位置。

（2）力学性能。声屏障的力学性能包括抗疲劳、抗冲击、抗变形能力。抗疲劳性能要求声屏障在列车风力与自然风力的联合作用下，经过数百万次往复循环作用后，不发生疲劳破坏。抗冲击性能要求声屏障单元板应能承受（30±1）J 的能量冲击，符合《膨胀聚苯板薄抹灰外墙保温系统》（JG 149—2003）的规定。抗变形能力以是否发生功能障碍、残余变形或损坏为考核指标，最大弹性挠度不应超过 L_{100}（L 为单元板的最大自由长度），残余变形不应超过 L_{500}。

（3）物理性能。声屏障的物理性能包括抗火、抗腐蚀、抗冰融能力。防火等级应满足《建筑材料及制品燃烧性能分级》（GB 8624—2006）中规定的 B2 级。金属构件应具有防腐蚀性能，在规定使用年限内不产生腐蚀现象。金属和非金属构件，应该在（−40±1）℃条件下，冷冻 8 h，在（20±5）℃恒温水中融 16 h，经此 30 次冻融循环后，不得有任何损坏现象。

（4）安装维护。防止声屏障地脚螺栓的松动、锈蚀，确保立柱和地面的连接固定可靠。声屏障单元板和支撑结构的耐久性，以及通透隔音屏的抗风雨侵蚀能力也是维护的重要内容。密封和连接部件的老化、脱落，以及重力砂浆的稳定性和立柱的稳固性都需要在设计和维护中重点考虑。此外，声屏障屏体的固定和防窜动措施也是确保其安全的关键。

3. 全封闭声屏障的安全设计

城市中的全封闭声屏障不同于居民区声屏障，是设置在城市道路上的市政降噪设施，在施工安装过程中及建成运行后，道路上都有着较大的车流量。全封闭声屏障应在设计中采取以下安全措施。

（1）屏体紧急出口设计。由于全封闭声屏障整体上必须处于封闭状态，屏障内车辆及人员一旦出现危急情况，如果屏障体整体连续长度过长，后果将不堪设想，故对于超过一定长度的全封闭声屏障应考虑设置屏体紧急出口，并设计明显标志来引导。

（2）采光与照明。全封闭声屏障内部需按照相关设计规范设置充足的采光与照明设施。考虑到昼间的安全行车，宜将全封闭声屏障内的照明灯设计为昼夜常开。尽管透明隔声板通透性良好，但在某些天气条件下或夜间，人工照明是必要的。

（3）行车安全措施。全封闭声屏障的设计需要考虑风载、雪载等自然因素对其稳定性的影响，侧面也应设置防撞装置以防范意外事故。道路防撞墙上的防撞栏杆与声屏障安装同步进行，并建议交通管理部门在全封闭声屏障内的路面和防撞墙内侧设置反光标志，以确保车辆在声屏障内的安全行驶。全封闭声屏障的顶部设计为拱形，两侧面设计为直立式，这一构造形式主要是为了兼顾景观、结构安全（如风载、雪载等）、雨水的排放等因素。

（4）材料与结构选择。全封闭声屏障的侧面和顶部材料通常采用改性 PVC 阳光板，该材料具有隔声效果，并能固定在 H 形钢的主立柱和副立柱上，确保结构的稳定性和牢固性。这种材料具有良好的采光作用，有助于声屏障与周围的景观协调，还能提供有较好的防腐和防雨性能，安装和密封也比较方便。

第二节　危险废物储存设施的风险辨识与安全管控

危险废物（以下简称危废）是指列入《国家危险废物名录》或者根据国家规定的危废鉴别标准和鉴别方法认定的具有危险特性的固废。危险废物具有毒性、腐蚀性、易燃性、反应性、感染性，可能对生态环境或者人体健康造成有害影响。

在现代工业生产中，制造企业不可避免地会产生各种危险废物。为确保危废能被安全、合规地处理，企业通常会建设危废暂存间，作为处理危废的一项必要的公辅设施。危废暂存间专门用于临时储存和保管危废，它可以对废弃物进行分类、标记、包装。当危废达到一定量或储存一定时间后，将被转移到持危险废物经营许可证的单位进行进一步处理。在制造企业危废管理中，这些暂存设施发挥着重要作用。

2019 年 3 月 21 日 14 时 48 分许，位于江苏省盐城市响水县的天嘉宜化工有限公司发生的特别重大爆炸事故提醒人们，长期违法储存危废可能导致灾难性后果。当天，该公司长期违法储存的硝化废料因持续积热升温导致自燃，引发硝化废料爆炸，造成 78 人死亡、76 人重伤，640 人住院治疗，直接经济损失 19.86 亿元。这起事故后，危废暂存间的安全管理引起了人们的高度关注，也警示企业和相关部门：危废暂存间的建设和管理必须遵循国家法规标准的规定，以保障危废的安全储存，预防事故和泄漏的发生。

一、危废暂存间的风险辨识与安全管控

对危废暂存间进行安全风险辨识时，应从选址、设计、设备、废物堆放以及管理等环节出发，主要识别出以下几个方面的安全风险：

（1）选址不合理，如与周边建筑的安全距离不符合标准规范要求、位于易涝积水点、违规设置在车间内等。

（2）危废的储存量、储存种类、存储时间超出环境影响评价的范围。

（3）危废暂存间未经过专业设计，如门口未设立围堰，地面未硬化，未采取防渗漏、渗漏收集等措施。

（4）危废暂存间设备选用、安装不规范，如储存具有易燃易爆特性的危险废弃物，电气设备不防爆、无通风设施等。

（5）危废暂存间内危废堆放、储存不规范，如未采取分区储存、防扬散、防流失、防渗漏等措施。

（6）危废暂存间管理不规范，如未按要求标明储存的危废的品种、数量、化学特性、储存期限，未制定专项应急预案等。

针对以上风险，可以依据《中华人民共和国固体废物污染环境防治法》《危险废物贮存污染控制标准》《国家危险废物名录》《危险废物收集储存运输技术规范》《危险废物转移联单管理办法》《危险废物产生单位管理计划制定指南》《危险废物鉴别技术规范》，以及地方性和行业相关的危废管理条例、办法，采取以下安全管控措施：

（1）危废暂存间选址应满足生态环境保护法律法规、规划和“三线一单”生态环境分区管控的要求，不应建在厂区内的易涝积水点以及法律法规规定禁止储存危废的其他地点。

危废暂存间的位置与周围建（构）筑物的距离应符合《建筑防火通用规范》（GB 55037—2022）等相关法规标准的要求，以降低火灾、爆炸和泄漏事件对周围环境和人员的影响。

（2）依法进行环境影响评价。重点考虑危废集中储存设施可能产生的有害物质泄漏、大气污染物（含恶臭物质）的产生与扩散以及可能的事故风险等因素，根据其所在地区的

环境功能区类别，综合评价其对周围环境、居住人群的身体健康、日常生活和生产活动的影响，确定危废集中储存设施与常住居民居住场所、农用地、地表水体以及其他敏感对象之间合理的位置关系。

（3）危废暂存间储存的危废数量、种类应与环评一致。危废暂存间的面积大小根据企业产生的危废数量确定，应能满足危废储存周转的要求。当危废储存至一定量时，企业要及时联系危废处置单位办理危废转移相关手续，将危废转移至有资质的处置单位处置。

（4）危废暂存间应根据危废的形态、物理化学性质、包装形式和污染物迁移途径，采取必要的防风、防晒、防雨、防漏、防渗、防腐以及其他环境污染防治措施。危废暂存间或储存分区内地面、墙面裙脚、堵截泄漏的围堰、接触危废的隔板和墙体等应采用坚固的材料建造，表面无裂缝。危废暂存间地面与裙脚应采取表面防渗措施；表面防渗材料应与所接触的物料或污染物相容，可采用抗渗混凝土、高密度聚乙烯膜、钠基膨润土防水毯或其他防渗性能等效的材料。储存的危废直接接触地面的，还应进行基础防渗，防渗层为至少 1 m 厚黏土层（渗透系数不大于 10^{-7} cm/s），或至少 2 mm 厚高密度聚乙烯膜等人工防渗材料（渗透系数不大于 10^{-10} cm/s），或其他防渗性能等效的材料。同一储存设施宜采用相同的防渗、防腐工艺（包括防渗、防腐结构或材料），防渗、防腐材料应覆盖所有可能与废物及其渗滤液、渗漏液等接触的构筑物表面；采用不同防渗、防腐工艺应分别建设储存分区。

（5）危废暂存间存放液体性危废的，必须设计导流槽和收集井。收集井最小容积不应低于对应储存区域最大液态废物容器容积或液态废物总储量的 1/10（二者取较大者）。危废暂存间内四周如果不是水泥墙，要做围堰，围堰的尺寸根据储存的最大液态废物容量综合考虑。危废暂存间门口处围堰应做人机学设计，以便于危废的搬运。

（6）涉及储存废有机溶剂、废涂料染料等具有易燃易爆特性的废弃物，危废暂存间内应使用防爆电气；应配置适当的防火设施，如灭火器、喷淋系统和火警报警设备，以确保在发生火灾时能够及时扑灭；应配备可燃（有毒）气体报警器，并与事故应急风机联锁；应配置有效的通风系统，以防止易燃易爆气体积聚，降低火灾、爆炸的风险。

（7）危废暂存间不得存放除危废以外的其他废弃物。危废和一般固废须分开储存，危废暂存间与一般固废储存场所应用实体墙有效隔离。

（8）危废暂存间应根据危废的形态、物理化学性质和污染防治等要求，设置必要的储存分区，分区间采用不渗透隔墙或围堰完整隔离，避免不相容的危废接触、混合，并在各区域醒目位置设置该类危废的标志牌。

（9）危废暂存间应保持整洁，危废堆放整齐。在常温常压下不易水解、不易挥发的固态危废可分类堆放储存，其他固态危废应装入容器或包装物内储存；液态危废应装入容器内储存；半固态危废、具有热塑性的危废应装入容器或包装袋内储存；易产生粉尘、VOCs、酸雾、有毒有害大气污染物和刺激性气味气体的危废应装入闭口容器或包装物内储存。危废的容器和包装物上必须张贴危废标识标签。危废储存过程中易产生粉尘等无组织排放的，应采取抑尘等有效措施。

（10）危废暂存间门口需张贴标准规范的危废标识、标牌等警示标志以及危废信息板，屋内张贴企业《危险废物管理制度》，应按国家有关标准和规定建立危废管理台账，并如实记录危废名称，转入、转出数量，入库时间，出库时间及危废接收单位名称等信息。危废暂存间内禁止存放除危废及应急器材以外的其他物品。危废暂存间应结合储存的危废物理化学性质，配备洗眼器、灭火器、灭火沙、收集桶、吸收棉、沙土、防爆泵等应急器材。

（11）在储存废有机溶剂、废涂料染料等具有易燃易爆特性的危废储存场所周边，严禁明火或产生火花的作业。

（12）企业应制定危废意外事故防范措施和应急预案，所有与危废暂存间工作相关的人员应接受安全培训，了解危废的性质、处理方法、应急响应程序，确保发生危废意外事故时，能够快速响应、高效处置，降低危害。

二、危废处置的管理制度

危废处置涉及九大管理制度，分别是名录制度、标识制度、管理计划和申报登记制度、转移联单制度、许可证制度、应急预案制度、事故报告制度、经营情况记录与报告制度、许可证颁发情况上报制度。

1. 名录制度

国务院生态环境主管部门应当会同国务院有关部门制定国家危险废物名录，规定统一的危废鉴定标准、鉴别方法和识别标志。危险废物名录是危废环境管理的技术基础和关键依据。现行的《国家危险废物名录》于 2020 年 11 月 5 日经生态环境部部务会议审议通过，自 2021 年 1 月 1 日起施行。

2. 标识制度

对危废的容器和包装物以及收集、储存、运输、处置危废的设施、场所必须设置危废识别标志。

3. 管理计划和申报登记制度

产生危废的单位，必须按照国家、省（区、市）的有关规定制订危废管理计划，并向所在地县级以上地方人民政府生态环境主管部门申报危废的种类、产生量、流向、储存、处置等有关资料。产废企业需在各省（区、市）固废管理平台注册，并在平台上进行危废类别登记、申报登记、管理计划书填写、台账登记及危废申请。申报登记应以企业内部台账记录为基础，确保真实性。申报事项有重大改变的，应当及时申报。

4. 转移联单制度

转移危废的，必须按照国家有关规定填写危废转移联单。企业与有资质的危废运输和处置单位签订危废运输合同、危废处置合同后，登录各省（自治区、直辖市）固废管理平台进行转移计划报批及申请危废转移。转移联单填写包括新建危废转移联单、处置单位安排运输、运输单位填写、处置单位确认废物数量、产废单位确认五个步骤，转移联单需保存齐全。

5. 许可证制度

从事收集、储存、处置危废经营活动的单位，必须向县级以上人民政府生态环境主管部门申请领取经营许可证。从事利用危废经营活动的单位，必须向国务院生态环境主管部门或者省（自治区、直辖市）人民政府生态环境主管部门申请领取经营许可证。

6. 应急预案制度

产生、收集、储存、运输、利用处置危废的单位，应当制定意外事故的防范措施和应急预案，并向所在地县级以上人民政府生态环境主管部门备案。

7. 事故报告制度

因发生事故或者其他突发性事件，造成危废严重污染环境的单位，必须立即采取措施消除或者减轻对环境的污染危害，及时通报可能受到污染危害的单位和居民，并向所在地县级人民政府生态环境主管部门和有关部门报告，接受调查处理。

8. 经营情况记录与报告制度

县级以上人民政府生态环境主管部门有权要求危废经营单位定期报告危废经营活动情况。危废经营单位应当建立危废经营情况记录簿，如实记载收集、储存、处置危废的类别、来源、去向和有关事故等事项。

9. 许可证颁发情况上报制度

县级以上地方人民政府生态环境主管部门应当于每年 3 月 31 日前将上一年度危废经营许可证颁发情况报上一级人民政府生态环境主管部门备案。上级生态环境主管部门应当加强对下级生态环境主管部门审批颁发危废经营许可证情况的监督检查，及时纠正下级生态环境主管部门审批颁发危废经营许可证过程中的违法行为。

三、危废管理台账

为贯彻《中华人民共和国环境保护法》《中华人民共和国固体废物污染环境防治法》等法律法规，指导和规范产生危废的单位制定危废管理计划，建立危废管理台账和申报危废有关资料，加强危废规范化环境管理，生态环境部制定了《危废管理计划和管理台账制定技术导则》(HJ 1259—2022)。该标准规定了产生危废的单位制订危废管理计划和管理台账、申报危废有关资料的总体要求，危废管理计划制定要求，危废管理台账制定要求和危废申报要求。

1．危废台账管理

建立危废台账的原则是：既要掌握危废的产生和流向情况，确保危废不非法流失，又要经济可行，不过度增加企业和操作人员的负担。同时，管理措施应与生产实际相结合。

2．建立危废台账的步骤

根据危废产生后的不同管理流程，在产生、储存、利用、处置等环节建立有关危废的台账记录或者危废转移内部联单机制（包括危废产生、储存、内部自行处置/利用情况记录表）。定期汇总危废台账记录表或者危废内部联单，形成报表。

将危废台账报表、危废产生工序调查表及工序图、危废特征表、危废产生情况一览表、委托利用处置合同等相关资料整合，形成完整的危废台账。

（1）危废产生环节记录表

记录表编号： 产生工序编号及名称： 废物编号及名称：

产生情况						转移情况				
产生日期	产生时间	废物数量	废物材质及容积	容器个数	产生部门经签字	转移日期	转移时间	废物去向	废物产生部门签字	废物运输部门经办人签字

废物去向栏填写废物转移的去向（如废物储存部门的名称）。

（2）危废储存环节记录表

记录表编号： 废物编号及名称：

入库情况								出库情况				
入库日期	入库时间	废物数量	容器材质及容量	容器个数	容器存放位置	废物运送部门签字	废物贮存部门签字	出库日期	出库时间	废物去向	废物贮存部门签字	废物接收单位签字

（3）危废产生单位内部自行利用/处置情况记录表

记录表编号： 废物编号及名称： 废物内部利用/处置设施名称：

废物接收日期	废物接收时间	废物来源	废物数量	容器材质及容量	容器个数	废物处置利用方式	废物利用处置完毕日期	废物利用处置完毕时间	废物内部利用部门签字

内部自行利用/处置的，填写内部利用/处置部门的名称；委托外单位利用/处置的，填写外单位的名称、许可证编号、转移联单编号及处置利用方式代码。

废物来源指危废利用处置前存放的位置（如废物储存部门名称）；

废物利用处置方式，填利用处置方式代码。

（4）××××年××月危废台账报表

填报单位：（盖章）

废物编号	产生量	记录表号段	单位内部自行利用处置情况			提供/委托外单位利用处置情况					临时贮存量		
			利用处置方式	利用处置量	记录表号段	处置利用单位名称及许可证编号	所在省市	利用处置方式	利用处置量	记录表号段	上月底贮存量	本月底贮存量	记录表号段
			……										

同一编号废物如果存在多种利用处置方式，分别填写所对应的利用处置量和记录表的号段；提供给多个外单位利用处置的，分别填写外单位相关信息。

【危废储存设施事故案例】

案例一：2019 年 3 月 21 日 14 时 48 分许，位于江苏省盐城市的某化工公司发生特别重大爆炸事故，造成 78 人死亡、76 人重伤，640 人住院治疗，直接经济损失高达 19.86 亿元。

该公司成立于 2007 年主要生产间苯二胺、邻苯二胺、对苯二胺等化工产品。该公司分设安全科、固废焚烧中心、污水处理中心，负责企业安全生产和环保工作。

企业所在的化工园区现有企业 67 家，其中化工企业 56 家。2018 年 4 月，因环境污染问题被中央电视台《经济半小时》节目曝光，江苏省环保厅建议响水县政府对整个园区责令停产整治；9 月响水县组织 11 个部门对停产企业进行复产验收，包括该化工公司在内的 10 家企业通过验收后陆续复产。

2014 年 3 月前，该公司原有一处位于厂区西南侧的固废堆场，后改造为固废仓库（旧固废库）。2016 年 8 月，该公司借用旧固废库西侧墙壁新建一座固废仓库（新固废库）。旧固废库和新固废库总建筑面积 2 292 m^2，均为单层建筑。两库之间无通道，用高约 2 m 的砖墙和钢结构及彩钢板分隔。

2018 年 5 月前，新固废库、旧固废库均存有硝化废料。新固废库硝化废料堆垛 4 层以上，共 400 余 t，吨袋标识为萃取废料。2018 年 5 月后，新固废库内硝化废料全部处理完毕。事故发生前，新固废库内主要存放有精馏焦油、污泥、废保温棉、废催化剂铁桶和空焦油渣槽等。旧固废库内主要存放有硝化废料、空吨桶和废空铁桶。共贮存硝化废料 600 t 袋左右，

2019 年 3 月 21 日 14 时 45 分 35 秒，旧固废库房顶中部冒出淡白烟。14 时 45 分 56 秒，有烟气从旧固废库南门内由东向西向外扩散，并逐渐蔓延扩大。14 时 46 分 57 秒，新

固废库内作业人员发现火情，手提两个灭火器从仓库北门向南门跑去试图灭火。14 时 47 分 03 秒，旧固废库房顶南侧冒出较浓的黑烟。14 时 47 分 11 秒，旧固废库房顶中部被烧穿有明火出现，火势迅速扩大。14 时 48 分 44 秒视频中断，判断为发生爆炸。从旧固废库房顶中部冒出淡白烟至发生爆炸历时 3 分 9 秒。

调查认定，事故直接原因是：该化工公司旧固废库内长期违法贮存的硝化废料持续积热升温导致自燃，燃烧引发硝化废料爆炸。公司旧固废库内贮存的硝化废料，最长贮存时间超过七年。在堆垛紧密、通风不良的情况下，长期堆积的硝化废料内部因热量累积，温度不断升高，当上升至自燃温度时发生自燃，火势迅速蔓延至整个堆垛，堆垛表面快速燃烧，内部温度快速升高，硝化废料剧烈分解发生爆炸，同时殉爆库房内的所有硝化废料，共计约 600 t 袋。

间接原因如下：

（1）该化工公司无视国家环境保护和安全生产法律法规，刻意瞒报硝化废料，长期违法违规贮存、处置硝化废料，固废和废液焚烧项目长期违法运行，安全生产严重违法违规，违法未批先建问题突出，是事故发生的主要原因。

（2）中介机构弄虚作假，出具虚假失实文件，导致事故企业硝化废料重大风险和事故隐患未能及时暴露，干扰误导了有关部门的监管工作，是事故发生的重要原因。

（3）当地应急管理主管部门未认真履行监督管理职责，日常监管执法不严不实，复产验收把关不严。当地生态环境主管部门未认真履行危险废物监管职责，执法检查不认真不严格，对环评机构弄虚作假失察，复产验收把关不严。当地工业和信息化主管部门未按照江苏省和盐城市关于危险化学品安全综合治理有关要求，在 2018 年年底前完成化工园区和涉及危险化学品重大风险功能区建立安全、环保、应急救援一体化管理平台的试点工作；未于 2017 年年底前，建成生态化工园区综合智慧管理平台，未能基本实现对辖区内化工企业的重点装备、人员、生产、仓储、车辆、物流的实时管控。当地市场监督管理部门在对该化工公司复产验收时，提出“建议压力管道检验合格后复产”，但在 400 m 苯管道和 500 m 导热油管道未提交检验报告的情况下，同意公司复产。在公司复产后，未对存在的问题跟踪督促整改；生态化工园区规划建设局 2010—2017 年，为该化工公司 6 批项目补办的规划许可证未经规划和城市管理部门审批，生态化工园区规划与上位规划不符，该化工公司所在地不在当地城市总体规划建设用地范围内。当地规划和城市管理部门对“未批先建”违法行为监督检查不力，2010—2017 年，生态化工园区建设管理混乱，违法违规建设失控，对该公司 6 批项目未取得建设工程规划许可擅自施工问题未予查处；在公司复产验收中，向管理部门报告了天嘉宜公司用地不在城市总体规划中生态化工园区范围的情况，但在复产审查意见中签字“同意按规划执行”。当地住建管理部门 2010—2017 年，先后为该化工公司补办了 6 批工程的 7 次施工许可手续，均是在开工建设后补办（含新旧固废库），且未对有关企业进行处罚。

案例二：2019 年 3 月 31 日 7 时 12 分左右，位于昆山开发区的某精密金属公司数控机床（以下简称 CNC）加工车间北墙外堆放镁合金废屑的集装箱发生爆燃事故，造成 7 人死亡、1 人重伤、4 人轻伤，直接经济损失 4 186 万元。

该精密金属公司成立于 2004 年，主要从事笔记本电脑外壳、照相机外壳、光机外壳、新型合金材料制品等产品的生产、加工，年产量约 1 700 万件，2018 年主营业务收入 8.4 亿元。

事故发生在 CNC 加工车间，该车间位于整个厂区的西北区域，内部编号 K33 栋，主要加工汽车件和 3C 件。车间内核定摆放 142 台 CNC 加工设备，实际摆放 286 台。车间北墙设有 3 个宽 5 m、高 4.5 m 的门洞，均配置了金属卷帘门。事故发生的集装箱位于卷帘门内侧的品检区附近，于 2014 年放置，并在 2015 年起未经环保部门批准，擅自用于存放镁合金废屑。

镁合金废屑是在 CNC 加工车间加工时产生的，通常随流动的切削液进入机台后方的收集槽，收集槽设有滤网，车间每个班次会安排人员清理镁合金废屑，收集的镁合金废屑采用塑料编织袋包装，沥干切削液后，于下班前放入集装箱。爆炸发生时，集装箱已累计堆放 10 天的镁合金废屑，推算总量约 3.5 t。

2019 年 3 月 30 日晚，CNC 加工车间夜班人员继续正常生产，共有作业人员 53 人，此时 3 月 30 日白班产生的镁合金废屑已存放入集装箱。2019 年 3 月 31 日 7 时许，集装箱发生爆燃，冲击波及火焰冲破 CNC 加工车间北侧关闭的卷帘门，向车间内部扩散，引发燃烧，造成正在车间内作业人员 7 人死亡、1 人重伤、4 人轻伤。车间内多台设备受损。

经调查，事故直接原因是：CNC 加工过程中使用了用超量水稀释的切削液，混有切削液的镁合金废屑经过滤分离，堆放在集装箱内，镁合金废屑与切削液中的水发生反应生成氢气，同时放出热量，因堆垛堆积紧密、散热不良，热积累形成高温；高温进一步导致氢气、镁合金废屑等的爆发式喷射；受集装箱空间所限，喷射而出的氢气无法及时散逸，在堆垛附近空间形成氢气与空气的爆炸性混合物，遇高温热点（火源）发生爆燃，并在冲击波作用下，镁合金废屑在集装箱外形成二次爆燃，爆燃的冲击波夹带着燃烧的镁合金碎屑冲入对面的 CNC 加工车间，造成人员伤亡。

事故间接原因如下：

（1）该公司未严格落实安全生产主体责任，镁合金废屑处置措施缺失，擅自堆放，安全管理较为混乱；环保管理制度措施不落实，在擅自变更固废存储场所，设置镁合金废屑存放的集装箱后，至事发时未报生态环境部门批准，也未采取有效措施进行管理；公司消防安全责任人及管理人员法律意识淡薄，集装箱区域的消防安全责任人履行消防安全管理职责不到位，未设置消防报警系统，也未有针对性的贮存灭火物资。

（2）中介机构未严格开展环境评价、安全评价工作，未起到为企业提示和消除隐患的作用。

（3）多个部门监督管理不到位。当地安全生产和生态环境主管部门对镁合金废屑发生爆燃的危险性认识不足，对铝镁制品废弃物安全工作重视程度不够，对企业镁合金废屑贮存的不安全行为监督检查不到位、督促整改不力；对该公司未按规定场所贮存镁合金废屑，而是违规贮存于集装箱的问题未予发现并制止；对企业实际生产设备数量远超环评审批验收数量等问题未发现并制止。

市应急管理部门对当地安全生产和生态环境主管部门安全监管工作指导、督促不力；对铝镁制品废弃物安全工作重视程度不够，开展相关排查整治工作措施、要求、督办检查不到位；未有效指导、协调、督促有关管理部门对涉及铝镁加工废弃物企业开展监督检查。

市生态环境部门对企业环境影响评价事中事后监管不到位，对企业实际生产设备数量超出审核批准的部分设备数量发现后未及时查处；对企业项目未批先建、批建不符的情况监管不力；对当地安全生产和生态环境主管部门固废现场管理检查工作指导、督促不力。

市消防管理部门对列为二级消防安全重点单位的该精密金属公司消防监督检查不细致，对企业消防安全重点部位的情况没有及时跟进督促整改，工作未形成闭环。

当地政府对昆山市“8·2”特别重大爆炸事故，吸取教训、举一反三存在差距，工作针对性不强；对当地安全生产和生态环境主管部门安全监管和环境监察未形成监管合力的问题指导协调不到位，对安全环保等问题隐患督促整改不到位。

市人民政府对本地区汲取“8·2”特别重大爆炸事故教训、举一反三排查事故隐患的工作力度不够，多方面督促企业全面加强安全风险尤其是金属切削加工风险的辨识、评估和管控工作重要性认识不够，对安监、生态环境等部门督促、指导、监督不够。

思考题

1．简述声屏障的安全设计要点。

2．简述可以从哪些方面识别危废暂存间的风险？

3．简述储存废有机溶剂、废涂料染料等具有易燃易爆特性废弃物的暂存间需要采取的安全措施。

4．简述危废处置需要建立哪些管理制度？

5．简述危废管理台账制定的要求。

第八章　环保设施建设与运行的安全管理

企业是各类环保设施建设、运行、维护全流程安全管理的责任主体。在环保设施的新建、改建、扩建过程中，企业应遵守建设项目安全设施“三同时”的相关规定要求，做好工程的设计、施工、调试、验收工作。对于已经投入生产使用的环保设施，企业应建立健全环保设施运行管理安全责任制度，开展安全风险辨识管控，结合企业生产现状完善操作规程，加强员工教育培训和应急演练，落实安全生产职责。

第一节　环保设施建设项目安全“三同时”管理

一、环保设施建设项目安全设施的设计管理

建设项目安全设施“三同时”是我国工程建设领域的一项特色管理制度，是生产经营单位安全生产的重要保障措施，是一种事前保障措施。它对贯彻落实“安全第一、预防为主、综合治理”的方针，从源头上防范化解重大安全风险，促进经济社会持续健康发展具有重要意义。同时，“三同时”也是各级政府负有安全生产监督管理职责的部门实施安全生产监督管理的主要内容，也是有效消除和控制建设项目中危险有害因素的根本措施。

建设项目安全设施是指生产经营单位在生产经营活动中用于预防生产安全事故的设备、设施、装置、构（建）筑物和其他技术措施的总称。所谓“三同时”是指建设项目的安全设施必须与主体工程同时设计、同时施工、同时投入生产和使用。

环保设施建设项目一般可分为建设前期准备、建设施工、调试与竣工验收三个阶段。项目建设前期准备阶段主要完成编制项目建议书、可行性研究报告，通过立项审批，开展安全生产条件和设施综合分析，不得采用淘汰的设备和工艺。设计阶段，企业应委托具有资质的单位完成规划、方案设计、初步设计、施工图设计，工程发包与承包等工作，并自行开展或组织环保、安全生产有关专家参与设计审查。如果环保设施是整个建设项目公辅单元的一部分，应将其纳入建设项目管理，相应的安全条件和设施综合分析、安全设施设计应作为专门章节编入整个建设项目的“三同时”报告中。

二、环保设施建设项目安全设施的施工管理

环保设施建设项目的施工管理主要包括设计交底、施工准备、施工组织设计。设计技术交底是保证工程施工按设计要求顺利进行的重要环节。设计交底一般应由建设单位组织，项目的建设方、设计方、施工方、监理方都应参加。设计交底有两个基本任务：一是设计单位通过讲解、说明，使参与施工的各方充分理解工程的设计思路和意图，并对施工中应特别注意的、对施工工艺、构造、材料等方面有特殊要求的环节进行解释和强调，对施工单位提出相应要求；二是施工单位从施工的角度对设计文件提出疑问或建议，与设计单位进行交流和探讨，最终达成一致意见；对于一时无法达成一致意见的问题，应记录在案，并在建设单位的协调下尽快解决，为工程施工准备好技术条件。设计交底结束后应形成文字纪要，如实记录设计单位解释和强调的问题，施工单位提出的问题，以及最终的解决措施或分歧原因。设计交底的文字纪要应由各参与方签字盖章，形成正式文件。

在项目施工过程中，要按照规章制度严格变更管理，出现局部变更的情况时，应取得工程设计单位的设计变更文件后再进行施工。

对于大型环保设施建设项目，还应遵循国家规定实行工程监理。工程监理是指具有相应资质的工程监理企业，接受建设单位的委托，承担其项目管理工作，并代表建设单位对承建单位的建设行为进行监督管理的专业化服务活动。建设单位可以委托工程监理单位，依据国家的有关建设工程法律、法规，经政府主管部门批准的建设工程的建设文件、委托监理合同及其他建设工程合同，对建设工程安全生产实施的专业化监督管理。

三、环保设施建设项目安全设施的验收管理

在环保设施建设项目完成环保设备主体及其附属的设备、电气、仪表、控制系统等安装后，需要进行调试。环保设施工程调试的目的是检验环保设备安装后能否投入正常运行，是检验该工程前期设计、施工、安装等工程质量的重要环节。一般环保设施建设项目的调试程序包括以下几方面：调试组织的建立、调试条件的确认、调试大纲的撰写、单机调试、联动调试、带负荷调试、调试报告撰写。

在整个环保设备系统调试前，必须进行各单体设备的试车，检查设备安装是否满足要求，包括相关电气安装、控制箱、管道阀门等配套设施是否合乎要求，并填写相关验收记录。经验收合格后，进行单机无负荷点动试车，即空载试验；试车成功，经相关人员确认后进入单机带负荷试车，即负载试验。

在单体调试符合设计要求的基础上，按设计工艺的顺序和设计参数及生产要求，将所有单体设备和构筑物连续性地依次从头到尾进行联动试车。联动试运行的工作主要包括联动试运行前的准备、联动试运行的组织与实施、联动试运行及安全措施。

为确保调试运行人员的人身安全和设备安全，调试时需要注意以下安全措施：

（1）成立试运行领导小组，指挥整个联动试运行工作并对试运行安全工作负责；

（2）编制调试工作方案以及应急预案，遇到突发情况由联动试运行领导小组负责协调解决，严禁擅自处理；

（3）参加调试工作的各设备、电气、仪表等单位负责人要认真组织操作人员学习调试工作方案，安全教育和组织技术交底，全体操作人员应听从统一指挥，发现问题及时上报；

（4）各设备由专业人员操作，未经授权不得擅自操作，闲杂人员未经允许，不得进入设备运行区；

（5）对工程现场的临时设施及管线构筑物内进行清理，现场不得有与试运行无关的物品；

（6）操作人员必须配备合适的个人防护用品。

环保设施建设项目调试完成后，承包方已按合同完成了项目全部任务，污染物治理效果经检验达到预期目标，项目建设方可组织开展竣工验收。竣工验收是全面考核建设成果、检验设计、施工质量的重要步骤，也是建设项目转入生产和使用的标志。

建设单位依据《建设项目环境保护管理条例》以及《建设项目竣工环境保护验收暂行办法》（国环规环评〔2017〕4 号）的相关规定，自主开展建设项目废气、废水、噪声、固废污染防治设施的竣工验收工作，具体验收程序可按照图 8-1 所示步骤顺序进行。

建设单位是建设项目竣工环境保护验收的责任主体，按照《建设项目竣工环境保护验收暂行办法》规定的程序和标准，组织对环境保护设施进行验收，编制验收报告，公开相关信息，接受社会监督，确保建设项目需要配套建设的环境保护设施与主体工程同时投产或者使用，并对验收内容、结论和所公开信息的真实性、准确性和完整性负责。

环保设施建设项目竣工验收的一般程序如下：

（1）项目建设完工后，建设单位组织试生产。

（2）试生产检查合格的，申请验收监测；试生产检查不合格的，进行整改，直至按要求整改合格。

（3）环境监测站或第三方监测单位对环保设施建设项目进行验收监测，出具监测报告。

（4）监测结果符合国家和地方相关标准、环境影响报告书（表）及其审批部门审批决定或者重点污染物排放总量控制指标要求的，建设单位收集竣工图表、试生产总结等必要的文件资料，编制形成验收报告。

（5）建设单位组织由设计单位、施工单位、环境影响报告书（表）编制机构、验收监测（调查）报告编制机构等单位代表、专业技术专家等组成的验收工作组，采取现场检查、资料查阅、召开验收会议等方式，开展验收工作。

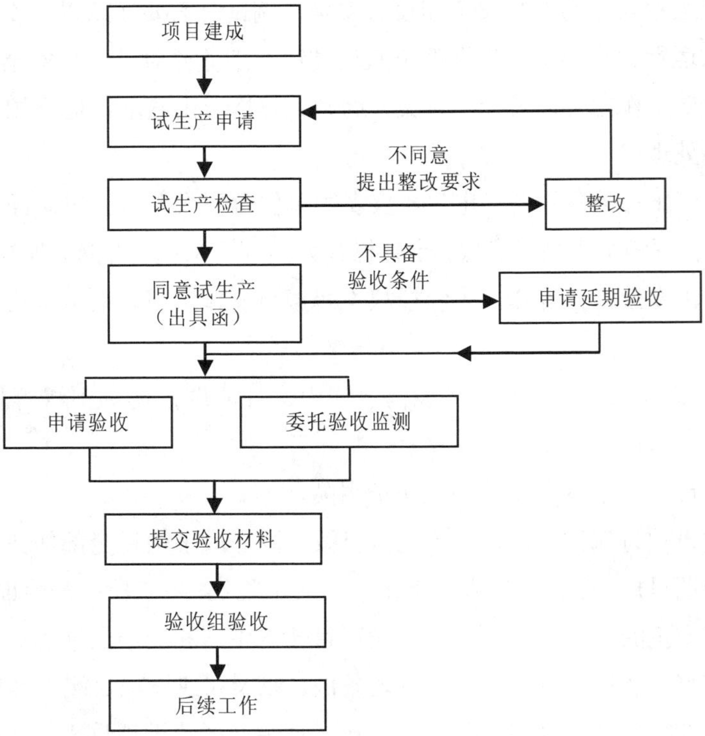

图 8-1 环保设施建设项目竣工验收程序

（6）验收工作组根据现场核查情况，结合验收报告形成验收意见，意见包括工程建设基本情况、工程变动情况、环境保护设施落实情况、环境保护设施调试效果、工程建设对环境的影响、验收结论和后续要求等内容。

（7）除按照国家需要保密的情形外，建设单位在验收期限内通过其网站或其他便于公众知晓的方式，向社会公开环保设施竣工日期、调试的起止日期、验收报告；验收报告公示期满后 5 个工作日内，建设单位登录全国建设项目竣工环境保护验收信息平台，填报建设项目基本信息、环境保护设施验收情况等相关信息。

环保设施建设项目竣工验收合格后，项目正式投入生产使用。

涉及交通运输（公路、铁路、城市道路和轨道交通、港口和航运、管道运输等）、水利水电、石油和天然气开采、矿山采选、电力生产（风力发电）、农业、林业、牧业、渔业、旅游等行业和海洋、海岸带开发、高压输变电线路等主要对生态造成影响的建设项目的验收流程按照《建设项目竣工环境保护验收技术规范　生态影响类》（HJ/T 394—2007）的要求执行。已发布行业验收技术规范的建设项目，按照该行业验收技术规范编制验收监测报告或者验收调查报告。

第二节　环保设施的安全运行与维护

环保设施建设项目投入生产使用后，要实现污染物的达标排放，同时要保证项目长期安全稳定运行，为此，需要根据企业生产实际明确或新建环保设施生产管理机构，建立健全环保设施运行维护管理制度，设立安全生产岗位责任制、生产操作规程管理制度、设施维护保养管理制度、隐患排查治理制度、特种作业人员及特种作业管理、安全培训、应急救援制度等，将环保设施管理有机融入企业日常的管理体系。

一、安全生产责任制

企业要抓好安全生产工作，首先需要建立适合自身实际的安全生产责任制。安全生产责任制是明确生产经营单位各级领导干部、各部门、各岗位人员的安全生产责任及其配置、分解和监督落实的制度体系，是企业安全生产管理制度的核心。安全生产人人有责、各负其责，是保证生产经营单位的生产经营活动安全进行的重要基础。安全生产责任制具有以下特点：

（1）全面性：安全生产责任制覆盖的范围是企业全部岗位，从企业主要负责人到每一个岗位的员工，安全生产人人有责、各负其责，要做到“横向到边，纵向到底”；

（2）科学性：责任制要有效落实，需要契合企业内部管理架构，做到职责不重叠、不遗漏，避免发生不同机构部门间职责不清、相互推诿的现象；

（3）针对性：根据不同的领导职责、不同的部门职能、不同的岗位工作，有针对性地制定相应的责任制，内容既要有全体员工共性的职责内容，也要有和其岗位相匹配的个性化职责内容；

（4）奖惩性：生产经营单位应建立相应的机制，用于监督和考核全员安全生产责任制的落实情况，以确保责任制得以有效执行，从而保障生产经营活动的安全。

对于企业的环保设施，主要负责人的安全生产责任主要体现在以下几个方面：

1）建立健全并落实本单位环保设施的安全生产责任制，并将环保设施纳入企业的安全生产标准化建设范围；

2）组织制定并实施本单位环保设施相关的安全生产规章制度和操作规程；

3）组织制订并实施本单位环保设施专项安全生产教育和培训计划；

4）保证本单位环保设施相关安全生产投入的有效实施；

5）组织建立并落实环保设施安全风险辨识，建立管控措施，督促、定期排查、及时消除环保设施生产安全事故隐患；

6）组织制定并实施环保设施专项应急救援预案；

7）及时、如实报告环保设施生产安全事故。

安全生产管理人员的安全生产责任主要体现在以下几个方面：

1）组织或者参与拟定本单位环保设施相关的安全生产规章制度、操作规程和生产安全事故应急救援预案；

2）组织或者参与环保设施专项安全生产教育和培训，如实记录安全生产教育和培训情况；

3）组织开展本单位环保设施危险源辨识和评估，督促落实相应安全管理措施；

4）组织或者参与本单位环保设施专项应急救援演练；

5）检查本单位环保设施的安全生产状况，及时排查生产安全事故隐患，提出改进安全管理的建议；

6）制止和纠正针对环保设施的违章指挥、强令冒险作业、违反操作规程的行为；

7）督促落实本单位环保设施安全生产整改措施。

环保设施的类别不同、规模不同，操作人员的岗位设置也不尽相同，但其安全生产责任主要体现在以下几个方面：

1）接受环保设施专项安全生产教育和培训；

2）遵守有关环保设施的安全生产规章和安全操作规程，做好原始记录、设备运行记录，严格执行交接班制度；

3）涉及环保设施的特种作业，相关作业人员必须接受专门的培训，经考试合格取得操作资格证书的，方可上岗作业。

二、设施运行管理

环保设施的运行管理是一个综合性的管理体系，旨在确保环保设施的长期、稳定、高效运行，以满足法律法规对污染物排放的要求，从而保护环境和维护公共安全健康。

企业环保治理设施的日常运行和维护管理主要包括以下内容：

（1）治理设施的档案建立和存档保管；

（2）指定环保设施责任人，负责环保设施的日常运行管理工作，责任人必须了解环保设施的技术性能，做好运行情况记录，确保与生产设施同步运行；

（3）制订设备的运行计划；

（4）负责环保设施运行耗材、备品备件的管理工作，做好过滤棉、活性炭等耗材、易损件的更换记录，并及时上报采购计划；

（5）负责环保设施运行记录，以及设施运行中产生的危废流转记录；

（6）编制环保设施日常运行状态自查制度，负责环保设施的检维修、点检；

（7）负责参与环保设施改造项目、设施更新和大修计划编制、施工、验收。

环保设施的运行资料、记录、台账应按规定设置，并妥善保管，放置整齐，定期更新，确保正确完整，以便发现问题及时进行分析和解决。企业常见的环保设施运行台账资料如表 8-1 所示。

表 8-1　企业环保设施常见运行台账一览表

类别		序号	名称
一	项目环评报批及验收资料	1	营业执照
		2	环境影响评价报告书/报告表批复文件，登记表网上备案文件
		3	环境影响评价报告书/报告表全本
		4	环境保护设施验收批复、自主验收文件、验收监测（调查）报告
二	污染治理设施（包括在线监测设施）运行台账	1	生产废水、废气等污染治理设施设计方案及工艺流程图
		2	污染治理设施运行台账及维护记录（包括运行维护记录、加药记录、活性炭更换记录等台账）
		3	在线监测设施的安装、验收、使用及定期校验资料
三	固废产生及处置台账	1	固废申报登记及转移管理（通过各省固废信息管理平台开展固废申报登记、严格执行危险废物转移计划报批和转移联单制度）
		2	与有资质单位签订的危险废物处置合同
		3	危险废物管理台账（包括危险废物产生环节记录表、贮存环节记录表、内部自行利用/处置情况记录表、月度危险废物台账报表等）
		4	按照标准规范建设的危险废物贮存场所及设置相应警示标志和标签的照片
		5	危险废物应急预案、内部管理制度（危险废物管理组织架构、管理制度、公开制度、培训制度、档案管理制度）
四	环境应急管理台账	1	环境应急预案、环境风险评估报告、环境应急资源调查报告以及专家评审意见、生态环境部门备案意见
		2	环境应急培训、应急演练方案、照片和总结
		3	环境安全隐患排查治理档案、环境污染强制责任保险资料
五	其他环保管理台账	1	企业清洁生产审核报告及验收文件
		2	企业环保管理责任架构图及其他环保管理制度
		3	生态环境部门下达的行政处罚、限期改正通知及整改台账

三、操作规程

环保设备的操作规程详细规定了设备的操作步骤、运行控制参数、维护保养、运行记录、应急处置流程等，可以帮助操作人员准确掌握设备的操作方法，是保障操作人员的人身安全、降低设备故障率和维修费用的重要措施，对于保障企业的安全生产具有重要意义（图 8-2）。在编制环保设备的操作规程时应注意以下环节：

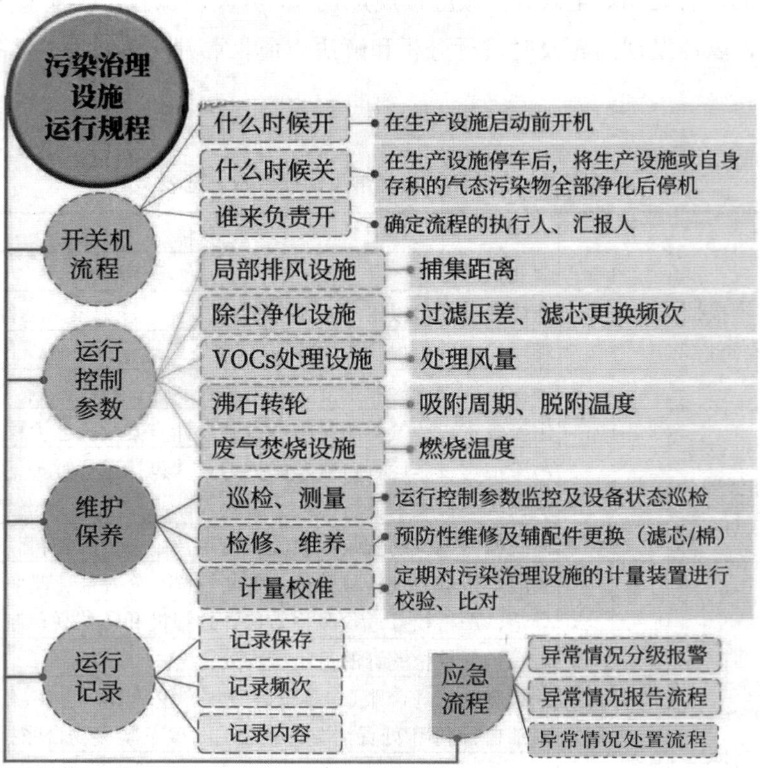

图 8-2 环保设施运行操作规程示意图

（1）操作规程应根据设备设施的具体情况，简要描述环保设施的工作原理、工艺流程；详细规定具体的操作步骤、关键运行控制参数，日常点检、维护办法，故障后的检查、维修和应急处置流程等内容，并确定各环节的具体责任人。

（2）环保设施操作规程制定后应当经单位的环保负责人审核同意，并经安全生产负责人确认符合安全生产相关规定后，由单位主要负责人签发，并张贴在环保设施附近显著位置。

（3）应及时安排对设备操作人员、相关责任人员培训操作规程。

（4）环保设施在日常运行、维护保养以及故障后的检查、维修和应急处置过程中，发现现有操作规程需要优化更新的，应当按照公司管理制度的规定要求，及时更新并重新发布。

四、安全生产双重预防体系

企业构建风险分级管控与隐患排查治理双重预防体系，是实现纵深防御、关口前移、源头治理的有效手段。将投入使用的环保设备纳入企业的双重预防体系管理，通过对环保设施开展系统性的风险辨识和评估，将潜在的风险按照重要性和紧急性进行分级，根据风险级别有针对性地分配资源和制定相应的控制措施，有侧重地管理和防范高风险。完善隐患排查治理机制，有助于及早识别和解决问题，预防潜在的安全生产事故，确保环保设施的安全运营。

针对环保设施的双重预防体系管理主要包括辨识、评价分级、管控三个过程。

第一个过程为“辨识”，辨识环保设施风险点，编制风险点辨识清单。可按照作业活动、设备设施、相关方作业活动三大类逐一辨识可能导致的事故类型。

第二个过程为“评价分级”，利用风险评价准则，评价风险点导致各类事故的可能性与严重程度，对风险进行评价分级。

第三个过程为“管控”，针对环保设施已识别的风险点可能造成的事故类型，确定风险管控措施、风险等级和管控层级等内容，形成风险点管控清单。风险管控措施的制定，可从消除、终止、替代、隔离等措施中削减风险，或通过改造、修理等工程技术手段或个体防护手段降低风险，或用管理和监控手段监控风险，若单独的措施不足以有效管控安全风险时，可选择多种措施组合使用，并确定实施这些措施的优先顺序。根据风险管控措施的实施所需最高部门权限，确定相应管控层级并对应其风险等级。风险点管控层级从高到低可划分为厂级、车间级、班组级和岗位级。企业可根据自身组织机构设置情况，对风险点管控层级进行增加或合并，风险等级则随之调整。

隐患排查治理就是对风险点的管控措施通过隐患排查等方式进行全面管控，及时发现风险点管控措施潜在的隐患，及时对隐患进行治理。因此，环保设施隐患排查内容即是企业前期风险点管控清单中确定的风险控制措施。在实际工作中，可编制环保设施隐患排查清单，明确事故隐患排查事项、排查标准和责任人等内容，并根据企业实际，制订年度排查计划，明确排查频次、排查规模、排查项目等内容。排查可分为综合排查、日常排查、专项排查及抽查等方式。企业应建立以日常排查为主的隐患排查工作机制，及时发现并治理隐患。

根据可能造成的危害程度、治理难度等情况，企业将排查发现的隐患分为重大隐患和一般隐患。重大隐患情况复杂，短期内难以完成治理。重大隐患要制定治理方案，治理方案应包括治理目标、完成时间和达标要求、治理方法和措施、资金和物资、负责治理的机构和人员责任、治理过程中的风险防控和应急措施或应急预案。重大隐患治理方案应报企业相关负责人签发，抄送企业相关部门落实治理。企业负责人要及时掌握重大隐患治理进度，可指定专门负责人对治理进度进行跟踪监控，对不能按期完成治理的重大隐患，及时发出督办通知，加大治理力度。

对于排查出的隐患，应如实记录隐患排查治理情况，形成档案文件并做好存档。隐患排查治理档案包括企业隐患分级标准、隐患排查治理制度、年度隐患排查治理计划、隐患排查表、隐患报告单、重大隐患治理方案、重大隐患治理验收报告、培训和演练记录以及相关会议纪要、书面报告等隐患排查治理过程中形成的各种书面材料。有条件的企业应当建立与企业的信息化管理系统联网的生产安全隐患排查治理信息系统。

在完成年度计划的基础上，当出现下列情况时，应当及时组织隐患排查：

（1）出现不符合新颁布、修订的相关法律、法规、标准、产业政策等情况的；

（2）企业有新建、改建、扩建环保设施项目的；

（3）企业管理组织应急指挥体系机构、人员与职责发生重大变化的；

（4）敏感时期、重大节假日或重大活动前；

（5）发生生产安全事故或其他企业的同类环保设施发生生产安全事故的；

（6）企业停产后恢复生产前；

（7）发生自然灾害或发布气象、地质灾害预报预警的，或季节转换。

为有效运行双重预防体系，还应建立考核奖励制度，明确企业安全风险管控工作标准的考核与奖励，明确隐患排查治理工作标准的考核与奖励，将双控体系运行情况与全员安全生产责任制落实考核挂钩，定期考核。

五、消防管理

环保设施处置的污染物多具有易燃易爆性，如工业有机废气、可燃性粉尘，加之处置污染物的过程中多使用活性炭等可燃物，需要使用各种燃料、电能等能源，若运行过程中风险管控措施不到位会引起火灾事故，因此，环保设施的消防管理在日常运行维护中需要高度关注。

第一，对环保设施进行火灾风险评估。考虑设施内部的化学品、待处置污染物、高温设备等，确定潜在的火灾危险因素和设备的脆弱性。

第二，配备消防器材。根据国家相关消防技术规范的要求，配备相应的消防设施和器材，如火灾报警系统、灭火器、自动灭火系统、通风系统等，并放置在明显和便于取用的地方，周围不准堆放物品和杂物。

第三，建立防火检查制度。防火检查人员由单位的消防管理人员和环保设备相关负责人组成。检查时，应填写详细的检查记录，同时检查人员和被检查部门负责人需要在检查记录上签名确认。检查的内容包括但不限于以下几个方面：①火灾隐患的整改情况以及防范措施的执行情况；②安全疏散通道、疏散指示标志、应急照明和安全出口的情况；③消防车通道和消防水源的状况、灭火器材的配置和有效性；④是否存在违章用电情况；⑤环保设施防火防爆措施执行情况。

第四，建立消防器材维保制度。指定专人负责管理各类消防设施和器材，包括检查、维修、保养、更换和补充，确保其处于完好有效的状态。

第五，制定现场处置方案。结合环保设施制定详细的火灾应急处置方案，主要包括事故风险分析、应急工作职责、应急处置和注意事项等内容，以应对火灾事件。

第六，培训与演练。环保设施的管理人员和操作人员应接受火灾应对培训，了解火灾报警方法、应急处置方案、消防设备的使用方法、火灾逃生程序。定期进行火灾演练，以确保员工知道紧急情况下的行动方案。

六、特种作业人员管理

特种作业是指容易发生事故，对操作者本人、他人的安全健康及设备、设施的安全可能造成重大危害的作业。直接从事特种作业的从业人员称为特种作业人员。

依据《中华人民共和国安全生产法》第三十条第二款规定，“特种作业人员的范围由国务院应急管理部门会同国务院有关部门确定”。应急管理部设定的特种作业范围包括电工作业、焊接与热切割作业、高处作业、制冷与空调作业、煤矿安全作业、金属非金属矿山安全作业、石油天然气安全作业、冶金（有色）生产安全作业、危险化学品安全作业、烟花爆竹安全作业等10个类别54个操作项目（工种）。

特种作业人员必须具备以下基本条件：年龄满18周岁；身体健康，无妨碍从事相应工种作业的疾病和生理缺陷；初中以上文化程度，具备相应工种的安全技术知识；经专业培训，参加国家规定的专业技术理论和实际操作考核合格，取得《特种作业操作证》；符合施工相应工种作业特点需要的其他条件。

环保设施建设期、检维修过程中涉及特种作业时，特种作业人员必须按国家规定执证上岗，严禁无证上岗。企业应建立特种作业人员档案台账，保留特种作业人员证件复印件备案。

七、危险作业管理

环保设施建设期、检维修过程中可能涉及动火、高处作业、有限空间作业、吊装作业、临时用电等危险作业。危险作业事故易发、多发，究其原因是企业对危险作业风险研判缺失、过程控制不严、安全管理无序、防护不到位。企业应建立危险作业管理制度，加强作业全流程安全管理指引，降低风险，确保员工安全。

（一）动火作业的安全管理

动火作业是指进行可能产生火花、火焰和炽热表面的临时性作业。常见的动火作业包括电焊、气焊、气割、电钻、砂轮、喷灯等作业。

根据动火部位的危险程度，可将动火作业分为特殊动火、一级动火、二级动火等三级。特殊动火指在未经吹扫置换合格的盛装可燃、有毒介质及承压的容器、设备和管线上动火作业的；或装置停车大检修，工艺处理合格后，装置内的第一次动火。

一级动火指在以下地点的动火：①处于运行状态的生产装置区（含辅助生产装置）及

周边 50 m 范围内；②各类油罐区、可燃气体及助燃气体罐区以外 50 m 范围内；③有毒与可燃介质及其他危险化学品的管线、容器、装卸区、洗槽站、泵房与机房；④工业下水井、生活污水系统、雨排系统及各种管线（电缆）沟、检查井及其 15 m 以内的区域；⑤宾馆、商场等人员聚集场所及档案室、图书馆、资料室、网络机房等场所。

二级动火指在以下地点的动火：①进行检修的生产装置，在停车后经工艺处理合格完成生产-检修界面交接，并顺利完成系统检修第一次动火作业的系统或单元；②运到安全地点并经吹扫置换处理后动火分析合格的容器、管线；③爆炸危险场所区域以外的场所用火；④在生产厂区内，不属于一级动火和特殊动火的其他临时动火。

动火作业可采取如下安全防范措施：

（1）动火作业应设有专人监火，监火人不得随便脱离现场。动火作业区域应设置警戒，严禁与动火作业无关人员或车辆进入动火区域。动火现场应放置灭火器，并对现场的移动及固定式消防设施全面检查，必要时动火现场应配备消防车及医疗救护设备和器材。

（2）在环保设施上动火，必须将其与生产系统彻底隔离。在存有可燃、助燃或有毒有害物料的设备、管道上动火前，必须切断各种物料的来源，彻底吹扫、清洗置换，并对与之相连的各部位采取可靠隔断措施。

（3）进入可能存有可燃介质的有（受）限空间内和管线动火作业的，在将其内部物料退净后，彻底吹扫、清洗置换，采用机械强制通风换气，检测可燃气体、有毒有害气体及氧气浓度达到许可作业浓度后，才能进行动火作业。进入有（受）限空间的动火还应遵循《进入有（受）限空间作业安全管理规定》的相关要求。

（4）距动火点 30 m 内不准有液态烃或低闪点油品泄漏；半径 15 m 内不准有其他可燃物泄漏和暴露，所有的漏斗、排水口、各类井口、排气管、管道、地沟等应封严盖实。

（5）动火作业前，应对作业区域或动火点可燃气体浓度进行检测。使用便携式可燃气体报警仪或其他类似手段进行分析时，被测的可燃气体或可燃液体蒸汽浓度应小于其与空气混合爆炸下限的 10%（LEL）。使用色谱分析等分析手段时，被测的可燃气体或可燃液体蒸汽的爆炸下限大于等于 4%时，其被测浓度应小于 0.5%；当被测的可燃气体或可燃液体蒸汽的爆炸下限小于 4%时，其被测浓度应小于 0.2%。气体检测报告和涉及的气体样品应保留到动火作业结束。连续动火作业时，特殊动火每 2 h 分析 1 次，一级和二级动火每 4 h 分析 1 次。特殊动火和一级动火在作业中，当动火作业人、监护人或批准人认为有必要分析时，应随时进行分析。用于检测气体的检测仪应在校验有效期内，并确定其处于正常工作状态。

在不存在易燃易爆介质的独立区域进行的动火作业，可以不进行爆炸性气体检测分析，但进入有限空间作业的除外。

（6）爆炸性气体分析合格后 30 min 内未开始动火的，需重新采样分析。动火作业中断超过 30 min 及以上，继续动火前，动火作业人、监护人应重新确认安全条件。

（7）作业场所存在可燃性气体、粉尘的，其电气设施设备及照明灯具的防爆安全要求应当符合《爆炸性环境　第一部分：设备通用要求》（GB 3836.1）等国家标准或者行业标准的规定。

（8）二级动火间断作业超过一天时，每天在作业前，应由动火作业人、监护人、属地单位安全监督共同检查动火现场，确认风险防控措施落实，分析合格后方可动火。

（9）动火作业人员应在动火点的上风向作业，应位于避开物料可能喷射和封堵物射出的方位。

（10）用气焊（割）动火作业时，乙炔瓶必须直立放置，并有防倾倒措施，氧气瓶与乙炔气瓶的间隔不小于 5 m，二者与明火距离均不得小于 10 m。氧气瓶和乙炔瓶应远离热源及电气设备，严禁在烈日下曝晒。使用电焊时，电焊工具应完好，电焊机外壳须接地。电焊机手把线及接地线应绝缘良好，工作时应做好防止碾压、刮断、高温受热的措施；接地线应直接搭接在焊件上，不允许通过管线、设备等金属体进行远距离搭接。

（11）高处动火作业应遵循高处作业安全管理的相关要求。高处动火必须采取防止火花溅落的措施，其下部地面如有可燃物、空洞、阴井、地沟、水封等，应将可燃物进行彻底清理。氧气瓶、乙炔瓶与动火点的垂直投影点距离不得小于 10 m。

（12）遇有 5 级（含 5 级）以上风应停止室外高处动火作业，遇有 6 级（含 6 级）以上风应停止室外一切动火作业。动火作业完毕应清理现场，确认无残留火种后方可离开。

（二）高处作业的安全管理

高处作业是指在距坠落高度基准面 2 m 或 2 m 以上有可能坠落的高处进行的作业。环保设施由吸收塔、除尘器、焚烧炉、烟囱等设备、建（构）筑物构成，多有 2 m 以上的基准面，在其上巡检、检（维）修就构成高处作业。

高处作业可采取如下安全防范措施：

（1）高处作业实施前，应进行作业审批。审批内容包括高处作业安全技术措施，作业人员和监护人员职责，现场处置方案，安全防护设施的检查、验收等。审批人员应赴高处作业现场检查确认安全措施落实后，方可批准高处作业。

（2）遇有 5 级及以上强风、浓雾、沙尘暴、雾霾、雷电、暴雨、高温、低温等恶劣气象条件，不得进行室外高处作业。在紧急状态下必须进行高处作业时，按生产经营单位应急预案执行。

（3）在有毒有害、易燃易爆、粉尘等环境中进行高处作业时，应对作业点的环境进行检测，检测合格后方可作业。

（4）涉及高处作业的企业应对高处作业人员进行业务技能、安全知识和高处作业专项教育培训，应特别重视对初次作业人员的教育培训。对于从事登高架设、悬空、攀登作业的人员，应经过专业技术培训及专业考试，考试合格后持证上岗。培训的形式可以多种多样，如常规授课、现场演示、多媒体展示等。

（5）高处作业人员应按规定穿戴好劳动保护用品，作业前要检查，作业中应正确使用好防坠落用品与登高器具设备。

（6）高处作业设监护人员对高处作业人员进行监护，监护人不得擅自离开岗位。

（7）高处作业使用的工具、材料、零件等必须装入工具袋，上下时手中不得持物，不准投掷器具、材料及其他物品，易滑动、滚动的工具、材料、零件堆放在脚手架上时，应采取防坠落措施。

（8）高处作业与其他作业交叉进行时，必须按指定的路线上下，禁止上下垂直作业，若必须垂直进行作业时，应采取可靠的隔离措施。

（三）有限空间作业的安全管理

有限空间作业指进入或探入有限空间进行的作业。有限空间是指封闭或者部分封闭，与外界相对隔离，出入口较为狭窄，作业人员不能长时间在内工作，自然通风不良，易造成有毒有害、易燃易爆物质积聚或者含氧量不足的空间。环保设施中的反应器、塔、罐、炉膛、管道以及地下室、窨井、坑（池）、下水道多属于有限空间。有限空间作业风险大，易造成较大事故，是环保设施日常运行维护管理的重点。

有限空间作业可采取如下安全防范措施：

（1）企业应针对环保设施开展有限空间识别，建立有限空间基本情况台账，包括有限空间类型、位置、用途、内部设施、危险气体及含氧量定期分析情况、维护变更等内容。对于辨识出的有限空间，应在醒目位置设置安全风险告知牌，公告受限空间名称、编号、主要危险有害因素、警示语句、防范和应急措施、报警电话等。

（2）有限空间作业实施作业审批制度，审批文件应至少包括以下内容：有限空间作业单位名称、管理单位名称、作业人员、作业地点、作业内容、作业时间；危险因素识别结果；有限空间危险气体及含氧量检测、分析情况；主要安全防护和应急措施；单位负责人签字确认，作业负责人、监护人、作业人员签字。不同点的受限空间作业须单独审批。

（3）所有参与有限空间作业的人员应参加相关培训。培训内容至少应包括：作业中的工作职责，掌握安全作业知识和技能、信息沟通方式、应急救援方案、安全防护设备、个体防护装备及应急救援设备使用和要求等。

（4）作业前，检查气体检测仪器、安全防护设备、个体防护装备及应急救援设备等的有效性、充分性等。

（5）与有限空间连通的可能危及安全作业的管道应采用插入盲板或拆除一段管道等方

式进行隔绝；与受限空间连通的可能危及安全作业的孔、洞应进行严密地封堵。地下室、坑（池）应尽可能保持敞开。窨井、下水道应打开作业处及相邻处的井盖通风。

（6）作业人员进入受限空间作业前，应根据受限空间盛装（过）的物料特性，对受限空间进行清洗和置换，并达到安全要求。进入设备内作业前，必须对设备内进行清洗和置换，并达到含氧量在 19%～21%。

（7）作业区域应采取安全隔离措施，并在受限空间出入口周边显著位置设置作业安全告知牌、安全标志和警示标识。夜间作业应在作业区域周边显著位置设置警示灯，地面作业人员应穿戴高可视性警示服。

（8）有限空间作业应当严格遵守“先通风、再检测、后作业”的原则。检测指标包括氧浓度、易燃易爆物质（可燃性气体、爆炸性粉尘）浓度、有毒有害气体浓度。检测应当符合相关国家标准或者行业标准的规定。未经通风和检测合格，任何人员不得进入有限空间作业。检测的时间不得早于作业开始前 30 min。作业因故中断 30 min 或安全条件有变时，应重新进行气体检测分析。

（9）受限空间作业必须有专人监护，作业监护人应熟悉作业区域的环境和工艺情况，有判断和处理异常情况的能力，懂急救知识。作业监护人在作业人员进入受限空间作业前，负责对安全措施落实情况进行检查，发现安全措施不落实或安全措施不完善时，须阻止作业。作业监护人员在作业期间，不得离开现场或做与监护无关的事。

（10）企业应针对受限空间作业可能发生的火灾、爆炸、急性中毒、窒息等事故，按《生产经营单位生产安全事故应急预案编制导则》（GB/T 29639—2020）的要求制定专项应急预案及现场处置方案。

（四）吊装作业的安全管理

吊装作业是指利用吊车或者起升机构将重物吊起，并使重物发生位置变化的作业过程。环保设施在安装、检（维）修过程中涉及利用各种吊装机具将设备、工件、器具、材料等吊起的作业。

吊装作业可采取如下安全防范措施：

（1）吊装作业人员须持有特种作业证。吊装作业时，必须分工明确，坚守岗位，并按规定的联络信号统一指挥。对吊装作业审批手续不全、安全措施不落实、作业环境不符合安全要求的，作业人员有权拒绝吊装作业。

（2）各种吊装作业前，应预先在吊装现场设置安全警戒标志并设专人监护，非施工人员禁止入内。任何人不得随同吊装重物或吊装机械升降。悬吊重物下方严禁站人、通行、作业。

（3）吊装重量大于 40 t 的物体，或吊装物体形状复杂、刚度小、长径比大、精密贵重，以及在作业条件特殊的情况下，应编制吊装作业方案。

（4）吊装作业时，应对起重吊装设备、钢丝绳、缆风绳、链条、吊钩、钢丝绳卡等各种机具进行检查，必须保证安全可靠，不应带病使用。

（5）吊装场所如有含危险物料的设备、管道等时，应制定详细吊装方案，并对设备、管道采取有效防护措施，必要时停车，放空物料，置换后进行吊装作业。

（6）不应靠近输电线路进行吊装作业。确需在输电线路附近作业时，起重机械的安全距离应大于起重机械的倒塌半径，并符合《电业安全工作规程（电力线路部分）》（DL409）的要求；不能满足时，应停电后再进行作业。

（7）吊装作业应有足够的照明，室外作业遇到大雪、暴雨、大雾、6级及以上大风时，应停止作业。

（8）严禁利用管道、管架、电杆、机电设备等做吊装锚点，未经基建部门审查，不得将建筑物、构筑物作为锚点。

（9）吊装作业前必须对各种起重吊装机械的运行部位、安全装置以及吊具、索具进行详细的检查，吊装设备的安全装置应灵敏可靠。

（10）吊装作业时，必须按规定负荷进行吊装，吊具、索具经计算选择使用，严禁超负荷吊装。起吊前应进行试吊，试吊中检查全部机具、锚点受力情况，发现问题应立即将吊物放回地面，排除故障后重新试吊，确认正常后方可作业。

（五）临时用电作业的安全管理

临时用电指正式运行的电源上所接的非永久性用电。临时用电存在线路铺设随意、用电设备防护不到位、保护接零接地不规范等问题，易造成触电伤亡、电气设备损坏和电气火灾等恶性事故，是作业现场极易出现安全事故的一个项目。

临时用电作业可采取如下安全防范措施：

（1）有关环保设施安装、检（维）修的一切临时用电应经过企业相关部门的许可。

（2）若环保设施所在场所存在易燃、易爆气体或涉爆粉尘，一般不允许接临时电源，确属装置生产、检修施工需要时，临时用电设备和线路应达到相应的防爆等级要求，并采取相应的防爆安全措施。

（3）临时用电设备和线路应按供电电压等级和容量正确使用，所用的电气设备应符合国家规范标准要求，临时用电线路的铺设和使用应符合国家或行业标准。

（4）临时用电架空线应采用绝缘铜芯线，架空线最大弧垂与地面距离，在施工现场不低于2.5 m，穿越机动车道不低于5 m，架空线应架设在专用电杆上，严禁架设在树木和脚手架上。

（5）对需埋地敷设的电缆线路应设有走向标志和安全标志。电缆埋地深度不应小于

0.7 m，穿越道路时应加设防护套管。

（6）对现场临时用电配电盘、箱应有编号，应有防雨措施，盘、箱、门应能牢靠关闭。

（7）行灯电压不应超过 36V；在特别潮湿的场所或塔、釜、槽、罐等金属设备内作业，临时照明行灯电压不应超过 12V。

（8）临时用电设施应安装符合规范要求的漏电保护器，移动工具、手持式电动工具“一机一闸一保护”。

（9）临时用电时间一般不超过 15 天，特殊情况不应超过 1 个月。用电结束后，用电单位应及时通知供电单位拆除临时用电线路。

（10）安装临时用电线路的电气作业人员，应持有电工作业证，从事相关作业时，必须穿戴绝缘手套、绝缘鞋、劳保服等防护用品。

八、安全培训

岗位员工是生产安全事故的早期发现者，也是现场处置方案的执行者，企业必须高度重视员工的安全培训。企业有新建、改建、扩建环保设施项目，应将环保设施相关培训列入日常安全教育培训计划，提高从业人员的隐患排查治理能力和风险防范水平，确保员工熟练掌握应急处置程序、现场应急处置措施，加强员工自救和施救技能，能够快速、有效地处理事故，避免事态扩大化。

有条件的企业还可制作环保设施模拟事故处置过程的动画，再现处置场景，同步用于培训教学，以达到事半功倍的效果。主要培训内容包含但不限于以下几方面：

（1）针对环保设施可能发生的事故，在紧急情况下如何进行紧急停车、避险、报警的方法，有效控制事故和避免事故扩大化；

（2）针对环保设施可能导致人员伤害类别，现场进行自救与互救的方法；

（3）针对环保设施可能发生的事故，应急救援中需要使用的个人防护用品的使用方法；

（4）针对环保设施可能发生的事故，消防器材和各类救援器材的使用方法；

（5）应急救援结束后续处置方面的注意事项，包括现场保护、洗消方法等；

（6）针对环保设施可能发生的事故，泄漏的有毒有害物质的特性、健康危害、急救方法；

（7）应急上报与应急疏散。

安全培训时应如实记录培训时间、内容、参加人员以及考核结果等情况，并将培训情况备案存档。同时，企业应加强环保设施承包商安全培训与管理。

第三节 环保设施的生产安全事故应急管理

环保设施的生产安全事故不仅会导致人员伤亡、财产损失，还可能导致大规模的环境污染。因此，制定科学、有效的应急预案至关重要。生产安全事故应急预案，又称应急计划或应急救援预案，是企业为应对突发事件而预先制定的工作方案，是企业应对突发紧急情况的关键工具。应急预案的制定应立足于应急准备，通过风险分析和应急资源调查，确保预案的实用性和有效性。预案的制定不仅可以指导人员的日常培训和演习，保证各种应急救援资源处于良好的备战状态，而且可以指导应急救援行动按计划有序进行，防止因救援行动组织不力或现场救援工作混乱而导致事故扩大。制定应急预案有助于迅速有效地处理事故，最大限度地减少事故损失。因此，企业应认真对待应急预案的制定和实施，加强应急管理和培训，提高应对突发事件的能力。

一、应急预案的编制

根据《生产经营单位生产安全事故应急预案编制导则》(GB/T 29639—2020)，生产经营单位的应急预案分为综合应急预案、专项应急预案和现场处置方案。对于环保设施，应编制专项应急预案，明确救援程序和具体的应急救援措施，并根据需要将其并入综合应急预案。对于危险性较大的环保设施，生产经营单位应当编制现场处置方案，针对具体的处置装置、设施操作岗位制定应急处置措施，并规范事故风险描述、应急工作职责、应急处置措施和注意事项。

预案编制流程可分为以下八个步骤：成立应急预案编制工作组、资料收集、风险评估、应急资源调查、应急预案编制、桌面推演、应急预案评审和预案批准实施（图 8-3）。

（1）成立预案编制小组

应急预案的成功编制需要有关职能部门和班组工作人员的全员参与。结合企业的部门职能分工，成立以单位相关负责人为组长，环保设施的管理、使用、维护部门相关人员参加的应急预案编制工作组，明确工作职责和任务分工，制订工作计划，组织开展应急预案编制工作。预案编制工作组可按实际情况邀请周边相关企业、单位代表参加。

（2）资料收集

在编制预案前，应急预案编制小组应收集以下资料：

1）与环保设施相关的国家、省、地方有关法律法规，以及国家、行业标准；

2）企业的周围条件，如地质、地形、地理、周围环境、气象、交通条件及资料等；

3）企业平面布局，如功能区划分、建（构）筑物平面布置、工艺流程、安全距离、厂区消防设施布置等；

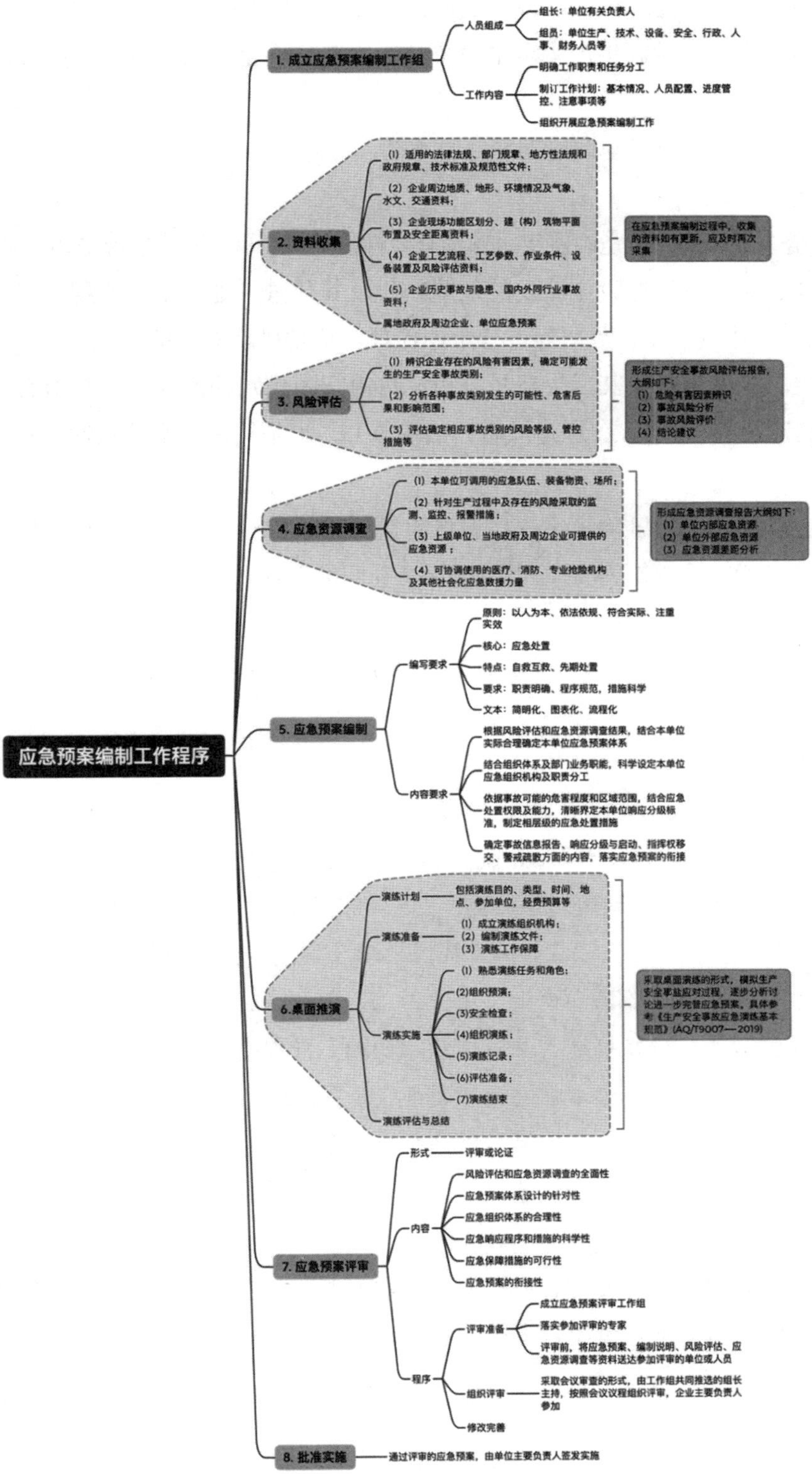

图 8-3　应急预案编制工作程序

4）环保设施的处理工艺过程，设备、装置、仪器、仪表等；

5）国内外同类型环保设施生产安全事故资料，本单位安全记录、事故情况和相关技术资料等；

6）本企业、相邻企业及当地政府的应急预案等。

（3）风险评估

开展生产安全事故风险评估是确保应急预案有效性的关键步骤。评估报告主要内容包括：

1）风险识别：对企业环保设施涉及的危险物质及其数量、处置工艺流程、现有风险防控与应急资源、周边风险受体等要素进行全面梳理。这是风险评估的基础。

2）可能发生的突发事件及其后果情景分析：将前一步识别的潜在风险与所有可能的突发事件情景及其后果联系起来。这是风险评估的核心，也是解决预案针对性和实用性的关键。

3）划定相应事故类别的风险等级：根据风险评估结果，对不同类别的事故风险进行等级划分，以便企业实行差别化管理，也可用于企业间的横向对比。

（4）应急资源调查

开展应急资源调查是为了收集和掌握本单位及周边企业在发生事故的第一时间可以调用的应急资源情况。

调查的主要内容包括：

1）本单位可调用的应急队伍、装备、物资、场所；

2）针对环保设施工作过程及存在的风险可采取的监测、监控、报警手段；

3）上级单位、当地政府及周边企业可提供的应急资源；

4）可协调使用的医疗、消防、专业抢险救援机构及其他社会化应急救援力量。

调查报告一般包括单位内部应急资源、单位外部应急资源、应急资源差距分析。单位内部应急资源应按照分类，分别描述其基本现状、功能完善程度、受可能发生的事故的影响程度。单位外部应急资源应描述本单位能够调查或掌握的可用于参与事故处置的外部应急资源情况。应急资源差距分析是依据风险评估结果确定本单位的应急资源需求，与本单位现有内外部应急资源对比，提出补充建议。调查的结果可以用应急资源信息清单、分布图等形式表述。

应急资源调查应遵循客观、专业、可靠的原则。客观性要求调查基于实际储备和掌握的资源信息。专业性强调对应急专用资源的调查。可靠性则要求调查过程科学、调查结论可信、资源调集有保障。

（5）应急预案编制

应急预案的编制必须基于重大事故风险分析结果、应急资源的需求和现状，同时遵循关的法律法规要求。此外，编制预案时应充分收集和参阅已有的应急预案，尽可能地减少工作量，避免应急预案重复和交叉，并确保与其他相关应急预案的协调和一致性。

在企业的综合预案中，需要着重解决如下问题：

1）依据事故风险评估及应急资源调查结果，结合本单位的组织管理体系、生产规模及处置特点，合理确立本单位的应急预案体系。

2）结合组织管理体系及部门业务职能划分，科学设定本单位的应急组织机构及其职责分工。

3）依据事故可能的危害程度和影响区域，结合应急处置权限和能力，清晰界定本单位的响应分级标准，制定相应层级的应急处置措施。

4）按照有关规定和要求，确定事故信息报告、响应分级与启动、指挥权移交、警戒疏散等环节的内容，确保与相关部门和单位应急预案的衔接。

对于环保设施生产安全事故，企业编制的现场处置方案质量应能影响人员伤亡情况及财产损失程度。现场处置方案是针对具体的装置、场所或设施、岗位所制定的应急处置措施，重点包括事故风险描述、应急工作职责、应急处置措施和注意事项。这些方案应具有具体、简单、针对性强的特点。因此，企业应将现场处置方案作为三级预案体系的重点，精心组织、认真编制。

（6）桌面推演

为检验编制的应急预案的可行性、针对性、可操作性，可按照应急预案中明确的职责分工和应急响应程序，组织相关部门及其人员以桌面推演方式，模拟生产安全事故的应对过程，逐步分析讨论，并进一步完善应急预案。

（7）应急预案评审

预案编制单位或管理部门应依据我国有关应急的方针、政策、法律、法规、规章、标准和其他有关应急预案编制的指南性文件等资料，组织开展预案评审工作。评审的重点包括风险评估和应急资源调查的全面性、应急预案体系设计的针对性、应急组织体系的合理性、应急响应程序和措施的可操作性等。生产经营单位应认真分析研究评审意见，并按照评审意见对应急预案进行修订和完善。

（8）预案批准实施

通过评审的应急预案，由生产经营单位主要负责人签署并发布实施。

应急救援预案的编制是一个动态升级的过程。随着新的安全生产和应急管理方面的法律法规不断更新和修订，以及安全生产技术的不断发展，原有的应急预案并不能完全体现现阶段的应急救援要求。作为处理应急事件的指导文件，应急救援预案应及时更新升级。编制预案的各类人员需要在对预案的编制和更新过程中学习我国各类法律法规和地方法律性文件，这既是应急预案编制的必然要求，也是提升人员应急管理水平的重要手段。

二、应急预案的演练

通过开展应急预案的演练，可以达到多个目的：第一，可以评估企业应急准备水平，发现并及时修改应急预案、执行程序等相关工作的缺陷和不足，识别应急资源的缺陷，明确相关机构、组织和人员的职责，改善不同机构、组织和人员之间的协调问题；第二，可以考验员工的应急知识和技能，检验应急响应人员对应急预案、处置程序的了解程度和实际操作技能；第三，可以评估应急培训效果，显示出真实的培训需求；第四，可以促进员工、公众、媒体对应急预案的理解，争取他们对应急工作的支持。

一次完整的应急演练活动包括计划、准备、实施、评估总结、持续改进等五个阶段。

（1）计划

演练组织单位在开展演练准备工作前应先制定演练计划。演练计划是关于演练的基本构想和对演练准备活动的初步安排，一般包括演练的目的、方式、时间、地点、日程安排、演练策划领导小组和工作小组构成、经费预算和保障措施等。

（2）准备

演练准备阶段的主要任务是根据演练计划成立演练组织机构，设计演练总体方案，并根据需要针对演练方案进行培训和预演，为演练实施奠定基础。

演练准备的核心工作是设计演练总体方案。演练总体方案是对演练活动的详细安排。演练总体方案的设计一般包括确定演练目标、设计演练情景与演练流程、设计技术保障方案、设计评估标准与方法、编写演练方案文件等内容。

根据演练的目的不同，可以选择不同类型的演练方式。应急演练按照组织方式，可以分为桌面演练和实战演练；按演练的内容，可以分为单项演练和综合演练；按演练目的，可以分为检验性演练、示范性演练、研究性演练。

1）按照组织方式分类。桌面演练是一种圆桌讨论或演习活动，其目的是使各级应急部门、组织和个人明确和熟悉应急预案中所规定的职责和程序，提高协调配合及解决问题的能力。桌面演练的情景和问题通常以口头或书面叙述的方式呈现，也可以使用地图、沙盘、计算机模拟、视频会议等辅助手段。

实战演练是以现场实战操作的形式开展的演练活动。参演人员在贴近实际状况的环境下，根据演练情景的要求，通过实际操作完成应急响应任务，以检验和提高相关应急人员的组织指挥、应急处置以及后勤保障等综合应急能力。

2）按演练内容分类。单项演练是指只涉及应急预案中特定应急响应功能或现场处置方案中一系列应急响应功能的演练活动。注重针对一个或少数几个岗位的特定环节和功能进行检验。

综合演练是指涉及应急预案中多项或全部应急响应功能的演练活动。注重对多个环节和功能进行检验，特别是对不同单位之间应急机制和联合应对能力的检验。

3）按演练目的和作用分类。检验性演练主要是指为了检验应急预案的可行性及应急准备的充分性而组织的演练。

示范性演练主要是指为了向参观、学习人员提供示范，为普及宣传应急知识而组织的观摩性演练。

研究型演练主要是为了研究突发事件应急处置的有效方法，试验应急技术、设施和设施，探索存在问题的解决方案等而组织的演练。

（3）实施

演练实施是对演练方案付诸行动的过程，是整个演练程序中核心环节。这一阶段包括演练前检查、演练前情况说明和动员、演练启动、演练执行、演练结束与意外终止以及现场点评会等。

（4）评估总结

演练评估是指观察和记录演练活动、比较参演人员表现与演练目标要求，并提出演练过程中暴露问题的过程。要全面、正确地评估演练效果，必须在演练地域的关键地点和各参演应急组织的关键岗位上，派驻公正的评估人员。演练结束后，演练组织单位应召集评估组和所有演练参与单位，讨论本次演练的评估报告，并从各自的角度总结本次演练的经验教训，讨论确认评估报告内容，并拟订改进计划，落实改进责任和时限。

（5）持续改进

对演练中暴露出来的问题，演练组织单位和参与单位应按照改进计划中规定的责任和时限要求，及时采取措施予以改进，并对改进效果进行监督检查。具体措施包括修改完善应急预案、有针对性地加强应急人员的教育和培训、对应急物资装备有计划地更新等。

预案只是预想的作战方案，实际效果如何，还需要实践来验证，而熟练的应急技能也不是一日可得的。因此，必须对应急预案进行经常性的演练，以验证应急预案的适用性、有效性，发现问题，改进完善。这样不仅可以不断提高预案的质量，还可以锻炼应急人员过硬的心理状态和熟练的操作技能。

思考题

1. 简述环保设施建设项目安全“三同时”管理的基本要求。
2. 简述环保设施验收前应接收哪些验收资料、文件。
3. 简述保障环保设施的安全运行，需要建立哪些规章制度。
4. 简述对环保设施开展动火作业的安全管理要点。
5. 简述开展环保设施应急演练的步骤。

参考文献

[1] 崔明池，高栗，宗德森. 污水处理厂安全生产管理[M]. 北京：中国环境出版集团，2022.

[2] 解清杰. 环保设备工程建设与运行管理[M]. 北京：中国环境出版集团，2020.

[3] 刘宏. 环保设备：原理・设计・应用（第四版）[M]. 北京：化学工业出版社，2019.

[4] 廖可兵，刘爱群. 安全人机工程（第二版）[M]. 北京：应急管理出版社，2020.

[5] 吕保和. 设备安全工程[M]. 北京：中国石化出版社，2014.

[6] 张乃禄. 安全评价技术（第三版）[M]. 西安：西安电子科技大学出版社，2016.

[7] 陈家庆. 环保设备原理与设计（第三版）[M]. 北京：中国石化出版社，2019.

[8] 徐厚友，郭昆，王彪，等. 有机废气处理设施火灾事故风险及对策分析[J]. 工业安全与环保，2023，49（11）：20-22.

[9] 段宇鹏. HB 公司电厂环保脱硫设备检修管理研究[D]. 武汉：华中科技大学，2021.

[10] 徐婉新. 论我国环保"三同时"制度存在的问题及完善[D]. 杭州：浙江工商大学，2019.

[11] 张梦琪. 我国建设项目环保设施竣工验收制度研究[D]. 苏州：苏州大学，2017.

[12] 刘承东. 广东省《城镇地下污水处理设施通风与臭气处理技术标准》的编制思路[J]. 中国给水排水，2020，36（22）：13-18.

[13] 张钢锋，卜梦雅，李杰. 我国挥发性有机物（VOCs）研究进展与态势分析[J]. 安全与环境学报，2023，23（3）：951-961.

[14] 盖艳云. 炼化企业 VOCs 管控措施有效性及风险控制技术研究[D]. 青岛：中国石油大学（华东），2018.

[15] 王延瞳. 铝粉尘湿式除尘抑氢规律研究[D]. 沈阳：东北大学，2018.

[16] 朱小玲. 竹园污泥干化焚烧厂运行技术优化研究[D]. 杭州：浙江大学，2012.

[17] 李玉华，吕卓，贾曼，等. "十三五"以来中国工业危废产生处理情况及管理对策建议[J]. 中国环境监测，2023，39（3）：1-8.

[18] 姜赞. 危险废物焚烧厂安全风险管控研究[D]. 武汉：武汉工程大学，2022.

[19] 钱若晨. 危险废物环境安全风险评估技术研究[D]. 武汉：中钢集团武汉安全环保研究院，2023.

[20] 肖德贵. 脱硫设备防腐施工安全防范浅析[J]. 中国设备工程，2017（14）：28-29.

[21] 奥慧琦. 探析火电厂脱硫装置的安全运行和管理措施[J]. 内燃机与配件，2017（8）：113-115.

[22] 王海舰. 催化装置脱硫脱硝设备的运行问题及对策[J]. 科技创新与应用，2020（2）：123-124.

[23] 王永刚. 岱海电厂二号 600 MW 亚临界燃煤机组脱硝改造工程可行性分析及脱硝设备安装调试监理[D]. 北京：华北电力大学，2015.
[24] 计彤. 华能北京热电厂液态排渣锅炉的安全与环保运行研究[D]. 北京：华北电力大学，2012.
[25] 张小兵，张然，解玉宾. 我国应急演练管理研究新进展[J]. 中国安全生产科学技术，2016，12（10）：68-73.
[26] 张小兵，解玉宾，曹杰，等. 生产事故引发环境事件应急演练的典型问题剖析[J]. 中国安全生产科学技术，2017，13（4）：129-135.
[27] 栾国华，裴玉起，吴东平，等. 基于 AHP-Fuzzy 方法的工业生产安全综合应急演练评估[J]. 数学的实践与认识，2014，44（10）：98-103.
[28] 夏保成，张小兵，王慧彦. 突发事件应急演习与演习设计[M]. 北京：当代中国出版社，2011.
[29] 许月阳，薛建明，管一明，等. 燃煤电厂环保设施运行状况及性能诊断技术研究[J]. 中国机电工程学报，2011，31（S1）：222-226.
[30] 孟尚虎. 环保设施运营能力成熟度研究——以 X 项目为例[D]. 杭州：浙江大学，2019.
[31] 倪亮. 精细化工企业环保设施的安全问题分析[J]. 化工设计通讯，2023，49（3）：133-135.
[32] 刘怡欣. 环保设施运行管理措施探析[J]. 设备管理与维修，2022（4）：1-2.
[33] 蔺菠. 化工企业中环保设施的安全管理探讨[J]. 化工安全与环境，2023，36（9）：31-33.
[34] 唐绍均，蒋云飞. 论环境保护“三同时”义务的履行障碍与相对豁免[J]. 现代法学，2018，40（2）：169-181.
[35] 周建新，郑秋丽. 城市污水处理厂运行管理探析[J]. 节能与环保，2018，12：64-65.
[36] 马中飞. 工业通风与防尘（第二版）[M]. 北京：化学工业出版社，2021.
[37] 蒋军成，王志荣. 工业特种设备安全（第二版）[M]. 北京：机械工业出版社，2019.
[38] 姬宜朋，陈家庆，石熠. 环保设备设计基础[M]. 北京：机械工业出版社，2023.
[39] 张莉聪. 机械与特种设备安全[M]. 北京：应急管理出版社，2022.
[40] 杨申仲，李秀中，岳云飞. 特种设备管理与事故应急预案[M]. 北京：机械工业出版社，2022.